高等学校土木工程专业规划教材
隧道与地下工程系列教材

岩 体 力 学

Rock Mass Mechanics

晏长根　许江波　包　含　编著
谢永利　主审

人民交通出版社股份有限公司
China Communications Press Co.,Ltd.

内 容 提 要

岩体力学是近代发展起来的一门新兴学科，是一门应用性和实践性很强的应用基础科学，是公路交通工程、地下水电工程、岩土工程、采矿工程等众多学科的专业基础课。本书强调理论结合实践，对岩体力学与岩体工程进行综合介绍和讲解，不同行业可结合专业需要讲解时做一定删减。

本书共分为十章。第一章至第六章突出岩体力学基础理论、基本知识和基本技能的讲解，包括岩石的基本物理力学性质、结构面的物理力学性质、岩体的基本力学性质、岩体的工程分类以及岩体的初始地应力状态；第七章、第八章、第九章分别介绍三大岩体工程，即洞室工程、边坡工程和岩基工程，突出岩体力学理论和方法在岩体工程设计、施工和维护中的应用，使学生从大量工程实例中提高分析问题、解决问题的能力；第十章介绍了岩体力学的研究现状及展望，重点介绍岩石力学的新理论、新技术、新方法，为学生今后的深入学习和应用提供思路和方向。

本书可作为高等院校本科生的专业基础课教材，也可作为高等院校相关专业的教师、研究生和工程技术人员的参考用书。

图书在版编目(CIP)数据

岩体力学/晏长根,许江波,包含编著. —北京：
人民交通出版社股份有限公司,2017.3
ISBN 978-7-114-13748-8

Ⅰ.①岩…　Ⅱ.①晏…②许…③包…　Ⅲ.①岩石力学　Ⅳ.①TU45

中国版本图书馆 CIP 数据核字(2017)第 062947 号

高等学校土木工程专业规划教材
隧道与地下工程系列教材

书　　名：岩体力学
著 作 者：晏长根　许江波　包 含
责任编辑：李　喆
出版发行：人民交通出版社股份有限公司
地　　址：(100011)北京市朝阳区安定门外外馆斜街 3 号
网　　址：http://www.ccpress.com.cn
销售电话：(010)59757973
总 经 销：人民交通出版社股份有限公司发行部
经　　销：各地新华书店
印　　刷：北京虎彩文化传播有限公司
开　　本：787×1092　1/16
印　　张：17.25
字　　数：419 千
版　　次：2017 年 4 月　第 1 版
印　　次：2023 年 4 月　第 2 次印刷
书　　号：ISBN 978-7-114-13748-8
定　　价：38.00 元

前言

岩体力学是一门介于地质学与力学两门学科之间的边缘学科,在土木工程、地质工程、采矿工程、交通工程、水利工程、核电工程等领域涉及岩土工程方面都有广泛的应用。几十年来,随着国内外岩体工程的不断增多,以及工程规模和复杂程度的不断加大,使岩体力学的研究工作得到了飞速的发展,取得了丰富的实践经验和显著的理论成果。这些成就为本书的编写提供了丰富的材料。

本书是在长安大学公路学院多年的教学实践并结合其他院校教材的基础上编写的。本书系统地阐述了岩石、结构面及岩体的基本理论和方法,介绍了岩体环境中地应力的分布特征及岩体力学理论在洞室工程、边坡工程及岩基工程中的应用理论和分析方法。

本书第一章至第五章由晏长根编写,第七章至第九章由许江波编写,第六章和第十章由包含编写,全书由晏长根、许江波统稿,由谢永利主审。

本书的文字编辑和图表修改主要由研究生董英杰、袁航、杜柯、赵旭、郭腾飞、江冠军、于澎涛等完成。另外,本书的编写凝聚了众多前辈们的心血,在此一并表示衷心的感谢。

限于作者水平,书中如有错误和不妥之处,恳请读者批评、指正。

作　者
2016 年 10 月

目录

第一章

绪论

【学习要点】

1. 掌握岩体力学的研究内容及方法。

2. 了解岩体力学的发展历程。

岩体力学(Rock Mass Mechanics)主要是研究岩石和岩体力学性能的一门学科,是探讨岩石和岩体在其周围物理环境(如力场、温度场、地下水等)发生变化后,做出响应的一门力学分支。从岩体力学的定义来看,该学科具有以下的特点:岩体力学研究的对象是一种非常复杂的天然介质,岩石与岩体存在着较大的差别;岩体力学与岩体工程有着紧密的联系,岩体工程成为岩体力学发展的源动力。岩体力学的原名是岩石力学(Rock Mechanics),由于科学技术的发展,岩石与岩体已有严格的区分,岩体由岩石及结构面组成因而将岩石力学改为岩体力学更切合实际。但是,岩石力学这个名词沿用已久,且使用很普遍,在许多研究岩体力学问题的著作中,都惯称其为"岩石力学",因而岩石力学一词又可理解为广义的"岩石力学"。

第一节 概　　述

地球的表层称为地壳,它的上部最基本的物质是由岩石所构成,人类的一切生活和生产实践活动,都局限在地壳的最表层范围内,因而岩石和由岩石派生出来的土,构成了人类生存的物质基础以及生活和生产实践活动的环境。

岩石是由矿物或岩屑在地质作用下按一定的规律聚集而形成的自然物体。岩石有其自身的矿物成分、结构与构造。所谓矿物,是指存在于地壳中的具有一定化学成分和物理性质的自然元素和化合物,其中构成岩石的矿物称为造岩矿物,如常见的石英(SiO_2)、正长石($KAlSi_3O_8$)、方解石($CaCO_3$)等,它们绝大部分是结晶质的。所谓岩石的结构,是指组成岩石最主要的物质成分、颗粒大小和形状以及其相互结合的情况,例如,沉积岩内存在有碎屑结构、泥质结构和生物结构等结构特征。所谓岩石的构造,是指组成成分的空间分布及其相互间的排列关系,例如作为代表性结构的有,沉积岩的层理构造和变质岩中的片理构造等。岩石中的矿物成分和性质、结构、构造等的存在和变化,都会对岩石的物理力学性质产生影响。

按岩石的成因划分,可将其分为岩浆岩、沉积岩和变质岩三大类。

(1)岩浆岩是岩浆冷凝而形成的岩石。绝大多数的岩浆岩是由结晶矿物所组成,由非结晶矿物组成的岩石很少。由于组成岩浆岩的各种矿物的化学成分和物理性质较为稳定,它们之间的联结是牢固的,因此,岩浆岩通常具有较高的力学强度和均质性。

(2)沉积岩是由母岩(岩浆岩、变质岩和早已形成的沉积岩)在地表经风化剥蚀而产生的物质,通过搬运、沉积和硬结成岩作用而形成的岩石,组成沉积岩的主要物质成分为颗粒和胶结物。颗粒包括各种不同形状及大小的岩屑及某些矿物。胶结物常见的成分为钙质、硅质、铁质以及泥质等。沉积岩的物理力学特性不仅与矿物和岩屑的成分有关,而且与胶结物的性质有很大的关系,例如硅质、钙质胶结的沉积岩胶结强度较大,而泥质胶结的沉积岩和一些黏土岩强度就较小。另外,由于沉积环境的影响,沉积岩具有层理构造,这就使得沉积岩沿不同方向表现出不同的力学性能。

(3)变质岩是由岩浆岩、沉积岩和一些变质岩在地壳中受到高温、高压及化学活动性流体的影响下发生变质而形成的岩石。它在矿物成分、结构构造上具有变质过程中所产生的特征,也常常残留有原岩的某些特点,因此,它的物理力学性能不仅与原岩的性质有关,而且与变质作用的性质及变质程度有关。

岩石的物理力学性能的指标是在试验室里用一定规格的试件进行试验而测定的。这种岩石试件是在钻孔中获取的岩芯或是在工程中用爆破以及其他方法所获得的岩块经加工而制成的。用这种方法所采集的标本仅仅是自然地质体中间的岩石小块,称为岩块。岩块就成了相应岩石的代表。我们平时所称的岩石,在一定程度上都指的是岩块,于是这两个概念也就不严格加以区分了。因为岩块是不包含有显著弱面的岩石块体,所以通常都把它作为连续介质及均质体来看待。

在地壳的自然地质体中,除了岩石块为主要组成部分外,还含有各种节理、裂隙、孔隙、孔洞等,这些自然地质经历了漫长的地质历史过程,经受过各种地质作用。在地应力的长期作用下,在地质体内部保留了各种各样的永久变形的现象和地质构造形迹,使地质体内部存在着各种各样的地质界面,例如,不整合、褶皱、断层、层理、片理、劈理和节理等。因而自然地质体中所包含的内容比原岩石块要广泛得多。在岩体力学中,通常将在一定工程范围内的自然地质体称为岩体。这就是说,岩体的概念是与工程联系起来的。岩体内存在各种各样的节理裂隙称之为结构面。被结构面切割成的岩块称之为结构体,结构面与结构体组成岩体的结构单元。结构面的存在使岩体具有不连续性,因而,这类岩体被称为不连续岩体,也被称为节理岩体。一般来说,结构面是岩体中的软弱面,由于它的存在,增加了岩体中应力分布及受力变形的复杂性。同时,还降低了岩体的力学强度和稳定性能。由此可见,岩体是由岩石块和各种各样的结构面共同组成的综合体。对岩体的强度和稳定性能起作用的不仅是岩石块,而是岩石块与结构面的综合体,而在大多数情况下,结构面所起的作用更大。许多工程实践表明,在某些岩石强度很高的洞室工程、岩基工程或岩质边坡工程中,仍有大规模的变形破坏发生,甚至崩塌、滑坡。分析其原因,不是岩石强度不够,而是岩体的整体强度不够,岩体中结构面的存在大大地削弱了岩体整体强度,导致稳定性的降低,有的甚至沿着结构面发生破坏,使得结构面的力学特性控制着岩体的稳定性。可见岩石与岩体是既有联系又有区别的两个概念。

结构面是岩体内的主要组成单元,岩体的好坏,与结构面的分布、性质和力学特性有密切关系。特别是结构面的产状、切割密度、发育程度、粗糙度、起伏度、延展性、黏结力以及充填物的性质等都是评定岩体强度和稳定性能的重要依据。

岩体结构是指结构面的发育程度及其组合关系,或者是指结构体的规模、形态及其排列形式所表现的空间形态。岩体结构的两大要素是结构体和结构面。岩体结构通常采用定型的方法描述岩体的基本形态。

中国科学院地质研究所在20世纪60年代提出了他们的研究成果:岩体结构分类。该研究成果为我国岩体分类提供了强有力的支持。该分类将岩体结构分成六大类型:块状结构(节理少,层厚),镶嵌结构(结构面较多,有斜交结构面),碎裂结构(碎块状),层状结构(板状),层状碎裂结构(小碎块体),散体结构(颗粒状,碎屑状)。岩体结构是对岩体完整性的一种定性的评价,是从工程地质学的观点,对岩体的一种分类。

第二节 岩体力学的研究任务与内容

一、岩体的力学特征

岩体力学的研究对象是岩体,在力学性质上,岩体具有以下特征:

(1)不连续性。岩体的不连续性主要受结构面对岩体结构的隔断性质所控制,因而岩体多数是属不连续介质,而岩石块本身则可作为连续介质看待。

(2)各向异性。由于岩体中结构面有定向排列的趋势,受力岩体的结构面取向不同,其力学性质也各异。试验表明,岩体的强度和变形都与岩体结构的方向性有关。因而岩体力学的性质通常具有各向异性的特征。

(3)不均匀性。岩体中结构面的方向、分布、密度及被结构面切割成的岩块单元体(结构体)的大小、形状和镶嵌情况等各部位都很不一致,造成许多岩体具有不均匀性的特征。

(4)赋存环境特性。岩体处于一定的地质环境中,赋存于不同地应力场、水、气、温度等中,这些因子都会对岩体性质有一定的影响。

二、岩体力学的研究任务

岩体力学的研究任务主要有以下 4 个方面：

（1）基本原理方面。包括岩石和岩体的地质力学模型和本构规律，岩石和岩体的连续介质和不连续介质力学原理，岩石和岩体的破坏、断裂、蠕变、损伤机理及其力学原理，岩石和岩体计算力学。随着经济建设不断发展，深部岩体工程的开发和利用日趋增加，要求按照深部岩体力学规律研究相关的基本原理，这是近年来新的研究课题。

（2）试验方面。包括室内和现场岩石（岩体）的力学试验原理、内容和方法；模拟试验；动、静荷载作用下岩石（岩体）力学性能的响应；各项岩石（岩体）物理力学性质指标的统计和分析；试验设备与技术的改进。

（3）实际应用方面。包括交通工程、水利水电工程、核电工程、采矿工程等行业方面的应用。

（4）监测方面。通常量测岩体应力应变、断裂、损伤等项目及其各自随着时间的延长而变化的特性，预测各项岩体力学数据。

综上所述，岩体力学要解决的任务是很广泛的，且具有相当大的难度。要完成这些任务，必须从生产实践中总结岩体工程方面的经验，提高理论知识，再回到实践中去，解决生产实践中提出的有关岩体工程问题，这就是解决岩体力学任务的最基本的原则和方法。

三、岩体力学的研究内容及应用

1. 研究内容

（1）岩体的地质力学模型及其特征方面。这是岩体力学分析的基础和依据。研究内容包括岩石和岩体的成分、结构、构造、地质特征和分类；结构面的空间分布规律及其地质概化模型；岩体在自重应力、构造应力、工程应力作用下的力学响应及其对岩体的静、动力学特性的影响；赋存于岩体中的各类因子，如水、气、温度以及时间、化学因素等相互的耦合作用。

（2）岩石与岩体的物理力学性质方面。这是表征岩石与岩体的力学性能的基础，岩石与岩体的物理力学性质指标是评价岩体工程稳定性最重要的依据。通过室内和现场试验，掌握岩石和结构面的力学特性及其本构关系，获取其各项物理力学性质参数，研究各种试验的方法和技术。探讨在静、动荷载下岩石（岩体）力学性能的变化规律等。

（3）岩体力学在各类工程中的应用方面。如洞室围岩、岩基和岩坡等，其稳定与安全都与能否正确应用岩体力学的基本原理相关。因此，重视工程地质条件对场地稳定性的影响，并对建筑场地进行系统的岩体力学试验及理论研究和分析，预测岩体的强度、变形和稳定性，为工程设计提供可靠的数据和有关材料，对防止重大岩体工程事故，保证顺利施工有重要的意义。

2. 岩体力学的应用

岩体力学在岩体工程中的应用有以下几个方面：

（1）地下工程。包括地下开挖引起的应力重分布、围岩变形、围岩压力以及围岩加固等理论与技术。

（2）岩基工程。包括在自然力和工程力作用下，岩基中的应力、变形、承载力和稳定性等理论与技术。

(3)岩坡工程。包括天然斜坡与人工边坡的稳定性,岩坡的应力分布、变形和破坏,岩坡的失稳及加固等理论与技术。

(4)岩体力学的新理论和新方法。当今各学科的发展促进了岩体力学新理论、新技术的发展与应用,如岩体力学数值计算,岩体监测反演分析技术,岩体流变学、断裂力学、损伤力学,以及智能岩体力学等其他一些软科学。

第三节 岩体力学的研究方法

岩体力学的研究方法是采用科学试验、理论分析与工程实践紧密结合的方法。

科学试验是岩体力学研究工作的基础,也是岩体力学研究中的第一手资料。岩体力学工作的第一步就是对现场的地质条件和工程环境进行调查分析,建立地质力学模型,进而开展室内外的物理力学性质试验,作为建立岩体力学的概念、模型和分析理论的基础。

岩体力学的理论建立在科学试验的基础之上。由于岩体具有结构面和结构体的特点,所以要建立岩体的力学模型,以便分别采用如下的力学理论:连续介质或非连续介质理论,松散介质或紧密固体理论。在此基础上,按地质和工程环境的特点分别采用弹性理论、塑性理论、流变理论以及断裂、损伤等力学理论进行计算分析。采用哪种理论作为岩体力学研究的依据是非常重要的。否则,将会导致理论与实际相脱离。当然,理论的假设条件与岩体实况之间存在着一定的差距,但应尽量缩小其距离。目前,尚有许多岩体力学问题,应用现有的理论,仍然不能得到完善的解答。因此,紧密地结合工程实际、重视实践中得来的经验,将其发展上升为新的理论或充实理论,这是岩体力学理论和技术发展的基本方法。

工程实践大大推动了岩体力学的发展。随着我国经济的发展,一大批世界级工程建设项目面临诸多前所未有的岩体力学难题,如当今世界最高拱坝锦屏水电站,岩体边坡高度超过1000m,锦屏二级引水隧道埋深超过2500m,西格(西宁—格尔木)铁路二线工程新关角隧道长度为32.65km,跨海特长隧道有39km的日本青函隧道和38km的英吉利海峡隧道,这些超大型工程建设极大地促进了岩体力学新方法、新理论及新技术的出现,提高了岩体力学的研究水平。

研究岩体力学的步骤可用图1-1来表示。

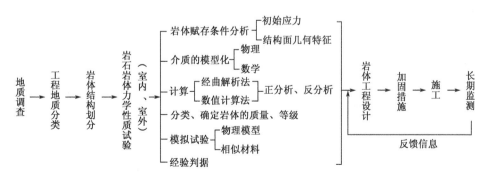

图1-1 岩体力学研究步骤的框图

图1-1所示内容和步骤视岩体特点和工程需要,可做调整。

第四节　岩体力学与地质学和力学的关系

岩体力学涉及地质学和力学两大学科。

一、地质学与岩体力学

岩体本身是一种地质材料,这种材料的属性是由于地质历史和地质环境影响形成的,所以在研究岩体的力学问题时,首先要进行地质调查,利用地质学所提供的基本理论和研究方法来帮助解决岩体力学问题。岩体力学与工程地质学紧密相关。此外,岩体中含有节理裂隙,并赋存地应力、水、气及其他因子,它们对岩体的力学性质和稳定性影响很大。这就需要运用历史地质学、构造地质学和岩石学以及地球物理学等地质学科的理论技术和研究方法来综合处理岩体的力学问题。

二、力学与岩体力学

岩体力学是力学学科中的一个分支,属固体力学范畴。但岩体有别于一般的致密固体。在力学学科的历史发展过程中,最初建立的是刚性体的力学规律,这就是理论力学。在自然界中,是没有不变形的固体的,因此,理论力学在岩体力学中的应用受到约束,但理论力学知识能提供物体运动规律和平衡条件,这为岩体力学奠定了一个非常重要的力学理论基础。

研究变形物体的固体力学有弹性力学、塑性力学和流变力学等。岩体力学的变形研究是基于上述力学发展起来的。然而岩体是一个多相体,且含有结构面和结构体等结构构造,许多岩体的力学性质具有非连续和非均质的特性,因此在利用一般变形物体的力学理论和方法时会受到限制。但是,对于岩块,采用上述力学作为基础理论来解决问题,一般认为是可行的,与实际结果的数据颇为接近。

天然的地质固体材料有岩石与土。随着经济与建设发展,土力学在20世纪初已成为一门学科,土力学的研究对象是土体。土是一种疏松的物质,具有孔隙和弱连接的骨架,受荷载后容易发生孔隙的减小而变形,而岩石却是致密固体,岩体含有岩块和节理裂隙,因而它与土的结构、构造有很大的不同。岩石与岩体在受荷载后其变形是岩块本身及节理裂隙的变形以及岩块的变位。可见,岩体力学与土力学各自的研究对象是不同的。但是,土与岩石有时是难以区分的,例如,某些风化严重的岩石、某些岩性特别软弱或胶结很差的沉积岩及节理裂隙特别发育的破碎岩体,它们既可称为岩石,也可称为土,它们之间没有一条明显的分界线。因而,在此类岩石中,使用土力学的理论和方法往往会得到较为接近实际的结果。岩体力学成为一门学科比土力学要晚,这是因为20世纪后期重大的岩体工程建设增多,仅凭土力学的理论和技术已不能解决岩体工程中的力学问题,因而岩体力学应运而生,解决了土力学所不能解决的岩体力学问题。

第五节　岩体力学的发展简史

岩体力学的形成与发展历史从岩石力学的兴起开始,一般认为,岩体力学形成于20世纪

50 年代末,其主要标志是:1957 年法国的塔罗勃(J. Talobre)所著《岩石力学》的出版,以及 1962 年国际岩石力学学会(ISRM)的成立。岩体力学作为一门独立的学科至今已有几十年的历史,本书就其形成前后的发展与特点作一简要介绍,便于读者了解岩体力学的发展动态。

为了考察岩体力学的发展,先列举一些对岩体力学形成与发展有重要影响的事件。

1951 年,在奥地利的萨茨堡(Salzburg)创建了第一个岩石力学学术组织——地质力学研究组(Study Group for Geomechanics),并发展成了独具一格的奥地利学派,其基本观点是岩体的力学作用主要取决于岩体内不连续面及其对岩体的切割特征。同年,国际大坝会议设立了岩石力学分会。

1956 年,美国召开了第一次岩石力学讨论会。

1957 年,第一本《岩石力学》(J. Talobre 著)专著出版。

1959 年,法国马尔帕塞坝因左坝肩岩体沿软弱结构面滑移而溃决,这一事件引起了许多研石力学学者的关注和研究。

1962 年,在国际地质力学研究组的基础上成立了国际岩石力学学会(ISRM),由奥地利岩石力学家缪勒(L. Muller)担任主席。

1963 年,意大利瓦依昂水库左岸岩体大滑坡,吸引了许多岩石力学学者的关注。

1966 年,第一届国际岩石力学大会在葡萄牙的里斯本召开,由葡萄牙岩石力学家罗哈(M. Rocha)担任主席。以后每 4 年召开一次大会,国际岩石力学学术会议涉及内容广泛,当代岩石力学的主要热点问题都得到了交流和讨论,无疑代表了当时国际岩石力学的水平。

受国际岩体(石)力学发展影响,并在我国工程建设需要的推动下,我国的岩体(石)力学研究也得到了长足的发展。陆续建立了中国科学院地质研究所工程地质研究室、武汉岩土力学研究所、长江科学院岩基室等科研机构,并在许多高等院校的相关专业,建立了岩石力学实验室,开设了岩体(石)力学课程。围绕一些重点工程建设开展了一系列岩体力学科研、生产工作,获得了一系列重大成果。其中,陈宗基教授把流变学引入岩体力学,提出了岩体流变、扩容与长期强度等概念,进一步发展了岩石流变扩容理论。谷德振学部委员等根据岩体受结构面切割而具有的多裂隙性,提出了岩体工程地质力学理论,将岩体划分为整体块状、块状、碎裂状、层状及散体状几种结构类型。孙广忠研究员系统地研究了岩体结构对岩体力学的影响,并撰写了专著《岩体结构力学》。另外,我国于 1985 年正式成立了中国岩石力学与工程学会,并派团参加了国际岩石力学大会,参与国际学术交流。随着我国重大工程项目的大量建设,岩体力学研究水平在国际上的影响力日渐显著,2011 年冯夏庭研究员当选国际岩石力学与工程学会主席。

这一时期的岩体力学研究工作有如下特点。

(1)对岩体及其力学属性的认识不断深入。

在岩体力学形成的初期,人们把岩体视为一种地质材料。其研究方法是取小块试件,在室内进行物理力学性质测试,并用以评价其对工程建筑的适宜性。这种研究实质上还是材料力学方法,可称为岩块力学或岩石力学。大量的工程实践表明:用岩块性质来表征作为建筑地基的大范围岩体特征是不合适的。

自 20 世纪 60 年代起,国内外岩体力学工作者都逐步认识到了被结构面切割的岩体性质与完整的小岩块性质有本质的区别。即如果将岩块视为均质、连续和各向同性的弹性介质,而岩体则是非均质、非连续和各向异性的非弹性介质,只有在某些情况下,如裂隙不发育的完整块状岩体等,其力学属性才能近似地看成与岩块相同。在这种认识的前提下,人们开展了对岩体的研究,并重视原位试验在确定岩体力学参数中的作用。这一时期内,奥地利学派起了很大的推动作用,缪勒(1974)主编的《岩石力学》代表了这一时期的研究方向和水平。但这一时期人们还是多把岩体视为岩块的砌体来研究,而对结构面在岩体变形、破坏机理中的影响及其重要性还认识不足,在岩体力学分析计算中未作全面考虑。

到 20 世纪 70 年代中后期,岩体力学工作者越来越认识到岩体结构的实质及其在岩体力学作用中的重要性,开展了大量的研究(如奥地利、中国、美国等国家的学者)。我国从 20 世纪 70 年代开始,以谷德振为首的科研群体就开展了对岩体结构与结构面力学效应等理论问题的研究,并应用于解决工程问题,提出了岩体工程地质力学的学说,出版了《岩体工程地质力学基础》(1979 年)等一系列专著。进而又提出了岩体结构控制论的观点(《岩体结构力学》,孙广忠,1988),认为岩体的变形和稳定性主要受控于岩体结构及结构面的力学性质,因此必须重视对岩体结构和结构面力学性质及其力学效应的研究。

2000 年以后,随着计算机及计算数学的快速发展,考虑到岩体力学性质极其复杂,许多学者进行了有益的探索,如冯夏庭研究员提出应用现代计算数学的方法(如模糊数学、神经网络、蚂蚁算法等)获取岩体的相关参数。唐春安教授基于离散元理论编制了 RFPA 软件,对散体材料的力学破坏机理进行了很好的模拟。

从上述岩体力学的发展过程,我们不难看出,人们对岩体及其力学属性的认识是不断深化的。

(2)研究领域日益扩大,并强调在工程中的应用。

在岩体力学形成初期,主要是针对矿山建设中的围岩压力问题进行工作。现在岩体力学已被广泛应用于采矿、能源开发、国防工程、水利水电工程、交通及海洋开发工程、环境保护及减灾防灾工程、古文物保护工程、地震、地球动力学等许多领域。而且随着工程建设的增多和规模的不断加大,特别是一些复杂的重大工程(如三峡工程)、海底隧道工程的实施,将给岩体力学带来许多新的复杂的课题,这对于岩体力学来说既是发展的机遇,也是一种挑战。

(3)重视岩体结构与结构面的研究。

在大量的岩体工程实践中,人们认识到由于岩体中存在大量的断层、节理和各种裂隙等结构面及由此形成的特殊的结构,使岩体性质异常复杂,不仅取决于结构面的组合特征,而且还与结构面的地质特征、几何特征及其自身的力学性质等密切相关。基于此,开展了大量的有关结构面及其对岩体性质控制作用的研究。在结构面统计、网络模拟及其力学性质试验等方面取得了重要进展,提出了各种结构面测量统计方法和三维网络模拟理论等。在力学性质试验方面,Goodman、Barton 等做了大量工作,提出了反映结构面变形性质的 Goodman 方程和反映结构面剪切强度的 Barton 方程等。同时在岩体力学领域我国也开展了大量的研究工作,取得了丰硕的理论创新成果。如 20 世纪 70 年代谷德振学部委员提出了岩体工程地质力学;80 年代孙广忠研究员提出了岩体结构控制论等理论,潘别桐教授引进了岩体结构统计分析方法和网络模拟技术,后由陈剑平教授、汪小刚研究员等逐步深化完善;90 年代初伍法权研究员对岩体结构面统计及综合力学性能进行了系统的研究,建立了统计岩体力学理论。

现代岩体力学理论认为:由于岩体结构及其赋存状态、赋存条件的复杂性和多变性,岩体力学既不能套用传统的连续介质理论,也不能完全依靠节理、裂隙等结构面分析为特征的传统地质力学理论,而必须把岩体工程看成"人地系统",用系统方法来进行岩体力学的研究。用系统概念来表征岩体,可使岩体的复杂性得到全面科学的表达。

(4)重视岩体中天然应力的研究。

过去人们提到天然应力主要是指自重应力,现在人们已经认识到在很多情况下只考虑自重应力是不行的,必须考虑除自重应力以外,如构造应力等的影响。从20世纪60年代开始,逐渐重视和加强了岩体中天然应力及其测量技术的研究,积累了丰富的实测资料,并获得了一些非常有意义的结论。同时天然应力的确定方法和量测手段也有了长足的发展。

(5)岩体的测试技术和监测技术大力发展。

在开始的室内常规岩块力学参数测试的基础上,逐渐发展了岩石三轴试验、高温高压试验、刚性试验、伺服技术、结构面力学试验、原位岩体力学试验及原位监测技术和模型模拟试验等。另外,岩石微观结构研究等也逐渐应用于岩体力学研究中。

(6)注意岩体动力学、水力学性质及流变性质的研究。

随着地下爆炸试验、地震研究、国防工程和水利水电工程的发展,岩体在振动、冲击等动荷载作用下的变形和强度特性、破坏规律、应力波传播与衰减规律及结构防护等,岩体在长期荷载作用下的流变性能和长期强度,水岩耦合及水岩与应力耦合所表现出来的水力学性质等,都日益受到广泛的重视,并取得了一些成果。

(7)新理论、新技术及新方法的应用。

首先,计算机技术的应用与普及,为岩体力学解决许多复杂的岩体力学问题提供了有力的手段,提高了岩体力学解决生产实际问题的能力和效率。另外,从20世纪70年代末开始,块体理论、概率论、模糊数学、断裂力学、损伤力学、分形几何等理论被相继引入岩体力学的基础理论与工程稳定性研究中,取得了一系列重大成果。近年来,还有不少学者将系统论、信息论、控制论、人工智能专家系统、灰色系统、突变理论、非线性理论、耗散结构理论及协同论等软科学引入岩体力学研究中,取得了一系列研究成果。这些新理论、新方法的引入,大大地促进了岩体力学的发展。

总之,到目前为止,岩体力学工作者从各个方面对岩体力学与工程进行了全面的研究,并取得了可喜的进展,为国民经济建设与学科发展做出了杰出的贡献。但是,岩体力学还不成熟,还有许多重大问题仍在探索之中,还不能满足工程实际的需要。因此,大力加强岩体力学理论和实际应用的研究,既是岩体力学发展的需要,更是工程实践的客观要求。

在今后一段时期内,岩体力学的前沿研究课题有:①岩体结构与结构面的仿真模拟、力学表述及其力学机理;②裂隙化岩体的强度、破坏机理及破坏判据;③岩体与工程结构的相互作用与稳定性评价;④软岩(包括松散岩体、软弱岩体、强烈应力破碎及风化蚀变岩体、膨胀性和流变性岩体等)的力学特性及其岩体力学问题;⑤水、岩、耦合及水岩与应力耦合作用及岩体工程稳定性;⑥高地应力岩体力学问题;⑦岩体结构整体综合仿真反馈系统与优化技术;⑧岩体动力学、水力学与热力学问题;⑨岩体流变与长期强度问题;等等。以上课题,虽然有些已有一些研究成果,某些问题甚至已达到一定的深度,但多数仅限于科学探讨性的和定性或半定量的研究,离实际应用还有一定的距离,不能完全满足工程实际的需求,需要进一步探索与研究。

当前,随着科学技术的飞速发展,各门学科都将以更快的速度向前发展,岩体力学也不例外。而各门学科协同合作,相互渗透,不断引入相关学科的新思想、新理论和新方法是加速岩体力学发展的必要途径。

【思考题与习题】

1. 何为岩体力学?它的研究对象是什么?
2. 何为岩石?何为岩体?岩石和岩体有什么区别?
3. 岩体力学的研究内容和研究方法是什么?

第二章

岩石的物理力学性质

【学习要点】

1. 掌握各指标的物理意义、测试方法。

2. 掌握岩石强度理论适用条件,并熟练应用。

3. 掌握岩石在单轴和三轴压缩状态下应力应变曲线特征。

4. 理解岩石蠕变特征曲线、影响因素及基本流变模型。

第一节　概　　述

　　岩石是构成地壳表层岩石圈的主体,人类主要在岩石圈上生息繁衍。20 世纪土木建筑业以地面建筑和高层建筑为主,被誉为高层建筑的世纪。而进入 21 世纪,出于环境保护和地域限制等方面的原因,人类将要向地下索取更多的空间,因此专家预言,21 世纪将是地下工程的世纪。在向地下寻求生存空间的过程中,人类将广泛地接触和改造岩石或岩体。

　　岩石的物理力学性质是岩体最基本、最重要的性质之一,也是整个岩体力学中研究最早、最完善的力学性质。作为描述岩石的物理力学性质的参数,其大体可分为:岩石的物理性质,包括质量指标、孔隙性、水理性质及抗风化性质;岩石的强度特征,包括单轴抗压强度、抗拉强度、剪切强度及三轴压缩强度;岩石变形特征,包括在不同试验条件下反映出的变形状态。

第二节　岩石的物理力学性质

岩石是自然界中各种矿物的集合体,是天然地质作用的产物。一般而言,大部分新鲜岩石质地均较坚硬密实,孔隙小而少,抗水性强,渗透性弱,力学性质强度高。但各类岩石由于其矿物的组成成分、结构构造和成岩条件的不同,对岩石的物理力学性质有很大的影响。

一、岩石的密度指标

1. 岩石的密度

岩石的密度是指岩石试件的质量与体积之比,即单位体积内岩石的质量。一块岩石由固相、液相和气相所组成。很明显,这三相物质在岩石中所含的比例不同、矿物岩屑的成分不同,将会使密度发生变化。

(1)天然密度

天然密度(ρ)是指岩石在自然条件下,单位体积的质量(单位:g/cm³),即:

$$\rho = \frac{m}{V} \tag{2-1}$$

式中:m——岩石试件的总质量;

V——试件的总体积。

(2)饱和密度

饱和密度(ρ_{sat})是指岩石中的孔隙都被水填充时单位体积的质量(单位:g/cm³),即:

$$\rho_{sat} = \frac{m_s + V_V \rho_w}{V} \tag{2-2}$$

式中:m_s——岩石中固体的质量;

V_V——试件的总体积;

ρ_w——水的密度。

(3)干密度

干密度(ρ_d)是指岩石孔隙中的液体全部被蒸发,试件中仅有固体和气体的状态下,其单位体积的质量(单位:g/cm³),即:

$$\rho_d = \frac{m_s}{V} \tag{2-3}$$

上述三种密度指标是在不同条件下的最常用的密度参数。密度试验通常采用称重法。即先测量标准试件的尺寸,然后放在感量精度为 0.01g 的天平上称重,并计算密度参数。在进行天然密度的试验时,首先应该保持被测岩石的含水量,其次要注意岩石中是否含有遇水溶解、遇水膨胀的矿物成分,若有类似的物质应采用水下称重的方法进行试验,即先将试件的外表涂上一层厚度均匀的石蜡,然后放在水中称物体的质量,并计算天然密度;饱和密度可采用 48h 浸水法、抽真空法或者煮沸法使岩石试件饱和,然后再称重;而干密度的测试方法是先把试件放入 105~110℃烘箱中,将岩石烘至恒重(一般为 24h 左右),再进行称重试验。

（4）重力密度

重力密度（γ）是指单位体积中岩石的重量，通常简称为重度。这个指标通常由密度乘上重力加速度而得。其采用的单位为 kN/m^3。

密度指标是工程中应用最广泛的参数之一。密度指标不仅反映岩石的致密程度，通常还利用这些参数计算岩体的自重应力。

2. 岩石的颗粒密度

岩石的颗粒密度（ρ_s）是指岩石固体物质的质量 m_s 与固体体积 V_s 的比值（单位：g/cm^3），即：

$$\rho_s = \frac{m_s}{V_s} \tag{2-4}$$

岩石的颗粒密度可采用比重瓶法求得。首先，将岩石粉碎，并使岩粉通过直径为 0.25mm 的筛网筛选，然后，将其烘干至恒重，称出一定量的岩粉，将岩粉倒入已注入一定量煤油（或纯水）的比重瓶内，摇晃比重瓶将岩粉中的空气排除，静置4h后，由于加入岩粉使液面升高，读出其刻度，即加入岩粉后体积的增量；最后，必须测量液体的温度，修正由于液体温度的不同而造成的误差，并按要求计算出岩石的颗粒密度。岩石的颗粒密度的常用单位是 g/cm^3。

二、岩石的孔隙性

岩石的孔隙性反映了岩石中微裂隙发育程度的指标。

（1）岩石的孔隙比

岩石的孔隙比（e）是指孔隙的体积 V_V 与固体体积 V_s 之比，其公式为：

$$e = \frac{V_V}{V_s} \tag{2-5}$$

（2）岩石的孔隙率

孔隙率（n）是指孔隙的体积 V_V 与试件总体积 V 的比值，以百分率表示，其公式为：

$$n = \frac{V_V}{V} \times 100\% \tag{2-6}$$

根据试件中三相体的相互关系，孔隙比 e 与孔隙率 n 存在着如下关系式：

$$e = \frac{n}{1-n} \tag{2-7}$$

孔隙性参数可利用特定的仪器使孔隙中充满水银而求得。但是，在一般情况下，可通过有关的参数推算而得，如：

$$n = 1 - \frac{\rho_d}{\rho_s} \tag{2-8}$$

岩石的孔隙性对岩块及岩体的水理性质、热学性质及力学性质影响很大。一般来说，孔隙率越大，岩块的强度越小，塑性变形和渗透性越大；反之，孔隙率越小，岩块的强度越大，塑性变形和渗透性越小。同时岩石由于孔隙的存在，更易遭受风化应力作用，导致岩石的工程性质进一步恶化。对可溶性岩石来说，孔隙率大，可以增强岩体中地下水的循环与联系，使岩溶更加发育，从而降低了岩石的力学强度并增强了其透水性。当岩体中的孔隙被黏土等物质填充时，则又会给工程建设带来诸如泥化夹层或夹泥层等岩体力学问题，因此，对岩石孔隙性的全面研究,是岩体力学研究的基本内容之一。

三、水理性质

1. 岩石的含水性质

（1）岩石的含水率

岩石的含水率（ω）是指岩石孔隙中含水的质量 m_ω 与固体质量 m_s 之比的百分数,即:

$$\omega = \frac{m_\omega}{m_s} \times 100\% \tag{2-9}$$

根据试件含水率状态的不同,可分成岩石在天然状态下的含水率和饱和状态下的含水率。其试验方法类似于密度试验的方法。岩石的含水率对于软岩来说是一个比较重要的参数。组成软岩的矿构成分中往往含有较多的黏土矿物,而这些黏土矿物具有遇水软化的特性。因此,当这部分岩石含有较大的含水率时,在某种程度上降低了该岩石的强度,并产生很大的变形量,大大影响岩石的力学特性。对于绝大多数中等坚硬以上的岩石而言,其影响并不是很明显。

（2）岩石的吸水率

岩石的吸水率是指岩石吸入水的质量与试件固体的质量之比。根据试验方法岩石吸水率可分成自由吸水率（ω_a）和饱和吸水率（ω_{sat}）,即:

$$\left.\begin{array}{l} \omega_a = \dfrac{m_0 - m_\omega}{m_s} \times 100\% \\[3mm] \omega_{sat} = \dfrac{m_p - m_\omega}{m_s} \times 100\% \end{array}\right\} \tag{2-10}$$

式中:m_0——试件浸水 48h 的质量;

m_p——试件经煮沸或真空抽气饱和后的质量。

岩石自由吸水率的试验方法采用浸水法,而饱和吸水率采用抽真空法或者煮沸法试验来求得岩石的吸水率。吸水率是一个间接反映岩石内孔隙多少的指标,与岩石的含水率一样,对于软岩是一个比较重要的参数,其反映岩石的发育程度,间接的判断岩石的抗风化能力和抗冻性。

2. 岩石的渗透性

岩石的渗透性是指岩石在一定的水力梯度作用下,水穿透岩石的能力。它间接地反映了岩石中裂隙间相互连通的程度。当水流在岩石的空隙中流动时,大多数表现为层流状态,因此,其渗透性可用达西（Darcy）定律来描述:

$$q_x = AK \frac{\mathrm{d}h}{\mathrm{d}x} \tag{2-11}$$

式中:q_x——沿 x 方向水的流量;

$\dfrac{\mathrm{d}h}{\mathrm{d}x}$——沿 x 方向的水力梯度;

A——垂直于 x 方向的截面面积;

K——岩石沿 x 方向的渗透系数。

就一般工程而言,我们所关心的是渗透系数 K 的大小。通常,渗透系数 K 是利用径向渗透试验而得到。所谓径向渗透试验,是采用钻有一同心轴内孔的岩芯,使该空心圆柱体试样在水力梯度的作用下,液体能够产生径向流动,并测得液体沿着岩石内的裂隙网流动时的各参数,进而求得岩石的渗透系数。

岩石的渗透性对于解决一些实际问题具有直接的意义,例如:将水、油或者气体泵入多孔隙的岩体中;为了能量转换而在地下洞室中储存液体;评价水库的渗水性;排除深埋洞室的渗水等。但是,就渗透性而言,岩体的渗透特性远远比岩石的渗透性重要得多,其原因是岩体中存在着的不连续面,使其渗透系数要比岩石的渗透系数大得多。目前,国外已有人正在进行现场岩体的渗透性试验研究,这是研究岩石渗透性的方向。

四、岩石的抗风化性

岩石开挖后,由于片状剥落、水化、崩解、溶解、氯化、磨蚀和其他过程对岩石性质的影响,通常用以下三个指标来表征岩石的抗风化特性。

1. 软化系数

软化系数(η)是指岩石饱和单轴抗压强度 σ_{cw} 与干燥状态下的单轴抗压强度 σ_c 的比值。它是岩石抗风化能力的一个指标,是反映岩石遇水强度降低的一个参数。

$$\eta = \frac{\sigma_{cw}}{\sigma_c} \tag{2-12}$$

η 是一个小于或等于 1 的系数,该值越小,则表示岩石受水的影响越大。岩石的软化系数大小差别很大,主要取决于岩石的矿物成分和风化程度。主要岩石的软化系数见表 2-1。

部分岩石的单轴抗压强度与软化系数   表 2-1

岩 石 名 称	软 化 系 数	岩 石 名 称	软 化 系 数
花岗岩	0.75 ~ 0.97	黏土岩	0.08 ~ 0.87
闪长岩	0.60 ~ 0.74	凝灰岩	0.52 ~ 0.86
辉绿岩	0.44 ~ 0.90	石英岩	0.80 ~ 0.98
玄武岩	0.71 ~ 0.92	片岩	0.49 ~ 0.80
石灰岩	0.58 ~ 0.94	千枚岩	0.69 ~ 0.96
砂岩	0.44 ~ 0.97	板岩	0.52 ~ 0.82
页岩	0.24 ~ 0.55		

2. 岩石耐崩解性指数

岩石耐崩解性指数(I_d)是通过对岩石试件进行烘干,浸水循环试验所得的指数。它直接反映了岩石在浸水和温度变化的环境下抵抗风化作用的能力。耐崩解性指数的试验是将经过烘干的试块(质量约 500g,且分成 10 块左右),放入一个带有筛孔的圆筒内,使该圆筒在水槽中以 20r/min 的速度,连续旋转 10min,然后将留在圆筒内的岩块取出再次烘干称重。如此反复进行两次后,按式(2-13)求得耐崩解性指数:

$$I_{d2} = \frac{m_r}{m_s} \times 100\% \tag{2-13}$$

式中:I_{d2}——经两次循环试验所求得的耐崩解性指数,该指数在 0 ~ 100% 之间;

m_s——试验前试块的烘干质量;

m_r——两次循环试验后,残留在圆筒内试块的烘干质量。

甘布尔(Gamble)认为:耐崩解性指数与岩石成岩的地质年代无明显的关系,而与岩石的密度成正比,与岩石的含水率成反比,并列出了表 2-2 的分类,对岩石的耐崩解性进行评价。

甘布尔崩解耐久性分类   表 2-2

组　名	一次 10min 旋转后留下的百分数(%)(按干重计)	一次 20min 旋转后留下的百分数(%)(按干重计)
极高的耐久性	>99	>98
高耐久性	98~99	95~98
中等高的耐久性	95~98	85~95
中等的耐久性	85~95	60~85
低耐久性	60~85	30~60
极低的耐久性	<60	<30

3. 岩石的膨胀性

含有黏土矿物的岩石,遇水后会发生膨胀现象,这是因为黏土矿物遇水促使其颗粒间的水膜增厚所致。因此,对于含有黏土矿物的岩石,掌握开挖后遇水膨胀的特性是十分必要的。岩石的膨胀特性通常以岩石的自由膨胀率、岩石的侧向约束膨胀率、膨胀压力等来表述。

(1)岩石的自由膨胀率

岩石的自由膨胀率是指岩石试件在无任何约束的条件下浸水后所产生膨胀变形与试件原尺寸的比值,这一参数适用于评价不易崩解的岩石。常用的有岩石的径向自由膨胀率(V_H)和轴向自由膨胀率(V_D):

$$V_H = \frac{\Delta H}{H} \times 100\% \tag{2-14}$$

$$V_D = \frac{\Delta D}{D} \times 100\%$$

式中:ΔH、ΔD——分别为浸水后岩石试件轴向、径向膨胀变形量;

H、D——分别为岩石试件试验前的高度、直径。

自由膨胀率的试验通常是将加工完成的试件浸入水中,按一定的时间间隔测量其变形量,直至 3 次的读数差值不大于 0.001mm,最终按公式(2-14)计算而得。

(2)岩石的侧向约束膨胀率

与岩石自由膨胀率不同,岩石侧向约束膨胀率是将具有侧向约束的试件浸入水中,使岩石试件仅产生轴向膨胀变形而求得的膨胀率(V_{HP})。其计算式如下:

$$V_{HP} = \frac{\Delta H_{HP}}{H} \times 100\% \tag{2-15}$$

式中:ΔH_{HP}——有侧向约束条件下所测得的轴向膨胀变形量。

(3)膨胀压力

膨胀压力是指岩石试件浸水后,使试件保持原有体积所施加的最大压力。其试验方法为先加预压 0.01MPa,待岩石试件的变形稳定后,将试件浸入水中,当岩石遇水膨胀的变形量大于 0.001mm 时,施加一定的压力,使试件保持原有的体积,经过一段时间的试验,测量试件保持不再变化(变形趋于稳定)时的最大压力。

上述 3 个参数从不同的角度反映了岩石遇水膨胀的特性,进而可利用这些参数,评价建造在含有黏土矿物岩体中的洞室的稳定性,并为这些工程的设计提供必要的参数。

五、岩石的抗冻性及其他特性

岩石在冻融条件下的力学特性,通常用岩石的抗冻性系数(K_f)来反映岩石的这一特性,见式(2-16)。

$$K_f = \frac{R_f}{R_s} \tag{2-16}$$

式中:R_f——岩石冻融后的饱和单轴抗压强度;

R_s——岩石冻融前的饱和单轴抗压强度。

岩石的抗冻性系数试验在 ±25℃ 的温度区间内,反复降温、冻结、升温、融解多次后,进行单轴抗压强度的试验。用单轴抗压强度下降的比例,表示为抗冻系数。

岩石在冻融条件下单轴抗压强度的损失主要原因有:各种矿物膨胀系数差异;岩石孔隙中的水在零度下将结冰,造成体积增大。

以上所叙述的是岩石常用的指标。除此以外,有关影响岩石可钻性的岩石硬度,影响洞室冷、热流体的储存和地热回收的热传导性、热容量以及热膨胀系数等特性,在此不做具体介绍。

第三节 岩石的强度特性

在外荷载作用下,当荷载达到或超过某一极限时,岩块发生破坏。根据破坏时的应力类型,岩块的破坏有拉破坏、剪切破坏和流动破坏三种。同时,把岩块抵抗外力破坏的能力称为岩块的强度。

所谓强度,是指材料在荷载作用下,所能承受的最大的单位面积上的力。由于荷载作用的形式不同,通常研究岩石的单轴抗压强度(无侧限压缩强度)、抗拉强度、剪切强度、三轴压缩强度等。

一、岩石的单轴抗压强度

岩石的单轴抗压强度是指岩石试件在无侧限条件下,受轴向力作用破坏时单位面积上所承受的荷载。即:

$$R_c = \frac{P}{A} \tag{2-17}$$

式中:R_c——单轴抗压强度,有时也称作无侧限强度;

P——在无侧限条件下,轴向的破坏荷载;

A——试件与轴向荷载垂直的截面面积。

1. 单轴抗压强度的试验方法

在岩体力学中,岩石的单轴抗压强度是研究最早、最完善的特性之一。按《工程岩体试验

17

方法标准》(GB/T 50266—2013)的要求,单轴抗压强度的试验方法是在带有上、下块承压板的试验机内,按每秒0.5~1.0MPa的速度加压直至试件破坏。此外,对试件的加工也有一定的要求。即试件的直径或边长为4.8~5.4cm,高度为直径的2.0~2.5倍,试件两端面的不平整度不得大于0.05mm,在试件的高度上直径或边长的误差不得大于0.3mm,两端面应垂直于试件轴线,最大偏差不得大于0.25°。由于试件尺寸、加工精度统一,使试验结果具有较好的可比性。

2.影响单轴抗压强度的因素

试验研究表明,岩块的抗压强度受一系列因素影响和控制。这些因素主要包括两个方面:一是岩石本身性质方面的因素,如矿物组成、结构构造(颗粒大小、连结及微结构发育特征等)、密度及风化程度等;二是试验条件方面的因素。第一方面因素的影响,在前面章节中已有详细讨论。这里仅就试验条件对岩块抗压强度的影响进行讨论。

(1)试件的几何形状及加工精度

试件形状的影响表现在当试件截面积和高径比相同的情况下,截面为圆形的试件强度大于多边形试件强度。在多边形试件中,边数增多,试件强度增大。其原因是多边形试件的棱角处易产生应力集中,棱角越尖,应力集中越强烈,越易破坏,岩块抗压强度也就越低。

试件尺寸越大,岩块强度越低,这被称为尺寸效应。尺寸效应的核心是结构效应。因为大尺寸试件包含的细微结构面比小尺寸试件多,结构也复杂一些,因此,试件的破坏概率也大。

试件的高径比,即试件高度 h 与直径或边长 D 的比值,它对岩块强度也有明显的影响。一般来说,随 h/D 增大,岩块强度降低,其原因是随 h/D 增大,试件内应力分布及其弹性稳定状态不同所致。当 h/D 很小时,试件内部的应力分布趋于三向应力状态,因而试件具有很高的抗压强度;相反,当 h/D 很大时,试件由于弹性不稳定而易于破坏,降低了岩块的强度;而 $h/D=2\sim3$ 时,试件内应力分布较均匀,且容易处于弹性稳定状态。因此,为了减少试件的尺寸影响及统一试验方法,国内有关试验规程规定:抗压试验应采用直径或边长为5cm,高径比为2的标准规则试件。

在试件尺寸不标准时,有人提出了许多经验公式来修正,如美国材料与试验学会提出用下式修正:

$$\sigma_{c1} = \frac{\sigma_c}{0.778 + \dfrac{0.222}{(h/D)}} \tag{2-18}$$

式中:σ_{c1}、σ_c——$h/D=1$ 和任意值时试件的抗压强度。

试件加工精度的影响主要表现在试件端面平整度和平行度的影响上。端面粗糙和不平行的试件,容易产生局部应力集中,降低了岩块强度,因此试验对试件加工精度要求较高。

(2)加载速率

岩块的强度常随加载速率增大而增高。这是因为随着加载速率增大,若超过了岩石的变形速率,即岩石变形未达稳定就继续增加载荷,则在试件内将出现变形滞后于应力的现象,使塑性变形来不及发生和发展,增大了岩块强度。因此,为了规范试验方法,现行的试验规程都规定了加载速率,一般为0.5~0.8MPa/s。

(3)端面条件

端面条件对岩块强度的影响,称为端面效应。其产生原因一般认为是由于试件端面与压力机压板间的摩擦作用,改变了试件内部的应力分布和破坏方式,进而影响岩块的强度。

试件受压时,轴向趋于缩短,横向趋于扩张,而试件和压板间的摩擦约束作用则阻止其扩张。其结果使试件内的应力分布趋于复杂化,图 2-1 为存在端面效应下试件内的应力分布(Bordia,1971)。可见在试件两端各有一个锥形的三向应力状态分布区,其余部分除轴向仍为压应力外,径向和环向均处于受拉状态。由于三向压应力引起强度硬化,拉应力产生强度软化效应,致使试件产生对顶锥破坏。这种破坏实质上是端面效应的反应,并不是岩块在单轴压缩条件下所固有的破坏形式。如果改变其接触条件,消除端面间的摩擦作用,则岩块的破坏将变为受拉应力控制的劈裂破坏和剪切破坏形式。消除或减少端面摩擦的常用方法,是在试件与压板间插入刚度与试件相匹配、断面尺寸与试件相同的垫块。

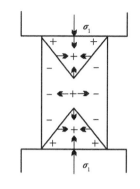

图 2-1 单向压缩时试件中的应力

(4)湿度和温度

水对岩块强度有显著的影响。当水侵入岩石时,将顺着裂隙进入并润湿全部自由面上的每个矿物颗粒。由于水分子的加入,改变了岩石的物理状态,削弱了颗粒间的联结力,降低了岩块强度。其降低程度取决于岩石的空隙性、矿物的亲水性、吸水性和水的物理化学特征等因素。水对岩块强度的影响常用软化系数表示。

温度对岩块强度也有明显的影响,特别是高温条件下,随温度升高,岩石的脆性降低,塑性增强,岩块强度也随之降低。

(5)层理结构

岩块强度因受力方向不同而有差异,具有显著层理的沉积岩,这种差异更明显。表 2-3 为几种沉积岩垂直和平行层理方向的抗压强度。

几种沉积岩垂直层理和平行层理的抗压强度　　　　表 2-3

岩 石 名 称	抗压强度 σ_c(MPa)		$\sigma_c \perp / \sigma_c //$
	垂直层理($\sigma_c \perp$)	平行层理($\sigma_c //$)	
石灰岩	180	151	1.19
粗粒砂岩	142.3	118.5	1.20
细粒砂岩	156.8	159.7	0.98
砂质页岩	78.9	51.8	1.52
页岩	51.7	36.7	1.41

二、岩石的抗拉强度

岩石的抗拉强度是指岩石试件在受到轴向拉应力后其试件发生破坏时的单位面积所能承受的拉力。

由于岩石是一种具有许多微裂隙的介质。在进行抗拉强度试验时,岩石试件的加工和试验环境的易变性,使得试验的结果不是很理想,经常出现一些意外的现象。人们不得不对其试验方法进行了大量的研究,提出了多种求得抗拉强度值的方法。以下就目前常用的四种方法作一一介绍。

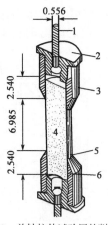

图 2-2　单轴拉伸试验用的削脚
（尺寸单位：cm）

1-飞机钢索（不扭动）和带花饰的球
（不锈钢）；2-螺旋连接器（不锈钢）；
3-环（铝质）；4-岩芯试件（直径
1cm）；5-束带（环氧树脂）；6-黏结物
（环氧树脂）

1. 直接拉伸法

直接拉伸法是将岩石加工成棒状，并利用岩石试件的两端与试验机夹具之间的黏结力或摩擦力，对岩石试件直接施加拉力，测试岩石抗拉强度的一种方法。通过试验，可按下式求得其抗拉强度指标（R_t）：

$$R_t = \frac{P_t}{A} \tag{2-19}$$

式中：P_t——试验中试件能承受的最大拉力；

A——试件垂直于拉应力的截面积。

岩石试件与夹具连接的方法见图 2-2。进行直接拉伸法试验的关键在于：一是岩石试件与夹具间必须有足够的黏结力或者摩擦力；二是所施加的拉力必须与岩石试件同轴心。否则，就会出现岩石试件与夹具脱落，或者由于偏心荷载，使试件的破坏断面不垂直于岩石试件的轴心等现象，致使试验失败。由于对岩石试件和加载的要求很高，使得这个试验难度较大，因此，在实际的试验中很少采用。

2. 抗弯法

抗弯法是利用结构试验中梁的三点或四点加载的方法，使梁的下沿产生纯拉应力的作用而使岩石试件产生拉断裂破坏，间接地求出岩石的抗拉强度的一种试验方法。此时，其抗拉强度值可按下式求得：

$$\sigma_t = \frac{MC}{I} \tag{2-20}$$

式中：σ_t——由三点或四点抗弯试验所求得的最大拉应力，它相当于岩石的抗拉强度 σ_t；

M——作用在试件截面上的最大弯矩；

C——梁的边缘到中性轴的距离；

I——梁截面绕中性轴的惯性矩。

式（2-20）的成立是建立在以下 4 个基本假设基础之上：①梁的截面严格保持为平面；②材料是均质的，服从虎克定律；③弯曲发生在梁的对称平面内；④拉伸和压缩的应力—应变特性相同。对于岩石而言，第 4 个假设与岩石的特性存在着较大的差别。因此，利用抗弯法求得的抗拉强度也存在着一定的偏差，且试件的加工也相对比较麻烦。故此方法应用要比直接拉伸法相对少些。

3. 劈裂法

劈裂法也称作径向压裂法，因为是由南美巴西人杭德·罗斯（Hondros）提出的试验方法，故也称为巴西法。这种试验方法是：用一个实心圆柱体试件，使它承受径向压缩线荷载至破坏，间接地求出岩石的抗拉强度（图 2-3）。该方法具有一定的理论依据，按照布辛奈斯克（Boussinesq）半无限体上作用着集中力的解析解的叠加，可求得岩石的抗拉强度。由于该方法试件加工方便，试验简单，是目前最常用的抗拉强度的试验方法。按我国工程岩体试验方法标准规定：试件的直径宜为 4.8～5.4cm，其厚度宜为直径的 0.5～1.0 倍。根据试验结果，求得试件破坏时作用在试件中心的最大拉应力为：

$$R_t = \frac{2P}{Dt\pi}$$

（2-21）

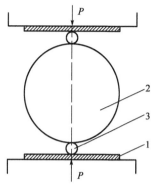

式中：R_t——试件中心的最大拉应力，即为抗拉强度；

　　　P——试件破坏时的极限压力；

　　　D——试件的直径；

　　　t——试件的厚度。

根据解析解分析的结果，要求试验时所施加的线荷载必须通过试件圆心，并与加载的两点连成一直径，要求在破坏时其破裂面也通过该试件的直径。否则，试验结果将存在较大的误差。

图 2-3　劈裂法试验示意图
1-承压板；2-试件；3-垫条

4. 点荷载试验法

点荷载试验法是在 20 世纪 70 年代发展起来的一种简便的现场试验方法。该试验方法最大的特点是可利用现场取得的任何形状的岩块，可以是 5cm 的钻孔岩芯，也可以是开挖后掉落下的不规则岩块，不做任何岩样加工直接进行试验。该试验装置是一个极为小巧的设备，其加载原理类似于劈裂法，不同的是劈裂法所施加的是线荷载，而点荷载法所施加的是点荷载。该方法所确定的试验值，可用点荷载强度指数 I_s 来表示，可按下式求得：

$$I_s = \frac{P}{D_e^2}$$

（2-22）

式中：P——试验时所施加的极限荷载；

　　　D_e——试验时两个加载点之间的距离。

经过大量试验数据的统计分析，提出了表征一个点荷载强度指数与岩石抗拉强度之间的关系如下：

$$R_t = 0.96 I_s$$

（2-23）

由于点荷载试验的结果离散性较大，因此，要求每组试验必须达到一定的数量，通常进行 15 个试件的试验，最终按其平均值求得其强度指数并推算出岩石的抗拉强度。最近，由于许多岩体工程分类中都采用了点荷载强度指数作为一个定量的指标，因此，有人建议采用直径为 5cm 的钻孔岩芯作为标准试样进行试验，使点荷载试验的结果更趋合理，且具有较强的可比性。

三、岩石的抗剪强度

岩石的抗剪强度是指岩石在一定的应力条件下（主要指压应力）所能抵抗的最大剪应力，通常用 τ 表示。该强度是在复杂应力作用下的强度，与岩石的抗压、抗拉强度不同，需要用一组岩石的试验结果来描述岩石的抗剪强度，因此，岩石的抗剪强度通常用以下的函数式表示：

$$\tau = f(\sigma)$$

（2-24）

根据岩石剪切试验的结果，常用莫尔—库仑公式表示岩石的抗剪强度：

$$\tau = \sigma \tan\varphi + c$$

（2-25）

式中：σ——作用破坏面上的正应力；

　　　φ——岩石的内摩擦角；

c——岩石的黏聚力。

岩石的剪切强度的试验方法有三种:抗剪断试验、抗切试验和弱面剪切强度试验(包括摩擦试验)。三种抗剪强度试验受力条件不同,如图 2-4 所示。

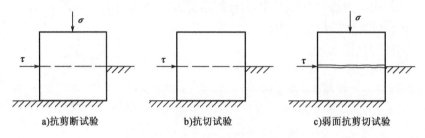

a)抗剪断试验　　　　　　b)抗切试验　　　　　　c)弱面抗剪切试验

图 2-4　岩石的三种受剪方式示意图

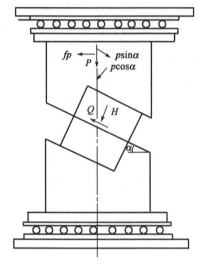

图 2-5　岩石抗剪断试验

抗剪断试验在室内进行时,通常采用 α 值不同的夹具进行试验,一般采用 α 角度为 30°～70°(以采用较大的角度为好),如图 2-5 所示。在单向压缩试验机上求得所施加的极限荷载。作用在剪切面上的正应力 σ 和剪应力 τ 可按下式求得:

$$
\left.\begin{array}{l}
\sigma = \dfrac{P}{A}(\cos\alpha + f\sin\alpha) \\[2mm]
\tau = \dfrac{P}{A}(\sin\alpha - f\cos\alpha)
\end{array}\right\} \qquad (2\text{-}26)
$$

式中:P——试验机所施加的极限荷载;

　　　f——滚珠排与上下压板的摩擦因数;

　　　A——剪切破坏面的面积;

　　　α——夹具的倾斜角。

按上式求出相应的 σ 及 τ 值就可以在 σ—τ 坐标纸上做出它们的关系曲线,如图 2-6a)所示,岩石的抗剪断强度关系曲线是一条弧形曲线,一般把它简化为直线形式[图 2-6b)]。这样,就可确定岩石的抗剪断强度黏聚力 c 和内摩擦角 φ。

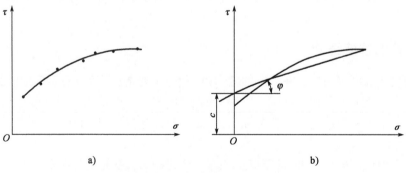

a)　　　　　　　　　　　　　　　b)

图 2-6　岩石的抗剪断 σ—τ 曲线

从严格的意义上说,抗剪断的试验方法存在着一定的弊端。首先,从试验的结果看,岩石试件的破坏被强制规定在某个面上,它的破坏并不能真正反映岩石的实际情况;其次,由于剪切作用时的破坏面上的应力状态极为复杂。因此,虽然工程岩体试验方法标准中也将其推荐为试验方法之一,但是,作为抗剪强度的试验,目前最常用的还是通过三向压缩应力试验而求得强度。

四、岩石在三轴压缩应力作用下的强度

岩石在三向压缩荷载作用下,达到破坏时所能承受的最大压应力称为岩石的三轴抗压强度(triaxial compressive strength)。与单轴压缩试验相比,试件除受轴向压力外,还受侧向压力的作用,侧向压力限制试件的横向变形,因而三轴试验是限制性抗压强度(confined compressive strength)试验。

1. 三轴压缩试验原理

三轴压缩试验的加载方式有两种:一种是真三轴加载,试件为立方体,加载方式如图2-7a)所示。其中 σ_1 为主压应力,σ_2 和 σ_3 为侧向压应力,这种加载方式试验装置繁杂,且6个面均可受到由加压铁板所引起的摩擦力,对试验结果有很大影响,因而实用意义不大,故极少有人做这样的三轴试验。常规的三轴试验是伪三轴试验,试件为圆柱体,试件直径为 $25 \sim 150 \mathrm{mm}$,长度与直径之比为 $2:1$ 或 $3:1$。加载方式如图2-7b)所示,轴向压力 σ_1 的加载方式与单轴压缩试验时相同。但由于有了侧向压力,其加载时的端部效应比单轴加载时要轻微得多,侧向压力($\sigma_2 = \sigma_3$)由圆柱形液压油缸施加。由于试件侧表面已被加压油缸的橡皮套包住,液压油不会在试件表面产生摩擦力,因而侧向压力可以均匀施加到试件中。在上述两种试验条件下,三轴抗压强度均为试件达到破坏时所能承受的最大 σ_1 值。

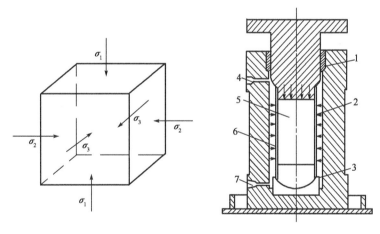

a)三轴试验加载示意图 b)岩石三向压力试验基本原理图

图2-7 三轴压缩试验加载方式及原理图

1-密封装置;2-侧压力;3-球型底座;4-出油口;5-岩石试样;6-乳胶隔离膜;7-进油口

第一个经典性的三轴压缩试验是由意大利人冯·卡门(Von Karman)于1911年完成的。试验使用的是白色圆柱体大理石试件,该大理石具有很细的颗粒并且是非常均质的。试验发现,在围压为零或较低时,大理石试件以脆性方式破坏,沿一组倾斜的裂隙破坏。随着围压的增加,试件的延性变形和强度都不断增加,直至出现完全延性或塑性流动变形,并伴随工作硬化,试件也变成粗腰桶形的,在试验开始阶段,试件体积减小,当 σ_1 达到抗压强度一半时,出现

扩容,泊松比迅速增大。

三轴压缩试验的最重要的成果就是对于同一种岩石的不同试件或不同的试验条件给出几乎恒定的强度指标值,这一强度指标值以莫尔强度包络线(Mohr's strength envelop)的形式给出,为了获得某种岩石的莫尔强度包络线,须对该岩石的5~6个试件做三轴压缩试验,每次试验的围压值不等,由小到大,得出每次试件破坏时的应力莫尔圆,通常也将得到单轴压缩试验和拉伸试验破坏时的应力莫尔圆,具体内容将在第四节中解释。

2. 三轴压缩试验的破坏类型

表2-4列出了假三轴试验在不同围压作用下的破坏类型。岩石试件在低围压作用下(表中情况1,2),其破坏形式主要表现为劈裂破坏,这时围压的作用并未很明显地显现出来。因此,这一破坏形式与单轴压缩破坏很接近,说明围压对其破坏形态影响并非很大。当在中等围压的作用下,试件主要表现为斜面剪切破坏。其剪切破坏面与最大主应力作用面的夹角通常约为 $45° + \dfrac{\varphi}{2}$(φ 为岩石的内摩擦角)。而当在高围压作用下,试件则会出现塑性流动破坏,试件不出现宏观上的破坏断裂面而呈腰鼓形。由此可见围压的增大改变了岩石试件在三向压缩应力作用下的破坏形态。若从变形特性的角度分析,围压的增大使试件从脆性破坏向塑性流动过渡。

假三轴试验岩石破坏类型 表2-4

情况	1	2	3	4	5
破裂或断裂前的典型应变(%)	<1	1~5	2~8	5~10	>10
压缩 $\sigma_1 > \sigma_2 = \sigma_3$	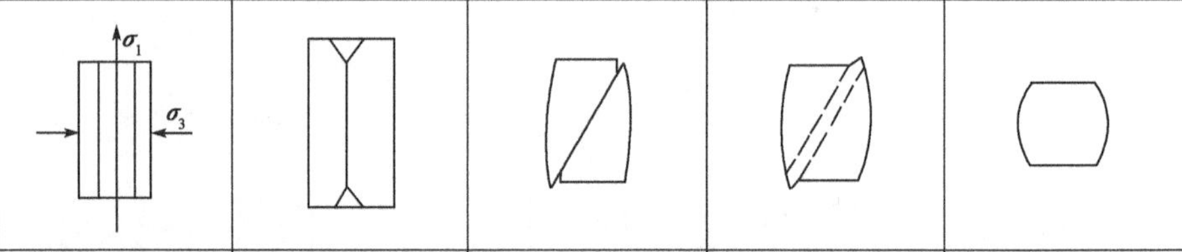				
拉伸 $\sigma_3 < \sigma_1 = \sigma_2$	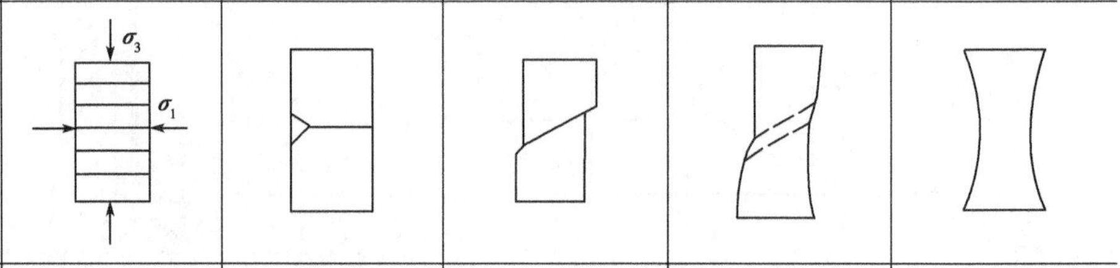				
典型的应力—应变曲线 ($\sigma_1 - \sigma_3$)	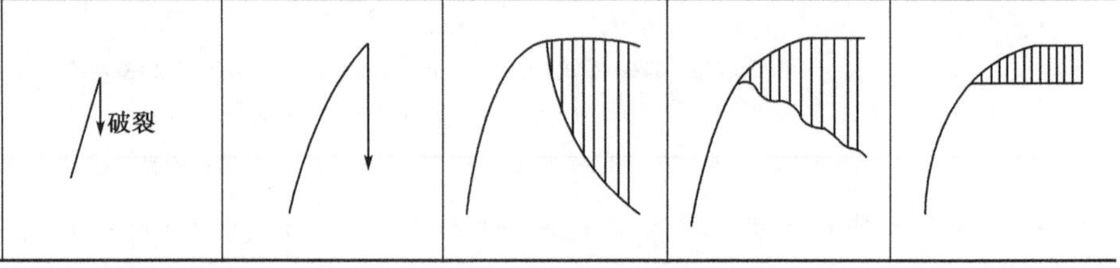 破裂				

3. 岩石三向压缩强度的影响因素

岩石在三向压缩应力作用下的影响因素,与岩石单轴强度的影响因素不同,明显带有三轴压缩下所特有的特征。

（1）侧向压力的影响

以大理岩为例，随着侧向压力（在假三轴试验中亦称为围压）的增大，其极限最大主应力也将随之增大，且显示出极限最大主应力的变化率随围压的增大而减小的变化规律。若用莫尔极限应力圆的包络线来描述的话，则包络线的斜率具有前陡后缓的特性。当然，对不同的岩性来说，这一特性并不是完全一致的。但是随围压的增大极限最大主应力也变大，这一特性则是一个普遍的规律。

（2）试件尺寸与加载速率的影响

在低围压与中等围压作用下，试件尺寸与岩石在单轴压缩强度试验时的尺寸基本一致。当岩石在高围压作用下，由于径向的限制，使得试件中微裂缝的影响逐渐减弱。加载速率的影响与岩石单轴压缩试验一样，随着加载速率的增加强度有所提高。

（3）加载路径对岩石三向压缩强度的影响

三向压缩试验的加载路径可以归纳为三种不同的形式，如图2-8中A、B、C三条虚线所示。根据大量的试验结果，三种不同的加载路径对岩石的三向压缩强度影响并不大。图2-8表明花岗岩的试验结果，无论用哪种加载路径，其最终的破坏应力都很接近三向压缩强度的极限破坏应力包络线。

（4）孔隙压力对岩石三向压缩强度的影响

对于一些具有较大孔隙的岩石来说，孔隙水压力将对岩石的强度给予很大的影响。这一影响可用"有效应力"的原理给予解释。由于岩石中存在着孔隙水压力，使得真正作用在岩石上的围压值减少了。根据岩石在三向压缩应力作用下的特征可知，随着围压的减小，它所对应的极限主应力也将随之降低。若用莫尔极限应力圆来表示的话，由于孔隙压力的存在使得极限应力圆向左侧移动，即向靠近强度包络线方向平移，因此，降低了岩石的极限应力。

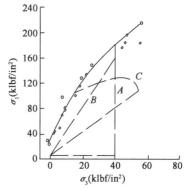

图2-8　威斯特雷（Westerly）花岗岩破坏轨迹
A-典型的侧压力常数荷载轨迹；B-典型的成比例的荷载轨迹；C-试件的荷载轨迹

第四节　岩石的强度理论

岩石的强度理论是在大量的试验基础上，加以分析、归纳建立起来的描述岩石强度特性，判别岩石破坏的一种基本思想。也可以认为，在某种应力或组合应力的作用下，岩石破坏的判据。由于岩石的成因不同和矿物成分的不同，使岩石的破坏特性会有许多差别，而不同的受力状态也将影响其强度特性的变化。因此，有人根据岩石的不同破坏机理，建立了多种强度判据。本节将着重介绍在岩体力学中最常用的几种强度判据。

一、一点的应力状态

在介绍强度理论以前，先说明岩体力学中的正负号规定、某一单元体的应力状态、应力和应变之间的关系及其计算方法等基本的力学分析方法。

1. 正负号的规定

由于处于地表以下的岩石绝大多数是承受压应力,因此,在岩体力学中各力学参数的符号做如下规定:

(1)以压应力为正,拉应力为负。

(2)剪应力使物体产生逆时针转动为正,反之为负。

(3)角度以 x 轴正向沿逆时针方向转动所形成的夹角为正,反之为负。

2. 一点应力的表示方法

根据力学分析的常用方法,在某介质中取一单元体,则单元体的应力状态如图2-9所示。该单元体的应力状态可用三个正应力 σ_x、σ_y、σ_z 和6个剪应力 τ_{xy}、τ_{yx}、τ_{yz}、τ_{zy}、τ_{zx}、τ_{xz} 表示。上述表示应力状态的符号正应力的脚标含意为:表示为正应力作用面的外法线方向。剪应力的脚标含意为:第一个脚标表示剪应力作用面的外法线方向;第二个脚标表示剪应力作用的方向。例如 σ_x 表示作用在与 x 轴垂直面上的正应力;τ_{xy} 表示作用在与 x 轴垂直面上、方向与 y 轴相平行的剪应力。在单元体中的九个应力分量,其中,只有6个分量是独立的,根据剪应力互等定律,独立的剪应力分量只有三个。而在平面问题中,独立的应力分量只有三个,即 σ_x、σ_y、σ_{xy}。

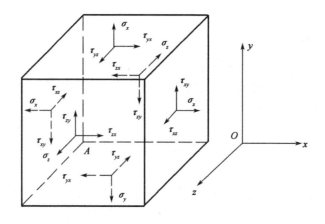

图2-9 一点的应力状态

3. 平面问题的简化

在实际的工程中,可根据不同的结构形式和受力状态将三维问题简化成平面问题。从受力特征分析,通常可分成以下两种平面问题。

(1)平面应力问题。一般将受二向应力作用的问题可简化成平面应力问题(如大型薄板)。其主要特征为一个方向上的应力为零,即 $\sigma_y = 0$,此时 y 方向上的应变不为零。

(2)平面应变问题。由于结构物的限制,使其在某一方向上的应变为零的状态,可简化为平面应变状态。例如,隧道、大坝等在其长轴方向上所截取的单元体,在其长轴方向上由于结构物的限制,不可能沿长轴方向上产生应变,即 $\varepsilon_y = 0$。

不管是哪一种平面问题,用弹性力学的方法进行分析所得的结果,可以相互转换。根据广义虎克定律以及受力的特征,可推得相互转换的基本公式。若将平面应力计算公式中的 E 和 μ 以 $E = E/(1-\mu^2)$、$\mu = \mu/(1-\mu)$ 代入,即可将平面应力问题的计算公式转换成平面应变问题的计算公式。

4. 基本应力公式

在进行相关的计算中,根据单元体的受力状态可以建立一套完整的计算公式。以二维的平面问题为例,如图 2-10 所示,与 σ_x 作用面夹角为 α 的平面上,所作用的应力可用下式计算:

$$\left.\begin{aligned}\sigma_n &= \frac{\sigma_x + \sigma_y}{2} + \frac{\sigma_x - \sigma_y}{2}\cos2\alpha - \tau_{xy}\sin2\alpha \\ \tau_n &= \frac{\sigma_x - \sigma_y}{2}\sin2\alpha + \tau_{xy}\cos2\alpha\end{aligned}\right\} \tag{2-27}$$

若上述公式对 α 求导,即可求得最大主应力和最小主应力的表达式:

$$\left.\begin{aligned}\sigma_1 \\ \sigma_3\end{aligned}\right\} = \frac{\sigma_x + \sigma_y}{2} \pm \sqrt{\left(\frac{\sigma_x - \sigma_y}{2}\right)^2 + \tau_{xy}^2} \tag{2-28}$$

最大主应力与 σ_x 的夹角 θ 可按下式求得:

$$\tan2\theta = \frac{2\tau_{xy}}{\sigma_x - \sigma_y} \tag{2-29}$$

此外,在分析任意角度的应力状态时,也常用最大、最小主应力求解,其公式如下:

$$\left.\begin{aligned}\sigma_n &= \frac{\sigma_1 + \sigma_3}{2} + \frac{\sigma_1 - \sigma_3}{2}\cos2\alpha \\ \tau_n &= \frac{\sigma_1 - \sigma_3}{2}\sin2\alpha\end{aligned}\right\} \tag{2-30}$$

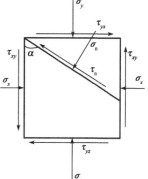

图 2-10 二维的应力状态

在 $\tau - \sigma$ 的坐标下,作用于岩石试件上的应力状态可用一个圆来表示,即所谓的莫尔应力圆。圆周上的任意一点,代表了岩石试件某个面上的应力状态。莫尔应力圆的方程表示如下:

$$\left(\sigma_n - \frac{\sigma_1 + \sigma_3}{2}\right)^2 + \tau_n^2 = \left(\frac{\sigma_1 - \sigma_3}{2}\right)^2 \tag{2-31}$$

式中:$(\sigma_1 + \sigma_3)/2$——莫尔应力圆的圆心;

$(\sigma_1 - \sigma_3)/2$——莫尔应力圆的半径。

5. 经典强度理论

在材料力学的范畴内,最为经典的是四大强度理论。这些强度理论代表了人们对材料破坏的认识,同时又表明了材料破坏的多样性。四大经典强度理论对于岩石而言,可能只有一部分适用,在此也仅作简单的介绍。

(1)最大正应力理论

最大正应力理论认为:当作用在岩石上的应力大于某一值时,岩石将发生破坏。而这一理论是建立在简单的应力状态之上,或者说该理论仅适用于单向受力的条件下的岩石介质。其表达式为:

$$\sigma < [\sigma] \tag{2-32}$$

式中:σ——作用在岩石上的正应力;

$[\sigma]$——岩石的屈服应力,根据理论的假设,可以是压应力也可以是拉应力。

（2）最大正应变理论

最大正应变理论的基本思想与最大正应力理论相同,只是以屈服应变为其判别的依据,即:

$$\varepsilon < [\varepsilon]$$ (2-33)

式中:ε——岩石所产生的正应变;

$[\varepsilon]$——岩石的屈服应变。

（3）最大剪应力理论

最大剪应力理论适用于复杂应力状态下的强度理论。最大剪应力理论认为:当作用在某一个面上的最大剪应力满足极限应力状态的下述表达式,岩石将发生破坏。即:

$$\left. \begin{aligned} \tau_1 &= \pm \frac{\sigma_1 - \sigma_2}{2} \\ \tau_2 &= \pm \frac{\sigma_2 - \sigma_3}{2} \\ \tau_3 &= \pm \frac{\sigma_3 - \sigma_1}{2} \end{aligned} \right\}$$ (2-34)

式中:τ_1、τ_2、τ_3——分别为作用在岩石某一个面上的剪应力;

σ_1、σ_2、σ_3——分别为岩石所受的极限主应力。

在单向压缩或拉伸的条件下,以上的公式就变得非常简单了。

（4）最大应变能理论

最大应变能理论认为:材料在静水压力作用下,是不会产生破坏的,只有当材料的形状改变能（偏应力所产生的能量）达到以下表达式时,岩石将发生破坏。即:

$$U = \frac{1+\mu}{6E} [(\sigma_1 - \sigma_2)^2 + (\sigma_2 - \sigma_3)^2 + (\sigma_3 - \sigma_1)^2]$$ (2-35)

式中:E——岩石的弹性模量;

μ——岩石的泊松比。

二、莫尔强度理论

莫尔强度理论是岩体力学中应用最广泛的强度理论。由于莫尔强度理论的表达式简捷,物理意义明确而深受工程技术人员的青睐。本小节主要介绍莫尔强度理论解释岩石破坏的基本思想、计算公式以及莫尔强度理论的不足之处,以便能灵活、正确地掌握和应用该公式。

1. 莫尔强度理论的基本思想

莫尔强度理论是建立在试验数据的统计分析基础之上的。首先,莫尔强度理论认为:岩石不是在简单的应力状态下发生破坏,而是在不同的正应力和剪应力组合作用下,才使其丧失承载能力。或者说,当岩石某个特定的面上作用着的正应力、剪应力达到一定的数值时,随即发生破坏。同时莫尔强度理论对其破坏特征作了一些近似的假设:岩石的强度值与中间主应力的 σ_2 大小无关,岩石宏观的破裂面基本上平行于中间主应力的作用方向。据此,莫尔强度理论可在以剪应力 τ 为纵坐标,正应力 σ 为横坐标的直角坐标系下,用极限莫尔应力圆加以描述。在上述坐标轴下,通过实验而求得的极限应力状态,可用一个极限莫尔应力圆来表示,破坏面上的正应力和剪应力,在极限应力圆上仅为一个点。而无数个极限应力圆上,破坏应力点的轨迹线被称为莫尔强度线,也可称作为莫尔包络线。

2. 莫尔强度包络线

通过三向应力试验(包括 $\sigma_1 = 0$ 和 $\sigma_3 = 0$ 的试验)可求得许多组用极限应力表示的莫尔圆,如图2-11所示。由于岩石存在着明显的不均一性,使得试验的结果存在着一定的离散性,莫尔强度包络线很难形成一条光滑的曲线。因此,若用数学表达式来描述莫尔包络线的话,仅能用如下的一个普遍的函数形式表示:

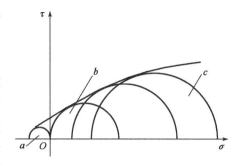

图2-11 莫尔强度包络线
a-单轴抗拉强度;b-单轴抗压强度;c-三轴压缩强度

$$\tau = f(\sigma) \tag{2-36}$$

而无法用一个显式正确地表征岩石的莫尔强度包络线。由图2-11可知,莫尔强度包络线的主要特性为:在正应力较小的范围内,其曲线斜率较陡;而在较大的正应力作用下,其斜率平缓。如果掌握了某种岩石的强度包络线,即可对该类岩石的破坏状态进行评价。根据强度包络线的含义,只要作用在岩石某个特定的作用面上的应力与包络线上的应力值相等,则该岩石即沿这特定的作用面产生宏观的断裂而破坏。若用极限应力圆来表示的话,则可表示成:极限应力圆上的某一点与强度包络线相切,即表示该切点的应力状态满足岩石的强度而发生破坏。

3. 莫尔—库仑强度理论

莫尔为了简化强度包络线的表达形式,提出了用库伦理论公式表达的直线强度包络线,其表达公式如下:

$$\tau = c + \sigma\tan\varphi \tag{2-37}$$

式中:τ——正应力 σ 作用下的极限剪应力,MPa;

c——岩石的黏聚力,MPa;

φ——岩石的内摩擦角,°。

从莫尔—库仑直线形强度理论几何关系,可得到以下的结论:

(1)极限应力圆与强度线相切。

(2)破坏面的角度是一个定值,与应力状态无关。破坏角为 $45° + \varphi/2$。

(3)强度线在 σ 轴上的截距为 $c \cdot \cot\varphi$,并不是岩石的抗拉强度。

在工程的实际应用过程中,为了更灵活地应用莫尔—库仑直线形强度包络线,也有人采用以下形式表示的强度表达式。由图2-12中的几何关系,可得:

$$\sin\varphi = \frac{\dfrac{\sigma_1 - \sigma_3}{2}}{c\cot\varphi + \dfrac{\sigma_1 + \sigma_3}{2}} = \frac{\sigma_1 - \sigma_3}{\sigma_1 + \sigma_3 + 2c\cot\varphi} \tag{2-38}$$

此外,采用统计分析的方法处理岩体力学三轴试验的数据,通常以最大主应力 σ_1 为纵坐标,以最小主应力 σ_3 为横坐标形式(图2-13)。该坐标形式下强度包络线可利用式(2-39)推导而得,其表达式为:

$$\sigma_1 = \zeta\sigma_3 + \sigma_c \tag{2-39}$$

式中:σ_c——理论上的单轴抗压强度值,可按 $2c\cos\varphi/(1-\sin\varphi)$ 求得;

　　　ζ——强度线的斜率,可按 $(1+\sin\varphi)/(1-\sin\varphi)$ 求得。

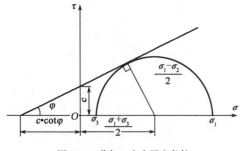

图 2-12　莫尔—库仑强度条件

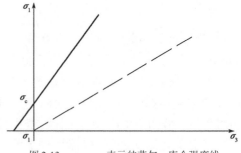

图 2-13　σ_1—σ_3 表示的莫尔—库仑强度线

显然,在 σ_1—σ_3 坐标下,莫尔—库仑强度包络线也是一条直线,且公式也极其简单。若得到一组三轴试验结果,即可直接利用试验的数据,采用最小二乘法,求出直线的斜率和截距,即 σ_c 和 ζ,进而可求得岩石的黏聚力 c 以及内摩擦角 φ。由于利用了统计的方法求出了岩石的强度参数,因此,可从统计意义上分析试验结果的可靠性,这也是 σ_1—σ_3 坐标下的莫尔—库仑强度公式成为常用公式的原因。

综上所述,莫尔—库仑强度理论使用方便、物理意义明确。但是不可否认,其理论还存在着不足。首先,它不能从岩石的破坏机理上解释其破坏的特征;其次,中间主应力对岩石的强度也存在着一定的影响,而该强度理论却忽略了它的影响。据试验结果分析,其影响程度在15%左右。因此,莫尔—库仑强度理论忽略了中间主应力的影响,是值得商榷的问题。

三、格里菲斯强度理论

格里菲斯在研究脆性材料(玻璃)的基础上,提出了评价脆性材料的强度理论。格里菲斯强度理论大约在20世纪70年代末80年代初被引入岩体力学研究领域。格里菲斯强度理论的引进,从理论上解释了岩石内部的裂纹扩展现象,并能较正确地说明岩石的破坏机理。

1. 格里菲斯强度理论的基本思想

格里菲斯在研究玻璃材料过程中发现,在该材料内部存在着许多微裂纹。在外力作用下,正是这些微裂纹的存在,改变了材料内部的应力状态,产生裂纹的扩展、连接、贯通等现象,最终导致了材料的破坏。有关格里菲斯强度理论的基本思想可归纳为以下三点:

(1)在脆性材料的内部存在着许多裂纹。通常,将这些微小的裂纹,在数学上用一个扁平椭圆来描述,而这些裂纹随机地分布在材料之中。在外力作用下,微裂纹的尖端附近产生很大的应力集中,当所聚集的能量达到一定值时,裂纹将开始扩展。由此可见,脆性材料中裂纹的存在是裂纹的开裂、扩展乃至试件破坏的首要条件,因此,可以说岩石是一种带有初始缺陷的介质。

(2)根据理论分析可知,随着作用的外力的逐渐增大,裂纹将沿着与最大拉应力成直角的方向扩展。在单轴压缩的情况下,裂纹尖端附近处(图 2-14 中的 PP' 与裂纹交点)为最大拉应力。此时,裂纹将沿与 P 和 P' 垂直的方向扩展,最后,逐渐向最大主应力方向过渡,即平行于最大主应力的方向扩展。这一分析结果,很形象地解释了在单轴压缩应力作用下劈裂破坏才是岩石破坏本质的现象。

(3)格里菲斯认为:当作用在裂纹尖端处的有效应力达到形成新裂纹所需的能量时,裂纹开始扩展。其表达式为：

$$\sigma_t = \left(\frac{2\rho E}{\pi c}\right)^{\frac{1}{2}} \tag{2-40}$$

式中：σ_t——裂纹尖端附近所作用的最大拉应力；

ρ——裂纹的比表面能；

c——裂纹长半轴的长度；

E——岩石的弹性模量。

格里菲斯强度理论的三点基本思想很明确地阐明了脆性材料破裂的原因、破裂所需的能量以及破裂扩展的方向。为了进一步分析具有裂纹的介质中的应力分布规律，格里菲斯利用弹性力学中椭圆孔的应力解，推演得到了格里菲斯的强度判据，以便使该强度理论能够在工程实际中加以应用。

2. 格里菲斯强度判据

根据椭圆孔应力状态的解析解（计算模式见图 2-15），得出了如下的格里菲斯强度判据：

$$\left.\begin{array}{l} \sigma_1 + 3\sigma_3 < 0, \sigma_3 = -\sigma_t \\[2mm] \sigma_1 + 3\sigma_3 > 0, \dfrac{(\sigma_1 - \sigma_3)^2}{\sigma_1 + \sigma_3} = 8\sigma_t \end{array}\right\} \tag{2-41}$$

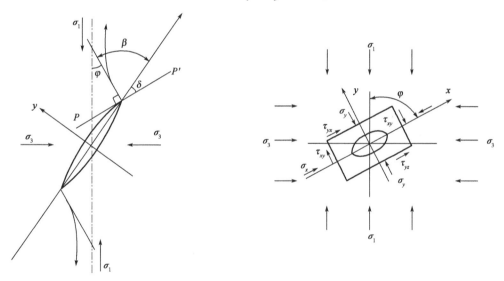

图 2-14 在压应力条件下裂纹开始破裂及扩展方向   图 2-15 椭圆孔受力状态

当微裂纹随机分布于岩石中，其最有利于破裂的裂纹方向角 φ，可由下式确定：

$$\cos 2\varphi = \frac{\sigma_1 - \sigma_3}{2(\sigma_1 + \sigma_3)} \tag{2-42}$$

由式（2-41）可知，格里菲斯强度理论的判据公式是一个用分段函数形式表示的表达式。在不同的应力段，表现出不同的特性。为了加深对格里菲斯强度理论的理解，下面讨论强度判据在不同坐标轴下的表达形式及其特征，以便与其他强度理论进行比较，使其能在岩体工程中更好地应用。

（1）在 σ_1—σ_3 坐标轴下强度判据的表现形式

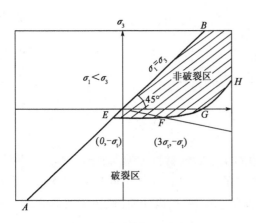

图 2-16　格里菲斯准则图解

由于格里菲斯强度理论的判据公式是一个分段函数,先分析当 $\sigma_1 + 3\sigma_3 < 0$ 时其表达式的特征。由强度判据公式可知,此时的判据为 $\sigma_3 = -\sigma_t$(图 2-16 中表现为直线)。这一判据的含意为:在 σ_1—σ_3 坐标下,当作用于岩石的应力满足 $\sigma_1 + 3\sigma_3 < 0$ 的条件时,不管 σ_1 值的大小,只要满足 $\sigma_3 = -\sigma_t$ 岩石的裂纹开始扩展。其次,当作用于岩石的应力满足 $\sigma_1 + 3\sigma_3 > 0$ 的条件时,在 σ_1—σ_3 坐标下,其判据表现为一条二次曲线,且该二次曲线在点 $(3\sigma_t, -\sigma_t)$ 与上面应力段的强度判据线相衔接。在这一应力段内,令 $\sigma_3 = 0$,由公式(2-41)可得:

$$\frac{(\sigma_1 - \sigma_3)^2}{\sigma_1 + \sigma_3} = \sigma_1 = 8\sigma_t \tag{2-43}$$

这一结论告诉我们:根据格里菲斯强度理论,岩石的单轴抗压强度是抗拉强度的 8 倍。

(2)在 τ—σ 坐标轴下强度判据的表现形式

为了能与莫尔—库仑强度理论相比较,讨论在 τ—σ 坐标下,格里菲斯强度理论判据公式的表达形式。设 $\sigma_m = (\sigma_1 + \sigma_3)/2$,$\tau_m = (\sigma_1 - \sigma_3)/2$。根据假设条件,判据的分段函数第二应力段的表达式 $\sigma_1 + 3\sigma_3 > 0$ 可改写成 $2\sigma_m > \tau_m$。则第二应力段所对应的强度判据公式亦可改写成如下表达式:

$$\tau_m^2 = 4\sigma_m \sigma_t \tag{a}$$

将莫尔应力圆公式也写成用 σ_m、τ_m 表示的表达式:

$$(\sigma - \sigma_m)^2 + \tau^2 = \tau_m^2 \tag{b}$$

将式(a)代入式(b),得:

$$(\sigma - \sigma_m)^2 + \tau^2 = 4\sigma_m \sigma_t \tag{c}$$

上述公式即为满足强度判据的极限莫尔应力圆的表达式。由于极限应力圆取决于 σ_m、τ_m 的大小,为了求得莫尔圆的切线,而对公式(c)中 σ_m 求导,得如下公式:

$$\sigma_m = \sigma + 2\sigma_t \tag{d}$$

若将式(c)与式(d)联立求解,其含义为极限应力圆与切线方程的交点,就是破坏点的轨迹线,也就是强度包络线,可得如下的公式:

$$\tau^2 = 4\sigma_t(\sigma + \sigma_t) \tag{2-44}$$

当作用在岩石上的应力状态满足 $\sigma_1 + 3\sigma_3 > 0$ 的条件,在 τ—σ 坐标下,式(2-44)表示了格里菲斯强度理论判据的表达式。该判据是一条抛物线,曲线的形态与莫尔强度包络线很接近。但其值要比莫尔强度包络线小。再回过头来分析 $\sigma_1 + 3\sigma_3 < 0$,即第一应力段的强度表达式。根据处在该应力段的强度判据可知,无论 σ_1 的大小如何,只要作用在岩石上的 σ_3 与岩石的抗拉强度相等,则开始破裂。这一判据在 τ—σ 坐标下,可用大小不同的极限莫尔应力圆与包络线来表示。若岩石发生破坏,在图形上应表示极限应力圆应与包络线相切。那么,第一应力段的强度判据,可理解为不管应力的大小如何,其极限应力圆都在 $\sigma_3 = -\sigma_t$ 一点与包络线相切。可见在这一应力段的格里菲斯强度判据表达式蜕化为一点,这点的大小就是 $-\sigma_t$。

通过上述分析可知,格里菲斯强度判据公式,虽然是一条用分段函数表示的曲线,但是在 τ—σ 坐标下,其曲线形态与莫尔强度包络线比较相似。而前者的强度值要比后者来得小,这是格里菲斯强度理论仅考虑岩石开裂并非宏观上破坏的缘故。

四、岩石的经验强度判据

E. Hoek 和 E. T. Brown 根据岩石性态的理论和实践经验,提出了岩石的破坏判据,其极限主应力的表达式为:

$$\sigma_1 = \sigma_3 + \sqrt{m\sigma_c\sigma_3 + s\sigma_c^2} \tag{2-45}$$

式中:σ_1——破坏时的最大主应力;

$\quad \sigma_3$——作用在岩石试件上的最小主应力;

$\quad \sigma_c$——完整岩石的单轴抗压强度;

m、s——根据岩体性质所确定的常数,与达到峰值应力前岩体的破损程度有关。

根据公式的含义,当 $\sigma_3 = 0$ 代入公式中可得:

$$\sigma_1 = \sqrt{s\sigma_c^2} \tag{2-46}$$

对于完整岩体,$s = 1$,则 $\sigma_1 = \sigma_c$;而对于破损的岩体,$s < 1$。当 $\sigma_1 = 0$ 时,$\sigma_3 = -\sigma_t$ 代入公式中可得:

$$\sigma_t = \frac{1}{2}\sigma_c\left(m - \sqrt{m^2 + 4s}\right) \tag{2-47}$$

根据莫尔应力圆的表达方法以及极限应力圆与强度线的几何关系可得:

$$\tau = (\sigma - \sigma_3)\sqrt{1 + \frac{m\sigma_c}{4\tau_m}} \tag{2-48}$$

式中,$\tau_m = (\sigma_1 - \sigma_3)/2$。

破坏面与最大主应力的夹角 β 可按下式求得:

$$\sin 2\beta = \frac{\tau}{\tau_m} \tag{2-49}$$

虽然这是一个经验的强度公式,但是它与莫尔强度很接近,能够用曲线来表示岩体的强度是它最大的优点,只是表达式稍显复杂。

五、德鲁克—普拉格准则

莫尔强度理论体现了岩石材料压剪破坏的实质,所以获得了广泛的应用。但这类强度准则没有反映中间主应力的影响,不能解释岩石材料在静水压力下也能屈服或破坏的现象。

德鲁克—普拉格(Drucker—Prager)准则,即 D—P 准则是在莫尔强度理论和塑性力学中著名的 Mises 准则基础上的扩展和推广:

$$f = \alpha I_1 + \sqrt{J_2} - K = 0 \tag{2-50}$$

式中:$I_1 = \sigma_{ii} = \sigma_1 + \sigma_2 + \sigma_3 = \sigma_x + \sigma_y + \sigma_z$ 为应力第一不变量;

$$J_2 = \frac{1}{2}s_i s_i = \frac{1}{6}\left[(\sigma_1 - \sigma_2)^2 + (\sigma_2 - \sigma_3)^2 + (\sigma_3 - \sigma_1)^2\right]$$

$$= \frac{1}{6}\left[(\sigma_x - \sigma_y)^2 + (\sigma_y - \sigma_z)^2 + (\sigma_z - \sigma_x)^2\right] + 6(\tau_{xy}^2 + \tau_{yz}^2 + \tau_{zx}^2)$$ 为应力偏量第二不变量;

α、K——仅与岩石内摩擦角 φ 和黏聚力 c 有关的试验常数。

$$\alpha = \frac{2\sin\varphi}{\sqrt{3}\,(3 - \sin\varphi)}$$

$$K = \frac{6c\cos\varphi}{\sqrt{3}\,(3 - \sin\varphi)}$$

Drucker—Prager 准则计入了中间主应力的影响,又考虑了静水压力的作用,克服了莫尔强度理论的主要弱点,已在国内外岩土力学与工程的数值计算分析中获得广泛应用。

六、岩石的屈服准则

上述介绍的强度理论都是建立在岩石的极限应力基础之上。有时根据理论分析的需要,也采用屈服应力所建立的屈服准则。屈服准则是指判别某一点的应力是否进入塑性状态的判别准则。虽然岩石属于脆性材料,以下两种屈服准则在岩石的数值计算中也是常用的。

1. 屈列斯卡(Tresca)准则

屈列斯卡准则认为:当最大剪应力达到一定数值时,岩石开始屈服,进入塑性状态。表达式为:

$$\tau_{\max} = \frac{K}{2} \tag{2-51}$$

式中:$\tau_{\max}$——作用岩石上的最大剪应力,可按 $(\sigma_1 - \sigma_3)/2$ 求得;

　　　K——与岩石性质有关的常数,它可由单向应力状态试验求得,当 $\sigma_1 = 0$,$\sigma_2 = 0$,$\sigma_3 = 0$ 时,$K = \sigma_t$。

若各主应力的大小无法确定排序,则屈列斯卡判据应表示为:

$$\left.\begin{array}{c}|\sigma_1 - \sigma_2| = K \\ |\sigma_2 - \sigma_3| = K \\ |\sigma_3 - \sigma_1| = K\end{array}\right\} \tag{2-52}$$

或写成

$$\left[(\sigma_1 - \sigma_2)^2 + K^2\right]\left[(\sigma_2 - \sigma_3)^2 + K^2\right]\left[(\sigma_3 - \sigma_1)^2 + K^2\right] = 0 \tag{2-53}$$

2. 米赛斯(Mises)准则

米赛斯准则认为:当应力强度达到一定数值时,岩石材料开始进入塑性状态。其表达式为:

$$(\sigma_1 - \sigma_2)^2 + (\sigma_2 - \sigma_3)^2 + (\sigma_3 - \sigma_1)^2 = 2K^2$$

或

$$(\sigma_x - \sigma_y)^2 + (\sigma_y - \sigma_z)^2 + (\sigma_z - \sigma_x)^2 + 6(\tau_{xy}^2 + \tau_{yz}^2 + \tau_{zx}^2) = 2K^2 \tag{2-54}$$

米赛斯屈服准则与屈列斯卡准则不同,认为中间主应力 σ_2 也将影响屈服准则。米赛斯屈服准则中的 K 值及其意义和确定方法,与屈列斯卡准则相同。图 2-17 表示了两个屈服准则在主应力空间的轨迹线。由图可知,屈列斯卡屈服面是一个六角形,而米赛斯屈服面是一个椭圆。二者

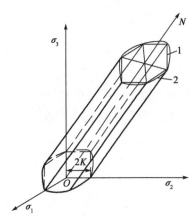

图 2-17　屈服面图形
1-屈列斯卡屈服面;2-米赛斯屈服面

的屈服面有一定的差别,但是并不大。

第五节 岩石的变形特性

一、概述

岩石在荷载作用下,首先发生的物理现象是变形,随着荷载的不断增加,或在恒定荷载作用下,随时间的增长,岩石变形逐渐增大,最终导致岩石破坏,岩石变形有弹性变形、塑性变形和黏性变形三种。

(1)弹性(elasticity)变形。物体在受外力作用的瞬间即产生全部变形,而去除外力(卸载)后又能立即恢复其原有形状和尺寸的性质称为弹性。产生的变形称为弹性变形,具有弹性性质的物体称为弹性体,弹性体按其应力—应变关系又可分为两种类型:线弹性体(或称理想弹性体),其应力—应变呈直线关系;非线性弹性体,其应力—应变呈非直线的关系。

(2)塑性(plasticity)变形。物体受力后产生变形,在外力去除(卸载)后变形不能完全恢复的性质称为塑性。不能恢复的那部分变形称为塑性变形,或称永久变形、残余变形,在外力作用下只发生塑性变形的物体,称为理想塑性体。

(3)黏性(viscosity)变形。物体受力后变形不能在瞬时完成,且应变速率随应力增加而增加的性质称为黏性。其应力—应变速率关系为过坐标原点的直线的物质称为理想黏性体(牛顿流体)。

岩石是矿物的集合体,具有复杂的组成成分和结构,因此其力学属性也是很复杂的。同时,岩石的力学属性还与受力条件、温度等环境因素有关。在常温常压下,岩石既不是理想的弹性体,也不是简单的塑性体和黏性体,而往往表现出弹—塑性、塑—弹性、弹—黏—塑性或黏—弹性等综合性质。

二、岩石在单向压缩应力作用下的变形特征

1. 岩石在普通试验机中进行单向压缩试验时的变形特征

岩石的变形特征通常可以从试验时所记录下来的应力—应变曲线中获得。岩石的应力—应变曲线反映了各种不同应力水平下所对应的应变(变形)的规律。以下介绍岩石在单向压缩应力作用下具有代表性的典型的应力—应变曲线。

(1)典型的岩石应力—应变曲线分析

图 2-15 所示为典型的岩石应力—应变曲线。根据应力—应变曲线的形态变化,可分成 OA、AB、BC 三个阶段,这三个阶段各自显示了不同的变形特征。

①OA 阶段,通常被称为压密阶段。其特征是应力—应变曲线呈上凹型,即应变速率随应力的增加而减小,形成这一特性的主要原因是:存在于岩石内的微裂隙在外力作用下发生闭合所致。

②AB 阶段,也就是弹性阶段。从图 2-18 可知,这一阶段的应力—应变曲线基本呈直线。若在这一阶段卸荷,其应变可以恢复,由此称为弹性阶段。这一阶段常用弹性模量和泊松比两个参数来描述岩石的应力—应变的关系。在国际工程岩体试验方法中,弹性模量是用应力—

应变直线段的斜率来表示,该值被称作平均模量。就模量的概念而言,岩石的模量还有初始模量(指应力—应变曲线在坐标原点切线的斜率)、切线模量(指应力—应变曲线在任意一点切线的斜率)、割线模量(指应力—应变曲线任意一点到坐标原点割线的斜率)等。割线模量 E_{50} 是指岩石峰值应力的一半(50%)时的应力、应变的比值,其实质代表了岩石的变形模量。泊松比 μ 是指在弹性阶段中,岩石的横向应变与纵向应变的比值,是描述岩石侧向变形特性的一个参数,它应与弹性模量相对应,在同一个应力范围内计算其值。由于岩石是一个带有缺陷的介质,经过大量的试验发现,岩石在直线阶段,由于受荷后不断出现新的裂缝和原有的裂纹扩展,使得岩石产生一些不可逆的变形。因此从某种意义上来说,它并不属于真正的弹性特性,只能是一种近似的弹性介质。B 点是该岩石的屈服点,当应力超过 B 点,则将进入第三阶段。

③BC 阶段,也被称作塑性阶段。当应力值超出 B 点(屈服应力)之后,随着应力的增大曲线呈下凹状,明显地表现出应变增大的现象,也就是常说的进入了塑性阶段,岩石产生明显的不可逆的塑性变形。同时应变速率也同时增大,此时,与轴向应变相比,径向应变速率的增大表现得更明显。对于坚硬的岩石来说,出现的塑性变形很少,有的几乎不存在,它所表现的是脆性破坏的特征。所谓脆性,是指应力超出了屈服应力后却并不表现出明显的塑性变形的特性,直接出现脆性破坏。

(2)循环加载和卸载应力—应变曲线分析

试验时采用循环加载和卸载,可得到如图 2-19 所示的应力—应变曲线。岩石是一种带有缺陷的介质,其内部存在着许多微裂隙。当其受力后这些裂隙会产生相互搭接、扩展等现象。因此,从某种意义上来说,岩石并不具有理想的弹性特性,图 2-19 说明了这个问题。当进行加载和卸载试验后,岩石的应力—应变曲线将围成一个环,通常将它称作为回滞环。回滞环的形成反映岩石在加载和卸载试验过程中,消耗于裂隙的扩展和部分闭合的裂隙面之间的摩擦所做的功。因此,随着卸载点应力的增大,所需的能量也将随之增大,进而在应力—应变曲线上表现出回滞环面积的增大。此外,由加载和卸载曲线可知,整个加载和卸载过程对岩石的变形特性影响并不大,尤其是再加载后的曲线似乎始终沿着原应力—应变曲线的轨迹发展,有人将这样的特性形象地称为岩石的"记忆"功能。

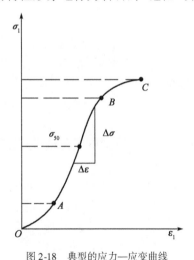

图 2-18　典型的应力—应变曲线

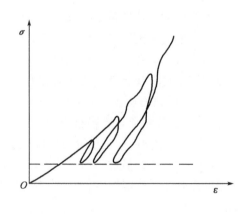

图 2-19　岩石在加载和卸载时的应力—应变曲线

(3)岩石应力—应变曲线形态的类型

岩石在成岩过程中,由于成岩条件、矿物成分、胶结物质的不同以及后期所经历的地质作用的差异,使岩石具有不同的变形特性。根据大量试验结果,可将反映不同种类岩石的变形特性的应力—应变曲线大致归纳为以下4种类型(图2-20)。

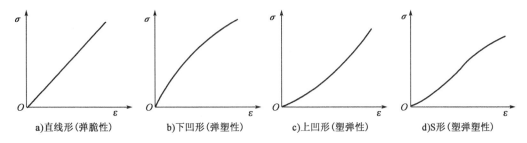

图2-20 岩石在单向压力下,进行适当缓慢和连续加载条件下的 $\sigma - \varepsilon$ 曲线类型

①直线形曲线。该类曲线主要描述具有很明显的弹性特性的岩石,且绝大多数有很强的脆性特征,其代表性岩石主要有石英岩、玄武岩等坚硬的岩石。

②下凹形曲线。也被称作弹塑性曲线,该曲线主要反映具有较明显的塑性变形的岩石。石灰岩和粉砂岩是该类曲线的代表性岩石。

③上凹形曲线。具有较大的孔隙但其岩石又比较坚硬,往往会表现出具有该类曲线的特性。由于该类岩石的孔隙在前期的应力作用下发生了闭合,使得从宏观上表现出较大的变形,称其为塑弹性曲线,具有这类特性的主要岩石有片麻岩。

④S形曲线。该类曲线主要表征呈塑弹塑性的岩石。其实质是上凹形与下凹形的组合,表现出既有多孔隙岩石的特征又具有明显塑性的岩石。大理岩是这类曲线所描述的代表性岩石。

2. 岩石在刚性试验机中进行单向压缩试验时的变形特性

前文介绍了岩石在普通试验机中进行单向压缩试验时所得到的变形特性。这些变形特性反映了岩石"破坏"前的力学特性,绝大多数岩石的变形属脆性破坏,使得"破坏"时无明显前兆,不出现明显的塑性变形,岩石试件突然崩溃,无法记录下崩溃后的应力—应变曲线。岩石在试验过程中发生崩溃现象是否真正反映了岩石所固有的特性?岩石达到"破坏"后的性态是怎样的?经过大量的试验研究发现:达到"破坏"的瞬间,试验机给予岩石试件的附加能量是加剧岩石试件崩溃的主要原因。1970年,沙拉蒙(Salamon)首先全面论述了由于试验机的刚度不同对岩石变形特性的影响,提出了用刚度较大的试验机来减少作用于岩石的附加能量,进而可求得峰值应力后的应力—应变曲线。此后,这一观点被从事岩石力学工作的研究人员和工程技术人员在岩石的力学实验中所证实。由此,岩石刚性试验机和应力—应变全过程曲线这两个全新的概念进入了岩石力学的领域,为岩石力学理论和实验的发展起了很大的作用。

(1)刚性试验机工作原理简介

试验机主要是由加载系统和金属框架组成。当进行岩石压缩试验时,试验机的金属框架承受了与加载系统大小相同的拉力。此时,框架中将储存一定数量的弹性应变能。当岩石达到峰值应力时,由于超出岩石所能承受的极限应力,使得岩石将产生一个较大量级的应变。因为这一应变在瞬时突然产生,促使试验机框架向岩石释放出所储存的弹性应变能。显然,岩石的突然崩溃正是出于这附加的能量而造成。图2-21是分析试验机刚度大小对试验结果影响的示意图。假设:岩石的刚度用 k_s 表示,并在达到峰值应力后仍具有一定的承载能力,用 k'_s 表示;试验机的刚度用 k_m 和 k'_m 表示,且 $k_m > k'_m$;前者代表大刚度的试验机,后者代表小刚度的试验机。当试验机加载至岩石的峰值应力时,若岩石产生一个微小量的应变,则其应力—应变曲线应沿着 AA' 移动,这时岩石所能承受的能量为 $AA'O_2O_1$ 所围成的面积。当试验机为普通试验机时,试验机的刚度小于岩石的刚度,即 $k'_s > k'_m$,由于加载作用,致使岩石达到峰值应力时,岩石会突然出现一比以前量级大的应变($\Delta\varepsilon$)。储存在试验机内的弹性能为 ABO_2O_1 所围成的面积。与此同时,岩石快速破坏所产生的应变,使试验机的压板与岩石的端面有一个极小的缝隙,试验机将释放所储存的能量,并将其作用在岩石上。由于岩石所能承受的能量比试验机释放的能量小,为图 2-21 中所示的 $AA'O_2O_1$ 所围成的面积。因此,在附加能量的作用下,岩石的裂纹扩展加剧,并发生崩溃现象。当试验机的刚度 k_m 大于岩石的刚度,则在相同的条件下,试验机附加给岩石的能量为 $AA'O_2O_1$ 所围成的面积,比岩石所能承受的能量小 $AA'C$,要岩石继续产生应变必须依靠外荷载的加载做功才能实现。只有当试验机的刚度大于岩石的刚度时,才有可能记录下岩石峰值应力后的应力—应变曲线,这就是岩石刚性试验机的工作原理。

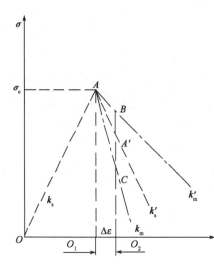

图 2-21 刚性试验机工作原理分析

(2)应力—应变全过程曲线形态

由上述可知,应力—应变全过程曲线是指在刚性试验机上进行试验所获得的包括岩石达到峰值应力之后的应力—应变曲线。

图 2-22 是一条典型的应力—应变全过程曲线,从该曲线可知,曲线除可分成 OA、AB、BC(如前所述分别为压密阶段、弹性阶段、塑性阶段)三个阶段之外,当应力过了峰值 C 点之后还存在着另外两个阶段:

①CD 阶段,又被称作应变软化阶段。虽然此时已超出了峰值应力,但岩石仍具有一定的承载能力,而这一承载力将随着应变的增大而逐渐减小,表现出明显的软化现象。

②D 点以后为摩擦阶段。它仅表现了岩石产生宏观的断裂面之后,断裂面的摩擦所具有的抵抗外力的能力。

(3)应力—应变全过程曲线的特征及其类型

岩石在刚性试验机上所获得的应力—应变全过程曲线与岩石普通的曲线有着很大的不同,主要表现在以下几点:

①岩石达到峰值应力之后,仍然具有一定的承载能力,而岩石突然"崩溃"是一种假象。因此,以前将应力达峰值应力时,称作岩石"破坏"是不够严密的,其实质并非完全破坏,仅仅表现为承载能力的降低。

②在反复加载和卸载的情况下,曲线也会形成塑性滞环,而且塑性滞环的平均斜率是在逐渐降低,表现出应变软化的特征。此外,曲线仍具有记忆能力,反复加载和卸载试验对岩体的变形特性并无多大的影响。

岩石在刚性试验机上进行试验其曲线类型根据岩性的不同可以分成两种类型。第一种类型为稳定型。当试件所受的荷载超过其峰值应力后,只有在外力继续做功的情况下,才能使其破损进一步发展。如图 2-23 中的类型Ⅰ。第二种类型为图中的类型Ⅱ。该类试件将出现不稳定的裂纹扩展,试件无须外力继续做功,破裂会持续发展,直至丧失整体的承载能力。这类曲线被称作非稳定型曲线。这类曲线通常是出现在极为坚硬的岩石中,一般认为出现这类曲线的主要原因是试验机控制的响应频率跟不上岩石的应变速率的缘故。有可能Ⅱ类曲线是不存在的。

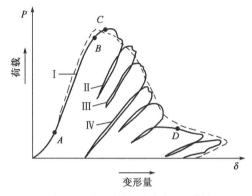

图 2-22　岩石应力—应变全过程曲线

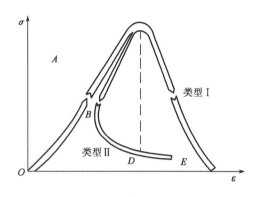

图 2-23　岩石试件的两种破裂类型

三、岩石在三向压缩应力作用下的变形特性

在三向压缩应力作用下由于作用于岩石的围压不同,其变形特性也将产生一定差异。

1. 在 $\sigma_2 = \sigma_3$ 的条件下岩石的变形特性

在 $\sigma_2 = \sigma_3$ 的条件下,即为经常所说假三轴的试验条件下,由于侧向压力相同,岩石变形特性仅受到围压所给予的影响。图 2-24 是一组大理岩在 $\sigma_2 = \sigma_3$ 的条件下所获得的试验曲线,图中曲线显示了岩石变形特性具有以下几条规律:

(1)随着围压的增加,岩石的屈服应力将随之提高。

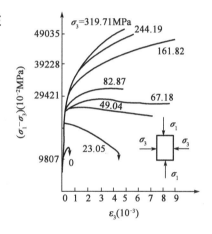

图 2-24　三向压缩应力作用下大理岩的试验结果

(2)总体来说,岩石的弹性模量变化不大,有随围压增大而增大的趋势。

(3)随着围压的增加,峰值应力所对应的应变值有所增大,岩石的变形特性明显地表现出低围压下脆性特性向高围压下塑性特性转变的规律。

2. 在 $\sigma_2 \neq \sigma_3$ 的条件下岩石的变形特性

在 $\sigma_2 \neq \sigma_3$ 的条件下,通常被称作真三轴试验。此时的变形特性将同时受到 σ_2、σ_3 的影响。

(1)当 σ_3 为常数时,在不同的 σ_2 作用下,岩石的变形特性具有以下的特点[仅是图 2-25b)的试验结果]:

①随着 σ_2 的增大,岩石的屈服应力有所提高。

②弹性模量基本不变,不受 σ_2 变化的影响。

③当 σ_2 不断增大时,岩石的变形特性由塑性逐渐向脆性过渡。

(2)当 σ_2 为常数时,在不同的 σ_3 作用下,岩石的变形特性如图 2-25c)所示,主要表现为

以下几点:

①岩石的屈服应力几乎不变。

②岩石的弹性模量也基本不变。

③岩石在如此的应力状态下,始终保持着塑性破坏的特性。

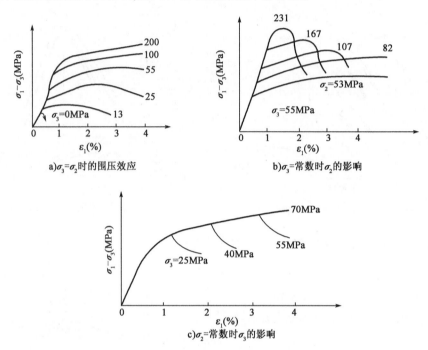

图2-25 岩石在三轴压缩状态下的应力—应变曲线(茂木清夫)

3.岩石的体积应变特性

岩石体积应变的变化规律也是从另一个角度反映岩石变形特性的重要方面。图2-26中的体积应变 ε_V 是根据弹性力学中的基本假设条件,按式(2-55)求得:

$$\varepsilon_V = \frac{\Delta V}{V} = \varepsilon_1 + \varepsilon_2 + \varepsilon_3 \qquad (2-55)$$

式中:ΔV——体积的增量;

V——试件的原体积;

ε_1、ε_2、ε_3——分别为最大、中间、最小主应变。

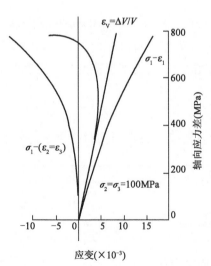

图2-26 Westerly花岗岩的应力—应变曲线

图2-26中的曲线反映了体积应变与轴差应力之间的变化规律。在假三轴试验条件下,因为 $\sigma_2 = \sigma_3$,使得体积应变在很大程度上受最小主应变 $\varepsilon_2 = \varepsilon_3$ 的影响。从图中可知,当作用的外荷载较小时,体积应变表现出线性变化,且岩石的体积随荷载的增大而减小,呈压缩状态。然而,当外荷载达到一定值之后,体积应变经过短暂的不变的阶段,曲线出现反弯,开始发生体积膨胀的现象。这一现象在岩体力学中被称作扩容。所谓扩容,是指岩石受外力作用后,发生非线性的体积膨

胀,且这一体积膨胀是不可逆的。产生扩容现象的主要原因是:岩石试件在不断加载过程中,由于试件中微裂纹的张开、扩展、贯通等现象的出现,使岩石内的孔隙不断地增大,促使其在宏观上表现为体积也随之增大。这一体积变化的规律在三向压缩和单向压缩试验中都会出现。但是,由于围压的增大会出现扩容量随之减弱的现象,因此,围压也将影响岩石的扩容特性。

第六节 岩石的流变特征

流变性质就是指材料的应力—应变关系与时间有关的性质,材料的变形过程中具有时间效应的现象称为流变现象。

岩石的变形不仅表现出弹性和塑性,而且也具有流变性质,岩石的流变性包含三部分内容:蠕变、应力松弛、长期强度。蠕变是指岩石在恒定的外力作用下,应变随时间的增长而增长的特性,也称作徐变;应力松弛是指在应变保持不变的条件下,应力随时间的增长而减小的特性;长期强度是指在长期荷载的作用下岩石的强度。由于岩石的蠕变特性对岩石工程稳定性有重要意义,我们重点分析岩石的蠕变。

一、典型的蠕变曲线

图 2-27 显示了以时间为横坐标、应变为纵坐标的典型的蠕变曲线。从曲线形态上看,可将与时间有关的曲线分成三个阶段(最初加载时,首先出现岩石的瞬时应变,由于这部分的应变与时间无关而不加入讨论中):

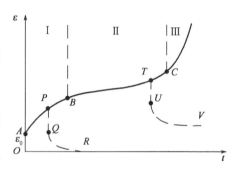

图 2-27 典型的蠕变曲线

(1)AB 阶段,被称作为瞬态蠕变阶段。在施加外荷载并当外荷载维持一定的时间后,岩石将产生一部分随时间而增大的应变,此时的应变速率将随时间的增长逐渐减小,蠕变曲线呈下凹形,并向直线状态过渡。在此阶段,若卸去外荷载,则最先恢复的是岩石的瞬时应变,如图 2-27 中的 PQ 段;之后,随着时间的增加,其剩余应变亦能逐渐地恢复,如图 2-27 中的 QR 段。QR 段曲线的存在,说明岩石具有随时间的增长应变逐渐恢复的特性,这一特性被称作为弹性后效。

(2)BC 阶段,被称作为稳定蠕变阶段。在这一阶段最明显的特点是应变与时间的关系近似呈直线变化,应变速率为一常数。若在该阶段也将外荷载卸去,则同样会出现与第一阶段卸载时一样的现象,部分应变将逐渐恢复,弹性后效仍然存在,但是此时的应变已无法全部恢复,存在着部分不能恢复的永久变形。第二阶段的曲线斜率与作用在试件上的外荷载大小和岩石的黏滞系数 η 有关。通常可利用岩石的蠕变曲线,推算岩石的黏滞系数。

(3)C 点以后阶段,被称作为非稳态蠕变。当应变达到 C 点后,岩石将进入非稳态蠕变阶段。这时 C 点为一拐点,之后岩石的应变速率剧烈增加,整个曲线呈上凹形,经过短暂时间后试件将发生破坏。

二、影响岩石蠕变的主要因素

岩石蠕变的影响因素除了组成岩石矿物成分的不同而造成一定的变形差异之外,还将受到试验环境的影响,主要表现为以下几个方面:

1. 应力水平对蠕变的影响

图 2-28 所示在不同的应力水平作用下的雪花石膏的蠕变曲线。由这一组曲线可知:当在稍低的应力作用下,蠕变曲线只存在着前两个阶段,并不产生非稳态蠕变。它表明了在这样的应力作用下,试件不会发生破坏。变形最后将趋向于一个稳定值。相反,在较高应力作用下,试件经过短暂的第二阶段,立即进入非稳态蠕变阶段,直至破坏。而只有在中等应力水平(为岩石峰值应力的60% ~90%)的作用下,才能产生包含三个阶段完整的蠕变曲线。这一特点对于进行蠕变试验而言,是极为重要的,据此选择合理的应力水平是保证蠕变试验成功与否的重要条件。

2. 温度、湿度对蠕变的影响

不同的温度将对蠕变的总变形以及稳定蠕变的曲线斜率产生较大的影响。有人在相同荷载、不同温度条件下进行了蠕变对比试验,得出了如下的结论:第一,在高温条件下,总应变量低于较低温度条件下的应变量;第二,高温条件下,蠕变曲线第二阶段的斜率要比低温时小得多。不同的湿度条件同样对蠕变特性产生较大的影响。通过试验可知,饱和试件的第二阶段蠕变应变速率和总应变量都将大于干燥状态下试件的试验结果。

此外,对于岩石蠕变试验来说,由于试验所测得的应变量级都很小,故要求严格控制试验的温度和湿度,以免由于环境和仪器等变化而改变了岩石的蠕变特性。

三、蠕变特性和瞬时变形特性的联系

瞬时变形特性和蠕变特性虽然反映了两种不同的试验条件下岩石所产生的变形特性,但是,二者之间存在着一定的联系,尤其是最终的应变量有着惊人的相同之处。图 2-29 所示为二者试验结果的比较。瞬时加载而产生的变形为一条应力—应变全过程曲线;而蠕变试验,由于应力保持不变,在曲线上应该表现为一条水平线。如以 C 点作为施加在试件上的应力水平,则其应力—应变曲线如图中虚线 C 到 D 所示。而 D 点即为该应力水平下蠕变破坏的最终

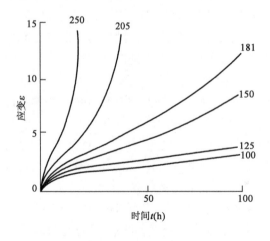

图 2-28 不同的应力水平作用下雪花石膏的蠕变曲线

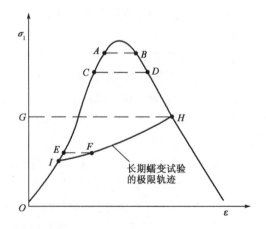

图 2-29 蠕变与应力—应变全过程曲线的关系

应变量。以此类推,当应力大于 G 点时,蠕变试验所得的破坏变形量,几乎与应力—应变全过程曲线在相同应力水平下的后半段曲线中的应变量非常接近,因此,该应力—应变后半段曲线也可看成不同应力水平下蠕变破坏应变量的轨迹线。而当应力水平低于图中的 G 点,由于岩石在进行蠕变试验时,不出现非稳态阶段,岩石不会破坏。如图中的 E 点,此时岩石产生的最终的应变量为 F 点对应的应变量。斜线 IH 表示了在较低的应力水平下,不同应力所产生的最终应变量的轨迹线。

四、岩石的介质力学模型

前文分析了岩石在不同的外力作用下,主要表现出的弹性、塑性、流变性等变形特性。了解了这些变形特性还不够,还应考虑如何描述这些变形。这就是需要将这些特性抽象成物理模型,并用数学表达式反映这些特性。本部分旨在介绍利用岩石基本特性的几个物理模型,来描述岩石所具有不同的变形特性力学模型。

1. 基本的力学介质模型

岩石受力后所产生的主要变形为:弹性、塑性和黏性。根据三种变形的特征,可用相应的力学介质模型来描述。

(1)弹性介质模型

弹性变形通常用一个具有一定刚度的弹簧来表示,如图 2-30 所示。它表现了岩石的应力与应变成正比的关系,即岩石受力后,在卸载时应变可恢复且与应力呈线性关系的特性。其表达式如下:

$$\sigma = E\varepsilon \tag{2-56}$$

(2)塑性介质模型

塑性介质模型的建立借鉴于以下的思想:一个滑块放置在一平面上,当作用在滑块上的力大于滑块与平面的摩擦力时,滑块将产生滑动,而撤去作用力时,滑块将静止。由此来描述岩石的塑性变形,通常将该模型称为摩擦器。对岩石而言,当作用在试件上的外力 σ 超出 σ_0(屈服应力)时,试件将产生滑动。产生的滑动量即为岩石的塑性变形量。据分析,岩石的塑性变形有两种类型。

①理想的塑性变形(图 2-31 中的实线)

$$\left.\begin{array}{l} 当 \sigma < \sigma_0, \varepsilon = 0 \\ 当 \sigma = \sigma_0, \varepsilon \text{ 持续增长} \end{array}\right\} \tag{2-57}$$

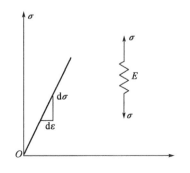

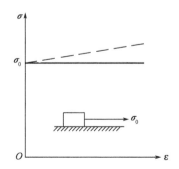

图 2-30　理想弹性材料的应力—应变曲线　　　　图 2-31　理想塑性材料的应力—应变曲线

②具有硬化特性的塑性变形(图2-31中的虚线)

$$\left.\begin{array}{l} 当\ \sigma < \sigma_0, \varepsilon = 0 \\ 当\ \sigma \geq \sigma_0, \varepsilon = \dfrac{\sigma - \sigma_0}{K} \end{array}\right\} \tag{2-58}$$

式中,K为塑性硬化系数,表示只有在外力不断做功的条件下塑性变形才会继续发生。

(3)黏性介质模型

黏性介质通常是描述与时间有关的变形特性。常用牛顿黏壶来表征岩石的黏性,即流变性。牛顿黏壶是一个封闭的容器,容器内充满了具有黏滞系数η的液体,容器中有一带有圆孔的活塞。当外荷载作用在容器两端时,由于液体具有瞬时不变形的特性,使得活塞不会立即产生变形。随着时间的推移,液体将从活塞的圆孔中流出,由此而产生与时间有关的应变(图2-32)。一般常用牛顿黏性体定律来描述岩石的应变与时间的关系。其表达式如下:

$$\sigma = \eta \frac{d\varepsilon}{dt} \tag{2-59}$$

或者

$$d\varepsilon = \frac{\sigma}{\eta} dt \tag{2-60}$$

2. 常用的岩石介质模型

根据岩石的变形特性,利用前面介绍的三种基本模型的不同组合,可以建立描述岩石各种不同变形特性的力学模型。下面仅介绍最常用的两种较为简单的岩石介质模型,以此了解建立模型的基本思路与方法。

(1)弹塑性介质模型

这是用弹簧与摩擦器串联在一起的一个模型,常用于描述具有弹塑性变形特性的岩石介质。图2-33表示了这一模型所表征的应力—应变曲线。该模型的工作原理比较简单,当作用在模型两端的外力小于σ_0时,介质模型中仅有弹簧工作;此时表现出线性的应力—应变关系;当σ大于σ_0时,则摩擦器将产生移动,表现出持续的塑性变形。描述弹塑体的本构方程如下:

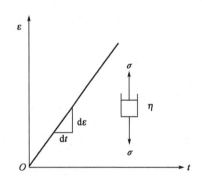

图2-32 完全黏性材料的应变—时间关系曲线

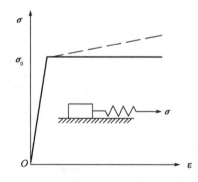

图2-33 理想弹塑性材料的应力—应变曲线

①无塑性硬化作用时(图2-33中的实线)

$$\left.\begin{array}{l} \sigma < \sigma_0, \varepsilon = \dfrac{\sigma}{E} \\ \sigma = \sigma_0, \varepsilon\ 持续增长 \end{array}\right\} \tag{2-61}$$

②有塑性硬化作用时(图2-33中的虚线)

$$\left.\begin{array}{l} \sigma < \sigma_0 , \varepsilon = \dfrac{\sigma}{E} \\[3mm] \sigma \geqslant \sigma_0 , \varepsilon = \dfrac{\sigma_0}{E} + \dfrac{\sigma - \sigma_0}{K} \end{array}\right\} \tag{2-62}$$

(2)黏弹性介质模型

常用描述岩石黏弹性特性的力学介质模型,主要有马克斯韦尔(Maxwell)模型和凯尔文(Kelvin)模型。

①马克斯韦尔模型

马克斯韦尔模型是用弹簧和黏壶串联而成的。它所表现的是具有弹性特性和黏性特性相组合的应力与应变关系的模型,曲线如图2-34所示。

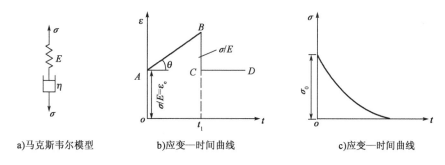

a)马克斯韦尔模型　　b)应变—时间曲线　　c)应变—时间曲线

图2-34　马克斯韦尔模型及应力应变随时间的变化曲线

由模型可知,当外力作用于模型的两端时,由于是两个基本模型的串联,因此,作用于基本模型两端的力是相等的,而模型两端的总应变为弹簧的应变量 ε_e 和黏壶的应变量 ε_v 之和。其表达式如下:

$$\sigma = \sigma_e = \sigma_v ; \varepsilon = \varepsilon_e + \varepsilon_v$$

根据基本模型的本构方程可知:

$$\dot{\varepsilon} = \dot{\varepsilon}_e + \dot{\varepsilon}_v$$

弹簧的应变速率:

$$\dot{\varepsilon}_e = \frac{\mathrm{d}\sigma_e}{E\mathrm{d}t}$$

黏壶的应变速率:

$$\dot{\varepsilon}_v = \frac{\mathrm{d}\varepsilon_v}{\mathrm{d}t} = \frac{\sigma_v}{\eta}$$

由此可得:

$$\dot{\varepsilon} = \dot{\varepsilon}_e + \dot{\varepsilon}_v = \frac{\mathrm{d}\sigma_e}{E\mathrm{d}t} + \frac{\mathrm{d}\varepsilon_v}{\mathrm{d}t} = \frac{\mathrm{d}\sigma}{E\mathrm{d}t} + \frac{\sigma}{\eta}$$

当应力保持不变时, $\sigma_0 = \sigma_e = \sigma_v$, $\dfrac{\mathrm{d}\sigma_0}{\mathrm{d}t} = 0$,则有:

$$\varepsilon = \frac{\sigma_0 t}{\eta} + C$$

由边界条件可知：$t=0, \varepsilon_0=\dfrac{\sigma_0}{E}$，则有 $C=\dfrac{\sigma_0}{E}$。

代入原方程：

$$\varepsilon = \frac{\sigma_0 t}{\eta} + \frac{\sigma_0}{E}$$

$$\varepsilon = \sigma_0 \left(\frac{t}{\eta} + \frac{1}{E} \right) \tag{2-63}$$

从上式可知，马克斯韦尔模型反映了岩石的蠕变与时间呈直线关系的特征，如图2-34b)所示。其初始应变即为岩石的瞬时弹性应变。当卸去外力后，可恢复的也仅是这一弹性变形。

当应变保持不变时，则有：

$$\dot{\varepsilon} = \frac{d\sigma}{Edt} + \frac{\sigma}{\eta} = 0 ; \frac{d\sigma}{Edt} = -\frac{\sigma}{\eta} ; \frac{d\sigma}{\sigma} = -\frac{Edt}{\eta}$$

$$\sigma = C \exp\left(-\frac{Edt}{\eta} \right)$$

由初始条件 $t=0, \sigma=\sigma_0$，则有 $C=\sigma_0$。

代入公式后：

$$\sigma = \sigma_0 \exp\left(-\frac{Edt}{\eta} \right) \tag{2-64}$$

该式反映应力随时间的增长呈指数函数衰减的特性，也就是岩石所具有的应力松弛的特性，如图2-34c)所示。

②凯尔文模型

凯尔文模型虽然也利用了弹性和黏性两个基本模型，但由于采用了两个模型并联的形式，使它所表现的变形特性与马克斯韦尔模型有所不同。根据两个基本力学模型并联的力学特性，当外力作用于模型的两端时，两个模型所产生的应变相等，而其应力为弹簧所受的应力与黏壶所受的应力之和，即为以下两个表达式：

$$\varepsilon = \varepsilon_e = \varepsilon_v, \sigma = \sigma_v + \sigma_e$$

由

$$\sigma_e = E\varepsilon_e ; \sigma_v = \frac{\eta d\varepsilon_v}{dt}$$

则

$$\sigma = \frac{\eta d\varepsilon_v}{dt} + E\varepsilon$$

上式为常系数微分方程，该微分方程的通解为：

$$\varepsilon = \frac{\sigma}{E} + C \exp\left(-\frac{Et}{\eta} \right)$$

初始条件为：$t=0, \varepsilon=0$。由此可确定上式中的积分常数 $C=-\dfrac{\sigma}{E}$，代入原方程，则最终表达式为：

$$\varepsilon = \frac{\sigma}{E} \left[1 - \exp\left(-\frac{Et}{\eta} \right) \right] \tag{2-65}$$

该公式表示了具有黏弹性的岩石在恒定的应力作用下，应变与时间的变化规律（图2-35）。另外，当时间 $t=t_1$ 时，进行卸载至 $\sigma=0$，则原方程可写成：

$$0 = E\varepsilon + \frac{\mathrm{d}\varepsilon}{\eta \mathrm{d}t}$$

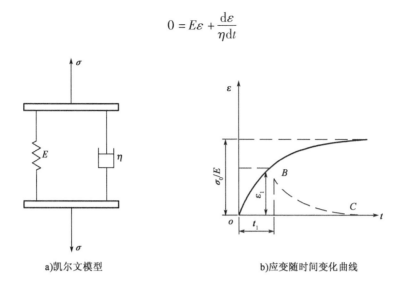

a)凯尔文模型　　　　　　　　　　　b)应变随时间变化曲线

图2-35　凯尔文模型及应变随时间的变化曲线

此时,微分方程的解为:

$$\varepsilon = C\exp\left(-\frac{Et}{\eta}\right)$$

根据边界条件 $t = t_1$, $\varepsilon = \varepsilon_1$,则可得积分常数 $C = \varepsilon_1 \exp(Et_1/\eta)$,代入原方程得:

$$\varepsilon = \varepsilon_1 \exp\left[-\frac{E(t-t_1)}{\eta}\right] \qquad (2\text{-}66)$$

式(2-66)表现了岩石在卸载后,应变随时间的增长而逐渐恢复的特性,即通常所说的弹性后效的变形特性。如图2-34b)中虚线 BC 段。

由于岩石是一种复杂的介质,不同的岩石应该采取基本模型的不同组合形式,来描述其相应的变形特性。因此,除了上述的模型以外,还有许多种采用不同的模型组合的形式。例如,用弹簧与马克斯韦尔模型并联或串联,将马克斯韦尔模型与凯尔文模型串联或者更加复杂的模型等。由于这些模型的分析方法与上述的方法大致相同,只要掌握了模型并联或串联的工作原理,并根据其力学特征建立相应的微分方程,求解该微分方程,就可获得描述该类岩石的本构方程,在此不再赘述。

【思考题与习题】

1.岩石有哪些物理力学参数?该指标在岩体工程中有何含义?

2.岩石的强度有哪几种?各采用什么方法进行鉴定?

3.影响岩石强度特征的主要因素有哪些?

4.何谓岩石的应力应变全过程曲线?它在分析岩石力学特征上有何意义?

5.试比较莫尔强度理论、格里菲斯强度理论、E. Hoek&E. T. Brown 经验强度理论和D—P强度理论的适用条件。

6.岩石的典型蠕变包括哪几个阶段？试画出岩石的典型蠕变曲线图,并说明各阶段的蠕变特征。

7.岩石在单轴和三轴压缩应力作用下,其破坏特征有何异同？

8.某岩石的单轴抗压强度为8MPa。在常规三轴试验中,当围压加到4MPa时,测得其抗压强度为16.4MPa,试求这种岩石的强度参数 c 和 φ。

第三章

结构面的物理力学性质

【学习要点】

1. 掌握结构面的基本类型和几何参数,理解结构面的分级标准。

2. 掌握不同应力状态下结构面的应力应变曲线特征。

3. 了解结构面的采样方法和统计分析方法。

第一节 概 述

在岩体建造和改造过程中,经受了各种复杂的地质作用,因而在岩体中发育有断层、节理、层理、片理等结构面,使岩体物理力学性质十分复杂。由于结构面的存在,特别是软弱夹层的存在,极大地削弱了岩体的力学性质及其稳定性。结构面的变形与强度性质往往对工程岩体的变形和稳定性起着控制性作用,在工程实践中具有十分重要的意义,这主要有以下几方面的原因:

(1)工程岩体的失稳破坏有很多是沿软弱结构面破坏的。如法国的马尔帕塞坝坝基岩体、意大利的瓦依昂水库库岸滑坡、中国的拓溪水库滑坡等,都是岩体沿某软弱结构面滑移失稳造成的。这时,结构面的强度性质是评价岩体稳定性的关键。

(2)结构面及其填充物的变形是岩体变形的主要组分,控制着工程岩体的变形特征。

(3)结构面是岩体中渗透水流的主要通道,结构面的变形极大地改变岩体渗透性、应力分布及其强度。因此,预测工程荷载作用下岩体渗透性的变化,必须研究结构面的变形性质及其本构关系。

(4)岩体中的应力分布受结构面及其力学性质的影响。

由于岩体的结构面是在各种不同地质作用中形成和发展的。因此,结构面的变形和强度性质与其成因及发育程度密切相关。

第二节 结构面的基本类型及特征

结构面(Structural Plane)是指地质历史发展过程中,在岩体内形成的具有一定的延伸方向和长度,厚度相对较小的地质界面或带。它包括物质分异面和不连续面,如层面、不整合面、节理面、断层、片理面等。国内外一些文献中又称为不连续面(Discontinuity)或节理(Joint)等。在结构面中,那些强度低、易变形的结构面又称为软弱结构面。

结构面对工程岩体的完整性、渗透性、物理力学性质及应力传递等都有显著的影响,是造成岩体非均质、非连续、各向异性的主要原因。

一、结构面的成因类型

1. 地质成因类型

根据地质成因的不同,可将结构面划分为原生结构面、构造结构面和次生结构面三类。

(1)原生结构面

这类结构面是岩体在成岩过程中形成的结构面,其特征与岩体成因密切相关,因此又可分为沉积结构面、岩浆结构面和变质结构面三类。

沉积结构面是沉积岩在沉积和成岩过程中形成的,包括层理面、软弱夹层、沉积间断面和不整合面等。沉积结构面的特征与沉积岩的成层性有关,一般延伸性较强,常贯穿整个岩体,产状随岩层产状而变化。如在海相沉积岩中分布稳定而清晰;在陆相岩层中常呈透镜状。

岩浆结构面是在岩浆侵入及冷凝过程中形成的结构面,包括岩浆岩体与围岩的接触面、各期岩浆岩之间的接触面和原生冷凝节理等。

变质结构面可分为残留结构面和重结晶结构面。残留结构面主要是沉积岩经变质后,在层面上绢云母、绿泥石等鳞片状矿物富集并呈定向排列而形成的结构面,如千枚岩的千枚理面和板岩的板理面等。重结晶结构面主要有片理面和片麻理面等,它是岩石发生深度变质和重结晶作用下,片状矿物和柱状矿物富集并呈定向排列形成的结构面,它改变了原岩的面貌,对岩体的物理力学性质常起控制性作用。

原生结构面中,除部分经风化卸载作用裂开者外,多具有不同程度的联结力和较高的强度。

(2)构造结构面

这类结构面是岩体形成后在构造应力作用下形成的各种破裂面,包括断层、节理、劈理和层间错动面等。构造结构面除被胶结外,绝大部分都是脱开的。规模大者如断层、层间错动等,多数有厚度不等、性质各异的填充物,并发育有由构造岩组成的构造破碎带,具有多期活动特征。在地下水的作用下,有的已泥化或者已变成软弱夹层。因此这部分构造结构面(带)的工程性质很差,其强度接近于岩体的残余强度,常导致工程岩体的滑动破坏。规模小者如节理、劈理等,多数短小而密集,一般无填充或只具有薄层填充,主要影响岩体的完整性和力学性质。

(3)次生结构面

这类结构面是岩体形成后在外引力作用下产生的结构面,包括卸荷裂隙、风化裂隙、次生夹泥层和泥化夹层等。

卸荷裂隙面是因表部被剥蚀卸荷造成应力释放和调整而产生的,产状与临空面近于平行,并具张性特征。如河谷岸坡内的顺坡向裂隙及谷底的近水平裂隙等,其发育深度一般达基岩面以下 5～10m,局部可达数十米,甚至更大。谷底的卸荷裂隙对水工建筑物危害很大,应特别注意。

风化裂隙一般仅限于地表风化带内,常沿原生结构面和构造结构面叠加发育,使其性质进一步恶化。新生成的风化裂隙,延伸短,方向紊乱,连续性差。

泥化夹层是原生软弱夹层在构造及地下水共同作用下形成的;次生夹泥层则是地下水携带的细颗粒物质及溶解物沉淀在裂隙中形成的。它们的性质一般都很差,属于软弱结构面。

2. 力学成因类型

从大量的野外观察、试验资料及莫尔强度理论分析可知,在较低围限应力(相对岩体强度而言)下,岩体的破坏方式有剪切破坏和拉张破坏两种基本类型。因此,相应地按破裂面的力学成因可分为剪性结构面和张性结构面两类。

张性结构面是由拉应力形成的,如羽毛状张裂面、纵张破裂面及横张破裂面,岩浆岩中的冷凝节理等。羽毛状张裂面是剪性断裂在形成过程中的派生力偶所形成的,它的张开度在邻近主干断裂一端较大,且沿延伸方向迅速变窄,乃至尖灭。纵张破裂面常发生在背斜轴部,走向与背斜轴近于平行,呈上宽下窄。横张破裂面走向与褶皱轴近于垂直,它的形成机理与单向压缩条件下沿轴向发展的劈裂相似。一般来说,张性结构面具有张开度大、连续性差、形态不规则、面粗糙、起伏度大及破碎带较宽等特征。其构造岩多为角砾岩,易被充填。因此,张性结构面常含水丰富,导水性强。

剪性结构面是剪应力形成的,破裂面两侧岩体产生相对滑移,如逆断层、平移断层以及多数正断层等。剪性结构面的特点是连续性好,面较平直,延伸较长并有擦痕、镜面等现象发育。

二、结构面的描述

(1)产状。产状是指结构面在空间的分布状态。它是由走向、倾向、倾角所组成的三要素来描述。由于走向可根据倾向来加以推算,一般采用倾向、倾角来表示。产状与开挖面的空间关系直接影响岩体的稳定性,最简单的实例就是顺坡向和逆坡向的结构面,前者从几何学上是一个不利的因素,而后者却是有利的。

(2)间距 d。结构面的间距是指同组相邻结构面的垂直距离,通常采用同组结构面的平均间距。间距的大小直接反映了该组结构面的发育程度,也就是反映了岩体的完整程度。

(3)延展性 K(持续性)。指在一个岩体的露头上,所见到的结构面迹线的长度。该参数反映了该组结构面的规模大小。此外,还可利用与倾向方向上的延展性的乘积,推算结构面的面积,评价结构面切割岩体的程度。

(4)粗糙度 JRC(Joint Roughness Coefficient)和起伏度 i。相对于结构面平均平面的表面不平整度,通常用结构面的粗糙度和起伏度表示。这是增加结构面抗剪强度的几何参数。起伏度是相对较大一级的表面不平整状态,若起伏度较大,可能影响结构面的局部产状,对结构面的强度具有较大影响,结构面越粗糙其抗剪强度也会越高。

(5)结构面面壁强度。结构面是由两个表面组成。在岩体中由于长期的地质作用,结构面发生不同程度的风化,进而影响其表面的力学特性。当结构面的面壁风化程度与母岩很接近时,其强度与母岩一致;当风化程度与母岩相差较大时,显然其强度将要小得多。在后一种情况下,即使结构面张开度较小且无填充物,也将表现出相对较低的抗剪强度。

(6)结构面的张开度 e 与充填物。结构面两个面壁之间的垂直距离称作结构面的张开度。一般张性的结构面具有较大的张开度,较大的张开度又使得结构面往往成为地下水的通道。结构面缝隙中的物质被称作填充物,主要来源包括:在长年累月的水流作用下,水流中的一部分物质残留在结构面中;结构面的面壁被风化,也有一部分物质遗留在裂缝中;另外,由于后期的地质作用,使得张开的裂缝由一些矿物重新胶结在一起。

张开度与填充物是相互依存的,张开度较大的结构面一般也有较厚的充填物,在具有较厚充填物的情况下,对结构面强度的影响主要取决于充填物的性质。

(7)结构面的渗透性。在单个结构面或者整个岩体中所见到水流和水量的状态,通常用水的流速和流量来表示岩体渗透性。

(8)结构面组数和岩块尺寸。岩体中结构面组数反映了结构面的发育程度,而结构面组数的多少,又可反映岩体被结构面切割所形成的岩块大小。同样,这两个参数是相辅相成的,岩体的完整性如何,主要由这些参数来描述。

综上所述,主要从结构面空间分布规律、发育规模及程度、表面几何形态等参数描述结构面性态。此外,这些参数可利用现场地质调查所获得的资料,进行统计分析,并获得相应统计规律。

三、岩体破碎程度的描述

岩体破碎程度的描述由裂隙度和切割度两个定量指标组成。

1. 裂隙度 K

裂隙度 K 是指沿着某个取样方向,单位长度上节理的数量。设有一取样直线,其长度为 l,在沿 l 长度内出现节理的数量为 n,则该岩体的裂隙度 K 为:

$$K = \frac{n}{l} \tag{3-1}$$

那么,沿取样线方向上结构面的平均间距 d 为:

$$d = \frac{l}{n} = \frac{1}{K} \tag{3-2}$$

当取样线垂直节理的走向时,则 d 为节理走向的垂直间距。当节理垂直间距 $>180\text{cm}$ 时,岩体的连续性具有完整的结构性质;当 $d = 30 \sim 180\text{cm}$ 时,则为块状结构;当 $d < 30\text{cm}$ 时,则为碎裂结构,而当 $d < 6.5\text{cm}$ 时,则称为极碎裂的结构。

当岩体上有几组不同方向的节理时,裂隙度可按下述原理求得。如图 3-1 所示,有两组节

理 K_{a1}、K_{a2} 和 K_{b1}、K_{b2}，沿取样线上 K_{a1}、K_{a2} 和 K_{b1}、K_{b2} 的节理平均间距 m_{ax} 和 m_{bx} 可根据节理平均垂直间距 d_a、d_b 以及节理的垂线与取样线的夹角 ξ_a、ξ_b 按下式求得：

$$m_{ax} = \frac{d_a}{\cos\xi_a}, m_{bx} = \frac{d_b}{\cos\xi_b} \tag{3-3}$$

该取样线上的裂隙度 K 为各组节理的裂隙度 K_a、K_b 之和，即：

$$K = K_a + K_b \tag{3-4}$$

式中的 K_a、K_b 为：

$$K_a = \frac{n_a}{l} = \frac{1}{m_{ax}}, K_b = \frac{n_b}{l} = \frac{1}{m_{bx}}$$

$$K = \frac{1}{m_{ax}} + \frac{1}{m_{bx}} \tag{3-5}$$

依次类推可得 n 组节理的裂隙度 K。

按裂隙度的 K 大小，可将节理分成：疏节理 $\left[K = (0 \sim 1)\frac{1}{m}\right]$；密节理 $\left[K = (1 \sim 10)\frac{1}{m}\right]$；非常密集节理 $\left[K = (10 \sim 100)\frac{1}{m}\right]$；压碎或糜棱化带 $\left[K = (100 \sim 1000)\frac{1}{m}\right]$。

2. 切割度 X_e

切割度是评价节理分割岩体程度的一个参数。有些属贯通性节理，因此，可将整个岩体完全切割；而有些节理为非贯通性，在岩体中出现断断续续的现象，其伸延不长，则只能切割岩体中的一部分，没有将整个岩体分离开。所谓的切割度是指单位面积的岩体中结构面面积所占的比例。假设有一平直岩体的断面，它与岩体中某个节理面相重叠，而且完全地切割所考虑岩体的面积，令该平直断面的面积为 A（图 3-2）。那么，这个平直断面 A 中被节理面所占面积的比率为其切割度，即：

$$X_e = \frac{a}{A} = \frac{a_1 + a_2 + a_3 + \cdots + a_n}{A} = \frac{\sum_1^n a_i}{A} \tag{3-6}$$

切割度 X_e 一般以百分数表示。当切割度 X_e 为 0.5 时，表示横贯岩体的平直断面有 50% 是被节理切割（或分离）的。在该情况下，说明这岩体在此平直断面内有 50% 没有分离，是连续的；当 X_e 为 1 时，沿着该断面的岩体完全地被节理切割。相反，如果 X_e 为零，则岩体为连续的完整体。

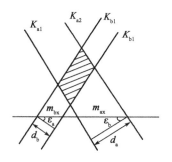

图 3-1 两组节理的裂隙度计算图

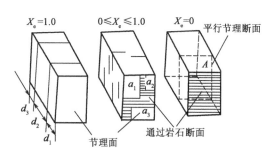

图 3-2 结构面的二向分布

按切割度 X_e 的大小，可将岩体分成不同的完整程度，如表 3-1 所示。

岩体按切割度 X_e 分类
表 3-1

名　　称	X_e	名　　称	X_e
完整的	0.1 ~ 0.2	强节理化	0.6 ~ 0.8
弱节理化	0.2 ~ 0.4	完全节理化	0.8 ~ 1.0
中等节理化	0.4 ~ 0.6		

上述 X_e 仅是某一平面上节理面所占面积的比率。有时为了研究岩体空间内部某组节理的切割程度 X_r，可由裂隙度 K 与平面切割度 X_e 建立如下关系式：

$$X_r = KX_e \tag{3-7}$$

式中：X_r——在给定的岩体体积内部有一个组的节理所产生的实际的切割程度，m^2/m。

四、结构面的规模与分级

结构面发育程度、规模大小、组合形式等是决定结构体的形状、方位和大小，控制岩体稳定性的重要因素，尤以结构面规模是最重要的控制因素。结构面发育程度和规模可以划分为如下 5 级：

(1) Ⅰ级结构面。一般泛指对区域构造起控制作用的断裂带，它包括大小构造单元接壤的深大断裂带，是地壳或区域内巨型的构造断裂面，不仅走向上延展甚远（一般数十公里以上），而且破碎带的宽度至少也在数米以上。Ⅰ级结构面沿纵深方向至少可以切穿一个构造层，它的存在直接关系到工程区域的稳定性。

(2) Ⅱ级结构面。一般指延展性强而宽度有限的地质界面，如不整合面、假整合面、原生软弱夹层以及延展数百米至数千米的断层、层间错动带、接触破碎带、风化夹层等。它们的宽度一般是几厘米至数米，Ⅱ级结构面主要是在一个构造层中分布，可能切穿几个地质时代的地层，它与其他结构面组合，会形成较大规模的块体破坏。

(3) Ⅲ级结构面。一般为局部性的断裂构造，主要指小断层，延展十米或数十米，宽度半米左右，除此以外，还包括宽度为数厘米的，走向和纵深延伸断续的原生软弱夹层、层间错动等。由于它的延展有限，这种断层往往仅在一个地质时代的地层中分布，有时仅仅在某一种岩性中分布。它与Ⅱ级结构面相组合，会形成较大的块体滑动，如果它自身组合，仅能形成局部或小规模的破坏。

(4) Ⅳ级结构面。一般延展性较差，无明显的宽度，主要是节理面，仅在小范围内分布，但在岩体中很普遍，这种结构面往往受上述各级结构面控制，其分布是比较有规律的。这种结构面的分布特点，除受上述各级结构面控制外，还严格地受岩性控制。它们仅在某一种岩性内呈有规律的、等密度的分布；有时岩性相同，但由于岩层厚度不同，其密度会有显著的变化。在沉积岩中，一般岩层越薄，节理面越密集，其存在使岩体切割成岩块，破坏了岩体的完整性，并且与其他结构面组合形成不同类型的岩体破坏方式，大大降低岩体工程稳定性，这种结构面不能直接反映在地质图上，只能进行统计了解其分布规律。

(5) Ⅴ级结构面。延展性甚差，无宽度之别，分布随机，是为数甚多的细小的结构面，主要包括微小的节理、劈理、隐微裂隙、不发育的片理、线理、微层理等，它们的发育受上述诸级结构面所限制。这些结构面的存在，降低了由Ⅳ级结构面所包围的岩块的强度。

综合上述所划分的 5 个等级的结构面，从工程地质测绘观点来看，可分为实测结构面和统计结构面两大类。其中实测结构面是基于野外地质测绘工作，按其结构面的产状及其具体位置,直接表示在不同比例尺的工程地质图上,包括Ⅰ级、Ⅱ级和Ⅲ级结构面。而统计结构面,只能在野外有明显岩层露头点进行统计。经过室内作结构面密度统计图,认识其统计规律,它们不能直接反映在工程地质图上,但可转化为结构面的组合模型反映在岩体结构图上,包括Ⅳ级和Ⅴ级结构面。

五、软弱结构面

软弱结构面就其物质组成及微观结构而言,主要包括原生软弱夹层、构造及挤压破碎带、泥化夹层及其他夹泥层等。它们实际上是岩体中具有一定厚度的软弱带(层),与两盘岩体相比具有高压缩和低强度等特征,在产状上多属缓倾角结构面。因此,软弱结构面在工程岩体稳定性中具有很重要的意义,往往控制着岩体的变形破坏机理及稳定性,如我国葛洲坝电站坝基及小浪底水库坝肩岩体中都存在着泥化夹层问题,极大地影响着水库大坝的安全,需特殊处理。其中最常见危害较大的是泥化夹层,故作重点讨论。

泥化夹层是含泥质的软弱夹层经一系列地质作用演化而成的。它多分布在上、下相对坚硬而中间相对软弱的刚柔相间的岩层组合条件下。在构造运动作用下产生层间错动、岩层破碎、结构改组,并为地下水渗流提供了良好的通道。水的作用使破碎岩石中的颗粒分散、含水量增大,进而使岩石处于塑性状态(泥化),强度大为降低,水还使夹层中的可溶盐类溶解,引起离子交换,改变了泥化夹层的物理化学性质。

泥化夹层具有以下特性:

(1)由原岩的超固结胶结式结构变成了泥质散状结构或泥质定向结构。

(2)黏粒含量很高。

(3)含水量接近或超过塑限,密度比原岩小。

(4)具有一定的胀缩性。

(5)力学性质比原岩差,强度低,压缩性高。

(6)由于其结构疏松,抗冲刷能力差,因而在渗透水流的作用下,易产生渗透变形。以上这些特性对工程建设,特别是对水工建筑物的危害很大。

对泥化夹层的研究,应着重于研究其成因类型、存在形态、分布、填充物成分和物理力学性质及其在条件改变时的演化趋势等。

第三节　结构面的变形强度特征

一、结构面的变形性质

结构面变形主要包括法向和切向变形。

1.结构面的法向变形性质

(1)法向变形特征

在同一种岩体中分别取一件不含结构面的完整岩块试件和一件含结构面的岩块试件,然后,分别对这两种试件施加连续法向压应力,可得到如图3-3所示的应力—变形关系曲线。设不含结构面岩块的变形为 ΔV_r，含结构面岩块的变形为 ΔV_t，则结构面的法向闭合变形 ΔV_j 为：

$$\Delta V_j = \Delta V_t - \Delta V_r \tag{3-8}$$

利用式(3-8)，可得到结构面的 σ_n—ΔV_j 曲线，如图 3-1b)所示。从图中所示的资料及试验研究可知，结构面的法向变形有以下特征。

① 开始时随着法向应力的增加，结构面闭合变形迅速增长，σ_n—ΔV 曲线及 σ_n—ΔV_j 曲线均呈上凹型。当 σ_n 增到一定值时，σ_n—ΔV_t 曲线变陡，并与 σ_n—ΔV_r 曲线大致平行，如图 3-3a)所示。说明这时结构面已基本上完全闭合，其变形主要是岩块变形贡献的。而 ΔV_j 则趋于结构面最大闭合量 V_m，如图 3-3b)所示。

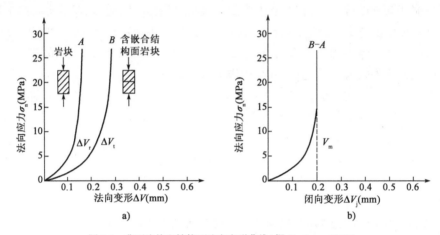

图 3-3　典型岩块和结构面法向变形曲线(据 Goodman,1976)

② 从变形上看，在初始压缩阶段，含结构面岩块的变形 ΔV_t 主要是由结构面的闭合造成的。有试验表明，当 $\sigma_n = 1\text{MPa}$ 时，$\Delta V_t / \Delta V_r$ 可达 5～30，说明 ΔV_t 占了很大一部分。当然，具体 $\Delta V_t / \Delta V_r$ 的大小还取决于结构面的类型及其风化变质程度等因素。

③ 试验研究表明，当法向应力大约在 $\frac{1}{3}\sigma_c$ 处开始，含结构面岩块的变形由以结构面的闭合为主转为以岩块的弹性变形为主。

④ 结构面的 σ_n—ΔV_j 曲线大致为一条以 $\Delta V_j = V_m$ 为渐近线的非线性曲线(双曲线或指数曲线)。其曲线形状可用初始法向刚度 K_{ni} 与最大闭合量 V_m 来确定。结构面的初始法向刚度的定义为 σ_n—ΔV_j 曲线原点处的切线斜率，即

$$K_{ni} = \left(\frac{\partial \sigma_n}{\partial \Delta V_j} \right)_{\Delta V_j \to 0} \tag{3-9}$$

⑤ 结构面的最大闭合量始终小于结构面的张开度(e)。因为结构面是凹凸不平的，两壁面间无论多高的压力(在两壁岩石不产生破坏的条件下)，也不可能达到 100% 的接触。试验表明，结构面两壁一般只能达到 40%～70% 的接触。

如果分别对不含结构面和含结构面岩块连续施加一定的法向载荷后，逐渐卸载，则可得到如图 3-4 所示的法向应力—变形曲线。

(2)法向变形本构方程

为了反映结构面的变形性质与变形过程，需要研究其应力—变形关系，即结构面的变形本构方程。但这方面的研究目前仍处于探索阶段，已提出的本构方程都是在试验的基础上总结

出来的经验方程。如 Goodman，Bandis 及孙广忠等人提出的方程。

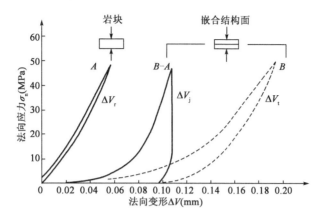

图3-4　石灰岩中嵌合和非嵌合的结构面加载、卸载曲线（据 Bandis 等，1983）

古德曼（Goodman，1974）提出用如下的双曲函数拟合结构面法向应力 σ_n（MPa）与闭合变形 ΔV_j（mm）间的本构关系：

$$\sigma_n = \left(\frac{\Delta V_j}{V_m - \Delta V_j} + 1 \right) \sigma_i \tag{3-10}$$

或

$$\Delta V_j = V_m - V_m \sigma_i \frac{1}{\sigma_n} \tag{3-11}$$

式中：σ_i——结构面所受的初始应力。

式（3-10）或式（3-11）所描述的曲线如图 3-5 所示。为一条以 $\Delta V_j = V_m$ 为渐近线的双曲线。这一曲线与试验曲线相比较，其区别在于 Goodman 方程所给曲线的起点不在原点，而是在 σ_n 轴左边无穷远处，另外就是出现了一个所谓的初始应力 σ_i。这些虽然与试验曲线有一定的出入，但对于那些具有一定滑错位移的非嵌合性结构面，大致可以用式（3-10）或式（3-11）来描述其法向变形本构关系。

班迪斯（Bandis，1983）等在研究了大量试验曲线的基础上，提出了如下的本构方程：

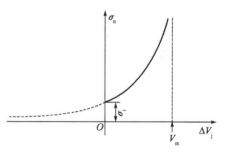

图3-5　结构面法向变形曲线（Goodman 方程）

$$\sigma_n = \frac{\Delta V_j}{a - b\Delta V_j} \tag{3-12}$$

式中，a、b 为系数，为求 a、b，改写式（3-12）为：

$$\sigma_n = \frac{1}{a/\Delta V_j - b} \tag{3-13}$$

或

$$\frac{1}{\sigma_n} = \frac{a}{\Delta V_j} - b \tag{3-14}$$

由式（3-14）可知，当 $\sigma_n \to \infty$ 时，则 $\Delta V_j \to V_m = \dfrac{a}{b}$，所以有：

$$b = \frac{a}{V_{\mathrm{m}}} \tag{3-15}$$

由初始法向刚度的定义式(3-9)可知：

$$K_{\mathrm{ni}} = \left(\frac{\partial \sigma_{\mathrm{n}}}{\partial \Delta V_{\mathrm{j}}}\right)_{\Delta V_{\mathrm{j}} \to 0} = \left[\frac{1}{a\left(1 - \dfrac{b}{a}\Delta V_{\mathrm{j}}\right)^2}\right]_{\Delta V_{\mathrm{j}} \to 0} = \frac{1}{a}$$

即有

$$a = \frac{1}{K_{\mathrm{ni}}} \tag{3-16}$$

用式(3-15)和式(3-16)代入式(3-12)得结构面的法向变形本构方程：

$$\sigma_{\mathrm{n}} = \frac{K_{\mathrm{ni}} V_{\mathrm{m}} \Delta V_{\mathrm{j}}}{V_{\mathrm{m}} - \Delta V_{\mathrm{j}}} \tag{3-17}$$

这一方程所描述的曲线如图3-6所示，也为一条以 $\Delta V_{\mathrm{j}} = V_{\mathrm{m}}$ 为渐近线的双曲线。显然，这一曲线与试验较为接近。Bandis方程较适合于未经滑错位移的嵌合结构面(如层面、小节理)的法向变形特征。

此外，孙广忠(1988)提出了如下的指数方程：

$$\Delta V_{\mathrm{j}} = V_{\mathrm{m}}\left(1 - \mathrm{e}^{-\frac{\sigma_{\mathrm{n}}}{K_{\mathrm{n}}}}\right) \tag{3-18}$$

式中：K_{n}——结构面的法向刚度。

式(3-18)所描述的 σ_{n}—ΔV_{j} 曲线与试验曲线大致相似。

(3)法向刚度及其确定方法

法向刚度 K_{n}(normal stiffness)是反映结构面法向变形性质的重要参数。其定义为在法向应力作用下，结构面产生单位法向变形所需要的应力，数值上等于 σ_{n}—ΔV_{j} 曲线上一点的切线斜率，即：

$$K_{\mathrm{n}} = \frac{\partial \sigma_{\mathrm{n}}}{\partial \Delta V_{\mathrm{j}}} \tag{3-19}$$

K_{n} 的单位为 MPa/mm，它是岩体力学性质参数估算及岩体稳定性计算中必不可少的指标之一。

结构面法向刚度的确定可直接用试验，求得结构面的 σ_{n}—ΔV_{j} 曲线后，在曲线上直接求得(图3-7)。具体试验又分为室内压缩试验和现场压缩试验两种。

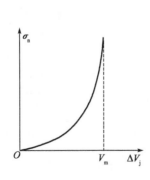

图3-6　结构面 σ_{n}—ΔV_{j} 曲线(Bandis方程)

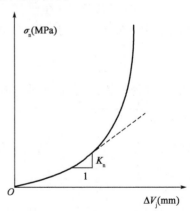

图3-7　法向刚度 K_{n} 确定

室内压缩试验可在压力机上进行,也可在携带式剪力仪或中型剪力仪上配合结构面剪切试验一起进行。试验时先将含结构面岩块试样装上,然后分级施加法向应力 σ_n,并测量记录相应的法向位移 ΔV_t,绘制 σ_n—ΔV_t 曲线。同时还必须对相应岩块进行压缩变形试验,求得岩块 σ_n—ΔV_t 曲线,通过这两种试验即可求得结构面的 σ_n—ΔV_j 曲线,按图3-7 的方法求结构面在某一法向应力下的法向刚度。

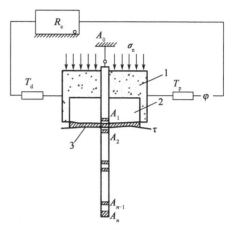

图 3-8 现场测定 K_n 的装置图

1-混凝土;2-岩体;3-结构面;A_0-附加参考点;A_n-参考点;A_1、A_2、…、A_{n-1}-锚固点;T_d-变形传感器;T_p-压力传感器;R_c-自动记录仪

现场压缩变形试验是用中心孔承压板法,试件与变形测量装置如图3-8 所示。试验时先在制备好的试件上打一垂向中心孔,在孔内安装多点位移计,其中 A_1、A_2 锚固点(变形量测点)紧靠在结构面上、下壁面。然后采用逐级一次循环法施加法向应力并测量记录相应的法向变形 ΔV,绘制出各点的 σ_n—ΔV 曲线。用下式即可求得结构面的法向刚度 K_n:

$$K_n = \frac{\sigma_{ni+1} - \sigma_{ni}}{\Delta V_{i+1} - \Delta V_i} = \frac{\Delta \sigma_n}{\Delta V} \tag{3-20}$$

另外,由法向刚度的定义及式(3-17)有:

$$K_n = \frac{\partial \sigma_n}{\partial \Delta V_j} = \frac{K_{ni}}{\left(1 - \dfrac{\Delta V_j}{V_m}\right)^2} \tag{3-21}$$

由式(3-17)可得:

$$\Delta V_j = \frac{\sigma_n V_m}{K_{ni} V_m + \sigma_n} \tag{3-22}$$

将式(3-22)代入式(3-21),则 K_n 还可表示为:

$$K_n = \frac{K_{ni}}{\left[1 - \dfrac{\sigma_n}{(K_{ni} V_m + \sigma_n)}\right]^2} \tag{3-23}$$

利用式(3-23)可求得某级法向应力下结构面的法向刚度。其中 K_{ni}、V_m 可通过室内含结构面岩块压缩试验求得。在没有试验资料时,可用班迪斯(Bandis,1983)提出的经验方程求 K_{ni}、V_m,即:

$$K_{ni} = -7.15 + 1.75 \mathrm{JRC} + 0.02 \left(\frac{\mathrm{JCS}}{e}\right) \tag{3-24}$$

$$V_m = A + B(\mathrm{JRC}) + C \left(\frac{\mathrm{JCS}}{e}\right)^D \tag{3-25}$$

式中: e——结构面的张开度(可用塞尺或直尺在野外量测);

A、B、C、D——经验系数,用统计方法得出,列于表3-2;

JRC——结构面的粗糙度系数,可用标准剖面对比法、倾斜试验及结构面推拉试验等方法求得;

JCS——结构面的壁岩强度,一般用 L 形回弹仪在野外测定,确定方法是用试验测得的

回弹值 R 与岩石重度 γ,查图 3-9 或用式(3-26)计算求得 JCS(MPa)。

$$\lg(\text{JCS}) = 0.00088\gamma R + 1.01 \tag{3-26}$$

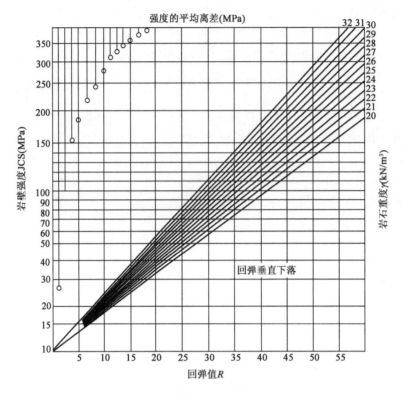

图 3-9　JCS 与回弹值及密度的关系

另外,随着分形几何学的发展,有的学者(如 Carr,1987;谢和平,1996)建议用分数维数 D 来求结构面的粗糙度系数 JRC,如谢和平提出了如下的方程:

$$\text{JRC} = 85.2671(D-1)^{0.5679} \tag{3-27}$$

$$D = \frac{\lg 4}{\lg\{2[1 + \cos \arctan(2h/L)]\}} \tag{3-28}$$

式中,h、L 为结构面的平均起伏差和平均基线长度,从理论上分析,D 介于 $1\sim2$ 之间。

各次循环荷载条件下 A、B、C、D 值(据 Bandis 等,1983)　　　　表 3-2

经验系数	第一次循环荷载	第二次循环荷载	第三次循环荷载
A	-0.2960 ± 0.1258	-0.1005 ± 0.0530	-0.1032 ± 0.0680
B	-0.0056 ± 0.0022	-0.0073 ± 0.0031	-0.0074 ± 0.0039
C	-2.2410 ± 0.3504	-1.0082 ± 0.2351	$+1.1350 \pm 0.3261$
D	-0.2450 ± 0.1086	-0.2301 ± 0.1171	-0.2510 ± 0.1029
复相关系数	0.675	0.546	0.589

2.结构面的剪切变形性质

(1)剪切变形特征

在岩体中取一含结构面的岩块试件,在剪力仪上进行剪切试验,可得到如图 3-10 所示的

剪应力 τ 与结构面剪切位移 Δu 间的关系曲线。图 3-11 为灰岩节理面的 τ—Δu 曲线,试验研究表明,结构面的剪切变形有如下特征:

①结构面的剪切变形曲线均为非线性曲线。同时,按其剪切变形机理可为脆性变形型(图 3-10a 曲线)和塑性变形型(图 3-10b 曲线)两类曲线。试验研究表明,有一定宽度的构造破碎带、挤压带、软弱夹层及含有较厚填充物的裂隙、节理、泥化夹层或夹泥层等软弱结构面多属于塑性变形,如图 3-10b 曲线所示结构面剪切变形的 τ—Δu 曲线,其特点是无明显的峰值强度和应力降,且峰值强度与残余强度相差很小,曲线的斜率是连续变化的,且具有流变性。无填充且较粗糙的硬性结构面,其 τ—Δu 曲线则属于脆性变形型,特点是开始时剪切变形随应力增加缓慢,曲线较陡,峰值后剪切变形增加较快,有明显的峰值强度和应力降,当应力降至一定值后趋于稳定,残余强度明显低于峰值强度(图 3-10a 曲线)。

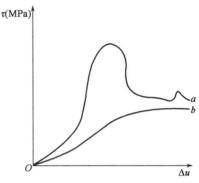

图 3-10 结构面剪切变形的基本类型

②结构面的峰值位移 Δu 受其风化程度的影响。风化结构面的峰值位移比新鲜结构面大,这是由于结构面遭受风化后,原有的两壁互锁程度变差,结构面变得相对平滑的缘故。

③对同类结构面而言,遭受风化的结构面,剪切刚度比未风化的小 $1/4 \sim 1/2$。

④结构面的剪切刚度具有明显的尺寸效应。在同一法向应力作用下,其剪切刚度随被剪切结构面的规模增大而降低。

⑤结构面的剪切刚度随法向应力的增大而增大(图 3-11)。

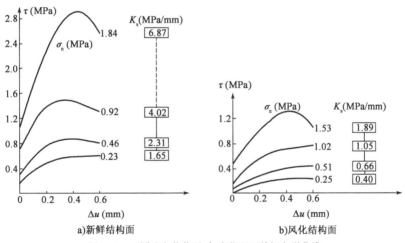

a)新鲜结构面   b)风化结构面

图 3-11 不同法向载荷下,灰岩节理面剪切变形曲线

(2)剪切变形本构方程

卡尔哈韦(Kalhaway,1975)通过大量的试验,发现结构面峰值前的 τ—Δu 关系曲线可用双曲函数来拟合,他提出了如下的方程式:

$$\tau = \frac{\Delta u}{m + n\Delta u} \tag{3-29}$$

式中:m、n——双曲线的形状系数,$m = 1/K_{si}$,$n = 1/\tau_{ult}$,K_{si} 为初始剪切刚度(定义为曲线原点

处的切线斜率);

τ_{ult}——水平渐近线在 τ 轴上的截距。

根据式(3-29),结构面的 τ—Δu 曲线为一以 $\tau = \tau_{ult}$ 为渐近线的双曲线。

(3)剪切刚度及其确定方法

剪切刚度 K_s(shear stiffess)是反映结构面剪切变形性质的重要参数,其数值等于峰值前 τ—Δu 曲线上任一点的切线斜率(图 3-12),即:

$$K_s = \frac{\partial \tau}{\partial \Delta u} \tag{3-30}$$

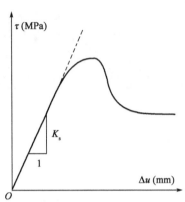

图 3-12 剪切强度 K_s 的确定示意图

结构面的剪切刚度在岩体力学参数估算及岩体稳定性计算中都是必不可少的指标,可通过室内和现场剪切试验确定。

结构面的室内剪切试验是在携带式剪力仪或中型剪力仪上进行的。试件面积为 $100 \sim 400 cm^2$。试验时将含结构面的岩块试件装入剪力仪中,先加预定的法向应力,待其变形稳定后,再分级施加剪应力,并记录结构面相应的剪位移,绘出 τ—Δu 曲线。然后在 τ—Δu 曲线上求结构面的剪切刚度。

现场剪切试验的装置如图 3-8 所示,试验时也是先施加预定的法向应力,待变形稳定后,分级施加剪应力。各级剪应力下的剪切位移可由变形传感器 T_d 或自动记录装置 R_c 记录。利用各级剪应力 τ 下的剪切位移 Δu,可绘制出 τ—Δu 曲线,进而求得结构面的剪切刚度 K_s。

另外,巴顿(Barton,1977)和乔贝(Choubey,1977)根据大量的试验资料总结分析,并考虑到尺寸效应,提出了剪切刚度 K_s 的经验估算公式如下:

$$K_s = \frac{100}{L}\sigma \tan\left(JRClg\frac{JCS}{\sigma_n} + \varphi_r\right) \tag{3-31}$$

式中:L——被剪切结构面长度;

φ_r——结构面残余摩擦角。

式(3-31)显示结构面的剪切刚度不仅与结构面本身形态及性质等特征有关,还与其规模大小及法向应力有关。

二、结构面的强度性质

与岩块一样,结构面强度也有抗拉强度和抗剪强度之分。胶结结构面具有较强的抗拉强度,需根据工程情况具体分析。一般情况,非胶结结构面的抗拉强度非常小,常可忽略不计,所以一般认为结构面是不能抗拉的。因此,在岩体力学中一般很少研究结构面的抗拉强度,重点是研究它的抗剪强度。

影响结构面抗剪强度的因素是复杂多变的,从而致使结构面的抗剪强度特性也很复杂,抗剪强度指标较分散(表 3-3)。影响结构面抗剪强度的因素主要包括结构面的形态、连续性、胶结填充特征及壁岩性质、次生变化和受力历史(反复剪切次数)等。根据结构面的形态、填充情况及连续性等特征,将其划分为平直无填充的结构面、粗糙起伏无填充的结构面、非贯通断续结构面及有填充的软弱结构面4类,各自的强度特征分述如下。

各种结构面抗剪强度指标的变化范围 表3-3

结构面类型	摩擦角 (°)	黏聚力 (MPa)	结构面类型	摩擦角 (°)	黏聚力 (MPa)
泥化结构面	10～20	0～0.05	云母片岩片理面	10～20	0～0.05
黏土层层面	20～30	0.05～0.10	页岩节理面(平直)	18～29	0.10～0.19
泥灰岩层面	20～30	0.05～0.10	砂岩节理面(平直)	32～38	0.05～1.0
凝灰岩层面	20～30	0.05～0.10	灰岩节理面(平直)	35	0.2
页岩层面	20～30	0.05～0.10	石英正长闪长岩节理面(平直)	32～35	0.02～0.08
砂岩层面	30～40	0.05～0.10	粗糙结构面	40～48	0.08～0.30
砾岩层面	30～40	0.05～0.10	辉长岩、花岗岩节理面(粗糙)	30～38	0.20～0.40
石灰岩层面	30～40	0.05～0.10	花岗岩节理面(粗糙)	42	0.4
千枚岩千枚理面	28	0.12	石灰岩卸载节理面(粗糙)	37	0.04
滑石片岩、片理面	10～20	0～0.05	岩石、混凝土接触面	55～60	0～0.48

1.平直无填充的结构面

平直无填充的结构面包括剪应力作用下形成的剪性破裂面,如剪节理、剪裂隙等,发育较好的层理面与片理面。其特点是面平直、光滑,只具有微弱的风化蚀变。坚硬岩体中的剪破裂面还发育有镜面、擦痕及应力矿物薄膜等。这类结构面的抗剪强度大致与人工磨制面的摩擦强度接近,即:

$$\tau = \sigma \tan \varphi_j + c_j \tag{3-32}$$

式中:τ——结构面的抗剪强度;

σ——法向应力;

φ_j、c_j——分别为结构面的摩擦角与黏聚力。

结构面的抗剪强度主要来源于结构面的微咬合作用和胶黏作用,且与结构面的壁岩性质及其平直光滑程度密切相关。若壁岩中含有大量片状或鳞片状矿物,如云母、绿泥石、黏土矿物、滑石及蛇纹石等矿物时,其摩擦强度较低。摩擦角一般在20°～30°之间,小者仅10°～20°,黏聚力在0～0.1MPa之间。而壁岩为硬质岩石,如石英正长闪长岩、花岗岩及砂砾岩和灰岩等时,其摩擦角可达30°～40°,黏聚力一般在0.05～0.1MPa之间。结构面越平直,擦痕越细腻,其抗剪强度越接近于下限,黏聚力可降低至0.05MPa以下,甚至趋于零;反之,其抗剪强度就接近于上限值(参见表3-3)。

2.粗糙起伏无填充的结构面

这类结构面的基本特点是具有明显的粗糙起伏度,这是影响结构面抗剪强度的一个重要因素。在无填充的情况下,由于起伏度的存在,结构面的剪切破坏机理因法向应力大小不同而异,其抗剪强度也相差较大。当法向应力较小时,在剪切过程中,上盘岩体主要是沿结构面产生滑动破坏,这时由于剪胀效应(或称爬坡效应),增加了结构面的摩擦强度。随着法向应力增大,剪胀越来越困难。当法向应力达到一定值后,其破坏将由沿结构面滑动转化为剪断凸起而破坏,引起所谓的啃断效应。从而也增大了结构面的抗剪强度。据试验资料统计,粗糙起伏无填充结构面在干燥状态下的摩擦角一般为40°~48°,黏聚力在0.1~0.55MPa之间。

为了便于讨论,下面分规则锯齿形和不规则起伏形两种情况来讨论结构面的抗剪强度。

(1)规则锯齿形结构面

这类结构面可简化为图3-13a)所示的模型。在法向应力 σ 较低的情况下,上盘岩体在剪应力作用下沿齿面向右上方滑动。当滑移一旦出现,其背坡面即被拉开,出现所谓空化现象,因而不起抗滑作用,法向应力也全部由滑移面承担。

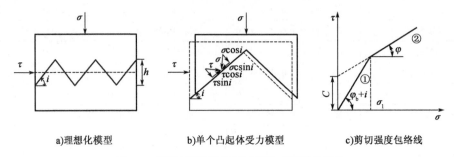

a)理想化模型　　　　b)单个凸起体受力模型　　　　c)剪切强度包络线

图3-13　粗糙起伏无填充结构面的抗剪强度分析图

如图3-13b)所示,设结构面的起伏角为 i ,起伏差为 h ,齿面摩擦角为 φ_b ,且黏聚力 $S_b = 0$ 。在法向应力 σ 和剪应力 τ 作用下,滑移面上受到的法向应力 σ_n 和剪应力 τ_n 为:

$$\left.\begin{array}{l} \sigma_n = \tau\sin i + \sigma\cos i \\ \tau_n = \tau\cos i - \sigma\sin i \end{array}\right\} \tag{3-33}$$

设结构面强度服从库仑—纳维尔判据: $\tau_n = \sigma_n\tan\varphi_b$,用式(3-33)的相应项代入,整理简化后得:

$$\tau = \sigma\tan(\varphi_b + i) \tag{3-34}$$

式(3-34)是法向应力较低时锯齿形起伏结构面的抗剪强度表达式,它所描述的强度包络线如图3-13c)中①所示。由此可见,起伏度的存在可增大结构面的摩擦角,即由 φ_b 增大至 $\varphi_b + i$ 。这种效应与剪切过程中上滑运动引起的垂向位移有关,称为剪胀效应。式(3-34)是帕顿(Patton,1966)提出的,称为帕顿公式。他观察到石灰岩层面粗糙起伏角 i 不同时,露天矿边坡的自然稳定坡角也不同,即 i 越大,边坡角越大,从而证明了考虑 i 的重要意义。

当法向应力达到一定值 σ_1 后,由于上滑运动所需的功达到并超过剪断凸起所需要的功。则凸起体将被剪断,这时结构面的抗剪强度 τ 为:

$$\tau = \sigma\tan\varphi + c \tag{3-35}$$

式中: φ 、 c ——分别为结构面壁岩的内摩擦角和黏聚力。

式(3-35)为法向应力 $\sigma \geqslant \sigma_1$ 时,结构面的抗剪强度,其包络线如图3-11c)中②所示。从式(3-34)和式(3-35),可求得剪断凸起的条件为:

$$\sigma_1 = \frac{c}{\tan(\varphi_b + i) - \tan\varphi} \tag{3-36}$$

应当指出,式(3-34)和式(3-35)给出的结构面抗剪强度包络线是在两种极端的情况下得出的。因为即使在极低的法向应力下,结构面的凸起也不可能完全不遭受破坏;而在较高的法向应力下,凸起也不可能全都被剪断。因此,如图3-13c)所示的折线强度包络线,在实际中是极其少见的,而绝大多数是一条连续光滑的曲线(参见图3-16和图3-17)。

（2）不规则起伏结构面

上面的讨论是将结构面简化成规则锯齿形这种理想模型下进行的。但自然界岩体中绝大多数结构面的粗糙起伏形态是不规则的，起伏角也不是常数。因此，其强度包络线不是图3-13c）所示的折线，而是曲线形式。对于这种情况，有许多人进行过研究和论述，下面主要介绍巴顿和莱旦依等的研究成果。

巴顿（Barton,1973）对8种不同粗糙起伏的结构面进行了试验研究，提出了剪胀角的概念并用以代替起伏角，剪胀角 α_d（dilatancy angle）的定义为剪切时剪切位移的轨迹线与水平线的夹角（图3-14），即：

$$\alpha_d = \arctan\left(\frac{\Delta V}{\Delta u}\right) \tag{3-37}$$

式中：ΔV——垂直位移分量（剪胀量）；

Δu——水平位移分量。

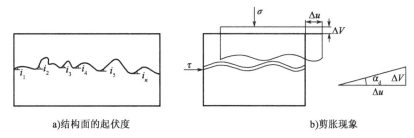

a)结构面的起伏度   b)剪胀现象

图3-14 剪胀现象与剪胀角 α_d 示意图

通过对试验资料的统计发现，其峰值剪胀角和结构面的抗剪强度不仅与凸起高度（起伏差）有关，而且与作用于结构面上的法向应力 σ、壁岩强度 JCS 之间也存在良好的统计关系。这些关系可表达如下：

$$\alpha_d = \frac{\text{JRC}}{2}\lg\frac{\text{JCS}}{\sigma} \tag{3-38}$$

$$\tau = \sigma\tan(1.78\alpha_d + 32.88°) \tag{3-39}$$

大量的试验资料表明，一般结构面的基本摩擦角 φ_d 在 25°～35°之间。因此，式（3-39）右边的第二项应当就是结构面的基本摩擦角，而第一项的系数取整数 2。经这样处理后，式（3-39）变为：

$$\tau = \sigma\tan(2\alpha_d + \varphi_u) \tag{3-40}$$

将式（3-38）代入式（3-40）得：

$$\tau = \sigma\tan\left(\text{JRC}\lg\frac{\text{JCS}}{\sigma} + \varphi_u\right) \tag{3-41}$$

式中，φ_u 为结构面的基本摩擦角，一般认为等于结构面壁岩平直表面的摩擦角，可用倾斜试验求得。方法是取结构面壁岩块，将岩块锯成两半，去除岩粉并风干后合在一起，使岩块缓缓地加大其倾角直到上盘岩块开始下滑为止，此时的岩块倾角即为 φ_u。对每种岩石，进行试验的岩块数需 10 块以上。在没有试验资料时，常取 $\varphi_u = 30°$，或用结构面的残余摩擦角代替。式（3-41）中其他符号的意义及确定方法同前。

式（3-41）是巴顿不规则粗糙起伏结构面的抗剪强度公式。利用该式确定结构面抗剪强度时，只需知道 JRC、JCS 及 φ_u 三个参数即可，无须进行大型现场抗剪强度试验。

莱旦依和阿彻姆包特(Ladanyi and Archambault,1970)从理论和试验方法对结构面由剪胀到啃断过程进行了全面研究(图3-15),提出了如下的经验方程:

$$\tau = \frac{\sigma(1 - \alpha_s)(\dot{V} + \tan\varphi_u) + \alpha_s \tau_r}{1 - (1 - \alpha_s)\dot{V}\tan\varphi_u} \tag{3-42}$$

式中:α_s——剪断率,指被剪断的凸起部分的面积 $\sum \Delta A_s$ 与整个剪切面积 A 之比,即 $\alpha_s = \Delta A_s / A$;

$\dot{V}$——剪胀率,指剪切时的垂直位移分量 ΔV 与水平位移分量 Δu 之比,即 $\dot{V} = \sum \Delta V / \Delta u$;

τ_r——凸起体岩石的抗剪强度,$\tau_r = \sigma\tan\varphi + c$;

φ_u——结构面的基本摩擦角。

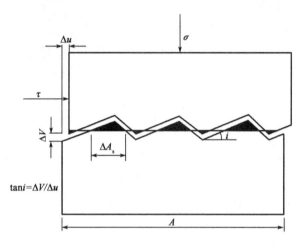

图3-15　结构面剪切破坏分析图

在实际工作中,α_s 和 $\dot{V}$ 较难确定。为了解决这一问题,Ladanyi 等人进行了大量的人工粗糙岩面的剪切试验。根据试验成果提出了如下的经验公式:

$$\left.\begin{aligned}\alpha_s &= 1 - \left(1 - \frac{\sigma}{\sigma_j}\right)^L \\ \dot{V} &= \left(1 - \frac{\sigma}{\sigma_j}\right)^K \tan i\end{aligned}\right\} \tag{3-43}$$

式中:K、L——常数,对粗糙岩面,$K = 4$,$L = 1.5$;

σ_j——壁岩的单轴抗压强度,可用 JCS 代替;

i——剪胀角,$i = \arctan(\Delta V / \Delta u)$。

从式(3-42)可知:

①当法向应力很低时,凸起基本不被剪断,即 $\alpha_s \to 0$,且 $\dot{V} = \Delta V / \Delta u = \tan i$,由式(3-42)得结构面的抗剪强度为:

$$\tau = \sigma\tan(\varphi_u + i) \tag{3-44}$$

该式与帕顿公式(3-34)一致。

②当法向应力很高时,结构面的凸起体全部被剪断,则 $\alpha_s \to 1$,无剪胀现象发生,即 $\dot{V} = 0$,

由式(3-42)得结构面的抗剪强度为:

$$\tau = \tau_r = \sigma \tan\varphi + c \tag{3-45}$$

该式与式(3-35)一致。

由以上两点讨论可知:式(3-42)所描述的强度包络线是以式(3-44)和式(3-45)所给定的折线为渐近线的曲线(图3-16)。

另外,Fairhurst建议用如下的抛物线方程来表示式(3-42)中的 τ_r:

$$\tau_r = \sigma_j \frac{\sqrt{1+n}-1}{n}\left(1 + n\frac{\sigma}{\sigma_j}\right)^{\frac{1}{2}} \tag{3-46}$$

式中:n——结构面壁岩抗压强度 σ_j 与抗拉强度 σ_c 之比,对于硬质岩石,可近似取 $n=10$。如将式(3-43)和式(3-46)代入式(3-42),取 $K=4,L=1.5,n=10$。并除以 σ_j,则得到如下的方程:

$$\frac{\tau}{\sigma_j} = \frac{\dfrac{\sigma}{\sigma_j}\left(1-\dfrac{\sigma}{\sigma_j}\right)^{1.5}\left[\left(1-\dfrac{\sigma}{\sigma_j}\right)^4\tan i + \tan\varphi_u\right] + 0.232\left[1-\left(1-\dfrac{\sigma}{\sigma_j}\right)^{1.5}\right]\left(1+10\dfrac{\sigma}{\sigma_j}\right)^{0.5}}{1-\left[\left(1-\dfrac{\sigma}{\sigma_j}\right)^{5.5}\tan i \tan\varphi_u\right]} \tag{3-47}$$

这一方程看起来复杂,但它却表明了两个无因次量 $\dfrac{\tau}{\sigma_j}$ 和 $\dfrac{\sigma}{\sigma_j}$ 之间的关系,且式中仅有剪胀角 i 和结构面基本摩擦角 φ_u 两个未知数。

对于 Barton 方程式(3-41)和 Ladanyi-Archambault 方程式(3-47)的差别,如图3-17所示。由图可知,当法向应力较低时,JRC = 20 时的 Barton 方程与 Ladanyi-Archambault 方程基本一致。随着法向应力增高,两方程差别显著。这是因为当 $\sigma/\sigma_j \to 1$ 时,Barton 方程变为 $\tau = \sigma\tan\varphi_u$,而 Ladanyi-Archambault 方程则变为 $\tau = \tau_r$ 之故。所以,在较高应力条件下,前者比后者较为保守。

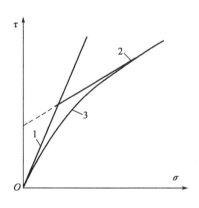

图3-16 结构面抗剪强度曲线
1-式(3-44)所示的直线;2-式(3-45)所示的直线;3-式(3-42)所示的直线

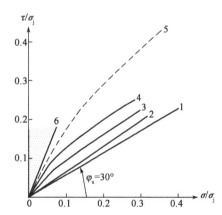

图3-17 结构面的抗剪强度曲线
1-平直结构面强度曲线;2 ~ 4-JRC 分别为 5,10,20,$\varphi_u = 30°$ 的 Barton 方程;5-$i = 20°$,$\varphi_u = 30°$ 时的 Ladanyi-Archambult 方程;6-Barton 方程不适用的范围

3. 非贯通断续的结构面

非贯通断续的结构面由裂隙面和非贯通的岩桥组成。在剪切过程中,一般认为剪切面所

通过的裂隙面和岩桥都起抗剪作用。假设沿整个剪切面上的应力分布是均匀的,结构面的线连续性系数为 K_1,则整个结构面的抗剪强度为:

$$\tau = K_1 c_j + (1 - K_1) c + \sigma [K_1 \tan\varphi_j + (1 - K_1) \tan\varphi] \tag{3-48}$$

式中: c_j、φ_j——裂隙面的黏聚力与摩擦角;

c、φ——岩石的黏聚力与内摩擦角。

将式(3-48)与库仑—纳维尔方程对比,可得非贯通结构面的黏聚力 c_b 和内摩擦系数 $\tan\varphi_b$ 为:

$$\left. \begin{array}{l} C_b = K_1 C_j + (1 - K_1) C \\ \tan\varphi_b = K_1 \tan\varphi_j + (1 - K_1) \tan\varphi \end{array} \right\} \tag{3-49}$$

由式(3-48)可知,非贯通断续结构面的抗剪强度要比贯通结构面的抗剪强度高,这是符合实际的。然而,这类结构面的抗剪强度是否如式(3-48)那样呈简单的叠加关系呢?因为沿非贯通结构面剪切时,剪切面上的应力分布实际上是不均匀的,其剪切变形破坏也是一个复杂的过程。剪切面上应力分布不均匀表现在:岩桥部分受到的法向应力一般比裂隙面部分大得多,这样试件受剪时,由于岩桥的架空作用及相对位移的阻挡,使裂隙面的抗剪强度难以充分发挥出来。另一方面,在裂隙尖端将产生应力集中,使裂隙扩展,导致裂隙端部岩石抗剪强度降低。非贯通结构面的变形破坏,往往要经历线性变形—裂隙端部新裂隙产生—新旧裂纹扩展、联合的过程,在裂纹扩展、联合过程中还将出现剪胀、爬坡及啃断凸起等现象,直至裂隙全部贯通及试件破坏。因此,可以认为非贯通结构面的抗剪强度是裂隙面与岩桥强度共同作用形成的,其强度性质受多种因素影响。有学者用断裂力学理论建立裂纹扩展的压剪复合断裂判据来研究非贯通结构面的抗剪强度和变形破坏机理。

4. 含有填充物的软弱结构面

含有填充物的软弱结构面包括泥化夹层和各种类型的夹泥层,其形成多与水的作用和各类滑错作用有关。这类结构面的力学性质常与填充物的物质成分、结构及填充程度和厚度等因素密切相关。

按填充物的颗粒成分,可将有填充的结构面分为泥化夹层、夹泥层、碎屑夹泥层及碎屑夹层等几种类型。填充物的颗粒成分不同,结构面的抗剪强度及变形破坏机理也不同。图 3-18 为不同颗粒成分夹层的剪切变形曲线,表 3-4 为不同填充夹层的抗剪强度指标值。由图 3-18 可知,黏粒含量较高的泥化夹层,其剪切变形(曲线 I)为典型的塑性变形型;特点是强度低且随位移变化小,屈服后无明显的峰值和应力降。随着夹层中粗碎屑成分的增多,夹层的剪切变形逐渐向脆性变形型过渡(曲线 II ~ IV),峰值强度也逐渐增高。至曲线 V 的夹层,碎屑含量最高,峰值强度也相应最大,峰值后有明显的应力降。这些说明填充物的颗粒成分对结构面的剪切变形机理及抗剪强度都有明显的影响。表 3-4 也说明了结构面的抗剪强度随黏粒含量增加而降低,随粗碎屑含量增多而增大的规律。

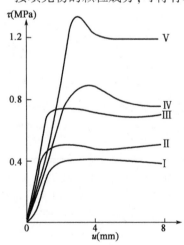

图 3-18　不同颗粒成分夹层的 u—τ 曲线

（I ~ V 粗碎屑增加）

不同夹层物质成分的结构面抗剪强度（据孙广忠,1988）　　　　表 3-4

夹 层 成 分	抗剪强度系数	
	摩擦因数 f	黏聚力 c(kPa)
泥化夹层和夹泥层	0.15 ~ 0.25	5 ~ 20
碎屑夹泥层	0.3 ~ 0.4	20 ~ 40
碎屑夹层	0.5 ~ 0.6	0 ~ 100
含铁锰质角砾碎屑夹层	0.6 ~ 0.85	30 ~ 150

填充物厚度对结构面抗剪强度的影响较大。图 3-19 为平直结构面内填充物厚度与其摩擦因数 f 和黏聚力 c 的关系曲线。由图显示,当填充物较薄时,随着厚度的增加,摩擦因数迅速降低,而黏聚力开始时迅速升高,升到一定值后又逐渐降低,当填充物厚度达到一定值后,摩擦因数和黏聚力都趋于某一稳定值。这时,结构面的强度主要取决于填充夹层的强度,而不再随填充物厚度的增大而降低。据试验研究表明,这一稳定值接近于填充物的内摩擦因数和黏聚力,因此,可用填充物的抗剪强度来代替结构面的抗剪强度。对于平直的黏土质夹泥层来说,填充物的临界厚度为 0.5 ~ 2mm。

结构面的填充程度可用填充物厚度 d 与结构面的平均起伏差 h 之比来表示,d/h 被称为填充度。一般情况下,填充度越小,结构面的抗剪强度越高;反之,随填充度的增加,其抗剪强度降低。图 3-20 为填充度与摩擦因数的关系曲线。图中显示,当填充度小于 100% 时,填充度对结构面强度的影响很大,摩擦因数 f 随填充度 d/h 增大迅速降低。当 d/h 大于 200% 时,结构面的抗剪强度才趋于稳定,这时,结构面的强度达到最低点且其强度主要取决于填充物性质。

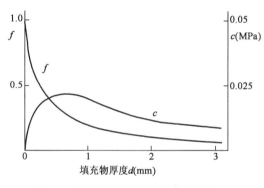

图 3-19　填充物厚度与抗剪强度参数关系
（据孙广忠,1988）

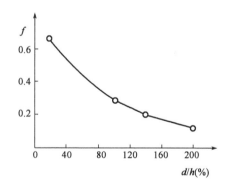

图 3-20　夹泥填充度对摩擦因数影响示意图
（据孙广忠,1988）

由上述可知,当填充物厚度及填充度达到某一临界值后,结构面的抗剪强度最低,且取决于填充物强度。在这种情况下,可将填充物的抗剪强度视为结构面的抗剪强度,而不必要再考虑结构面粗糙起伏度的影响。

除此之外,填充物的结构特征及含水率对结构面的强度也有明显的影响。一般来说,填充物结构疏松且具定向排列时,结构面的抗剪强度较低;反之,抗剪强度较高。含水率的影响也是如此,即结构面的抗剪强度随填充物含水率的增高而降低。

5. 结构面抗剪强度参数确定

结构面抗剪强度参数是工程岩体稳定性分析评价的重要指标,在工程实际中,常采用试验法、参数反演法和工程地质类比法等综合确定。

（1）试验法

试验法包括室内试验和原位试验。室内试验是在现场取代表性结构面试件回试验室进行剪切试验，求取结构面的 c_j、φ_j。室内试验的优点是：简捷、快速，边界条件明确，容易控制。缺点是：试样尺寸小，代表性差，且受被测试件的扰动影响大。原位试验是在现场（一般是在平洞中）进行结构面剪切试验，求取其 c_j、φ_j 值。目前，大型工程中常用原位试验求结构面的抗剪强度参数。原位试验的优点是：对岩体扰动小，尽可能地保持了它的天然结构和环境状态，使测出的岩土体力学参数直观、准确。缺点是：试验设备笨重、操作复杂、工期长、费用高。

（2）参数反演法

反演或称反分析是通过恢复已破坏斜坡的原始状态，在分析其破坏机理的基础上，建立极限平衡方程（即稳定性系数 $K_s = 1$ 左右，对于处于蠕滑阶段的滑坡，一般假定稳定系数为0.98，基岩滑坡考虑滑坡局部应力集中、产生渐进破坏，可假定稳定系数为 0.9），然后反求滑动面的 c_j、φ_j 值。这种方法适应于滑坡模型和边界条件清楚，且有多个滑动体可供实测的地方。在进行反演分析时，应特别注意以下几点：

①应尽可能地模拟滑坡蠕滑时的边界条件，尤其是地下水水位，如果难以做到，则可取勘探时雨季最高地下水位。

②选择的分析剖面与主滑剖面一致。

③用作反演分析的刚体极限平衡理论方法，应与稳定性计算方法一致，一般采用设计规范所推荐的不平衡推力法。

（3）工程地质类比法

在结构面类型及地质特征基本相似的情况下，将过去已有的并在实际中成功应用的结构面剪切强度参数值（经验数据）运用到拟分析的问题中。如三峡地区曾经进行了大量的结构面剪切强度试验，取得了大量的试验数据，为以后同类问题分析提供了大量的经验数据。

在工程实际中，常用以上三种方法所求得的结构面抗剪强度参数值，结合具体工程地质条件与受力状态，综合确定结构面的抗剪强度参数。这方面国内外学者做了大量的研究，提出了一些方法，如 A. M. Rooertson 等（1970）提出的不连续泥化夹层平均抗剪强度参数的确定方法如下。

在泥化夹层地质特征分析基础上，取样分别测定非泥化部分和泥化部分内摩擦角 φ_{jc}、φ_{jg} 和黏聚力 c_{jc}、c_{jg}；并按实际受力条件计算出非泥化部分的平均抗剪强度 τ_{jc} 和泥化部分的平均抗剪强度 τ_{jg}。如果 $\tau_{jc} > \tau_{jg}$，则泥化夹层平均抗剪强度参数按下述方法确定：

①若泥化夹层泥化部分面积占整个夹层面积的百分数大于30%时，则有：

$$\left.\begin{array}{l} c_j = c_{jg} \\ \varphi_j = \varphi_{jg} \end{array}\right\} \tag{3-50}$$

②若泥化夹层泥化部分面积占整个夹层面积的百分数小于30%时，则有：

$$\left.\begin{array}{l} c_j = c_{jc} + (c_{jg} - c_{jc})\dfrac{x}{30} \\ \varphi_j = \varphi_{jc} + (\varphi_{jg} - \phi_{jc})\dfrac{x}{30} \end{array}\right\} \tag{3-51}$$

显然，这一方法是在结构面地质特征与其地质力学模型建立及对结构面进行实验取得相应参数的基础上进行的。其他方法在此不做赘述。

第四节 结构面的统计分析

一、结构面的采样

结构面在岩体内的分布常具有随机性,特别是Ⅳ级和部分Ⅲ级结构面。这些结构面的各几何参数可以看作随机变量进行统计分析。

对结构面进行统计分析,首先应对结构面进行系统统计,即采样。结构面采样是按照一定规则对结构面进行系统量测。结构面采样方法较多,目前以测线法应用最为广泛。

测线法由 Robertson 和 Piteau(1970)提出。它是在岩石露头表面布置一条测线,逐一测量各条结构面与测线相交的几何参数。

由于露头面的局限,准确测量结构面迹长非常困难,一般只能测量到结构面的半迹长或删节半迹长。结构面半迹长是指结构面迹线与测线的交点到迹线端点的距离,它并非真正是结构面迹长的一半。在测线一侧适当距离布置一条与测线平行的删节线,测线到删节线之间的距离称为删节长度(图3-21),结构面迹线处于测线与删节线之间的长度便称为删节半迹长。

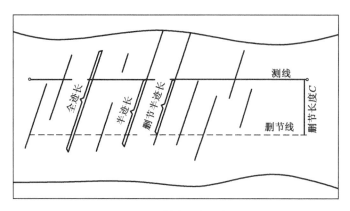

图3-21 测线与迹长的关系

半迹长是针对与测线相交且端点在删节线内侧的结构面,删节半迹长是针对同时与测线和删节线相交的结构面。在一次采样中,结构面半迹长应统计布置有删节线一侧的长度,另一侧则不在采样之列。

把岩性相同、地质年代相同、构造部位相同、岩体结构类型相同的结构区作为采样同一结构区。为了保证采样的系统、客观、科学,应在采样前对研究区工程岩体进行结构区的划分,结构面采样和统计分析应在同一结构区内进行。

在采样中应尽量选择条件好的露头面,这样不仅采样方便,更能保证采样精度。一般应尽量选择平坦的、新鲜的、未扰动的、出露面积较大的铅直露头面进行采样,并尽可能在三个正交的露头面上采样。

在露头面上确定出采样区域,布置测线和删节线,删节线应与测线平行,删节长度应根据露头面的具体情况和结构面规模来确定。记录测线的方位、删节长度。从测线一端开始逐条统计与测线相交的每条结构面,包括结构面位置、产状、半迹长(删节半迹长)、端点类型、张开度类型,观察结构面的胶结和填充情况以及结构面的含水性等。

结构面端点划分为三种类型:

①结构面端点中止于删节线与测线之间(图3-22中A)。

②结构面端点中止在另一条结构面上,即被另一条结构面所切(图3-22中B)。

③结构面延伸到删节线以外(图3-22中C)。

进行结构面统计分析,应有一定数量的结构面样本。ISRM(1978)建议统计样本数目应介于80~300之间,一般情况下可取150。

二、结构面分布的概率分析

结构面倾向等产状要素多服从正态分布和对数正态分布,倾角一般多服从正态分布;结构面张开度多服从负指数分布,少数服从对数正态分布;而结构面的迹长、间距和密度以负指数分布形式为主。

结构面规模是指结构面平面大小。若结构面为圆形,可用其半径(或直径)来反映其规模大小,它们往往无法直接量测,可根据结构面迹长(半迹长)来确定。

结构面迹长的分布以负指数为主,假设结构面为圆盘形,则露头面与结构面交切的迹线即为结构面圆盘的弦(图3-23),平均迹长($\bar{l}$)则为:

$$\bar{l} = \frac{2}{r}\int_0^r \sqrt{r^2 - x^2}\,\mathrm{d}x = \frac{\pi}{2}r = \frac{\pi}{4}a \tag{3-52}$$

式中:r、a——分别为结构面的半径和直径。

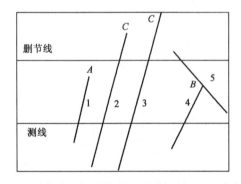

图3-22 结构面端点类型

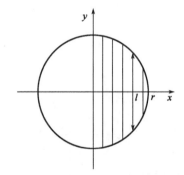

图3-23 迹长与结构面规模的关系

假设结构面半径 r 服从分布 $f_\mathrm{r}(r)$,直径 a 服从分布 $f_\mathrm{a}(a)$,迹长 l 服从分布 $f(l)$,由式(3-52),有:

$$\begin{cases} f_\mathrm{r}(r) = \frac{\pi}{2}f\left(\frac{\pi}{2}r\right) \\ f_\mathrm{a}(a) = \frac{\pi}{4}f\left(\frac{\pi}{4}a\right) \end{cases} \tag{3-53}$$

如果结构面迹长 l 服从负指数分布,即 $f(l) = \mu e^{-\mu l}$(其中 $\mu = \frac{1}{l}$),将其代入式(3-46),

则有:

$$\begin{cases} f_r(r) = \dfrac{\pi}{2}\mu e^{-\frac{\pi}{2}\mu r} \\[2mm] f_a(a) = \dfrac{\pi}{4}\mu e^{-\frac{\pi}{4}\mu a} \end{cases} \tag{3-54}$$

因此,结构面半径和直径的均值 $\bar{r}$ 和 $\bar{a}$ 为:

$$\begin{cases} \bar{r} = \displaystyle\int_0^\infty r f_r(f)\,\mathrm{d}r = \dfrac{2}{\pi}\bar{l} \\[3mm] \bar{a} = \displaystyle\int_0^\infty a f_a(f)\,\mathrm{d}a = \dfrac{4}{\pi}\bar{l} \end{cases} \tag{3-55}$$

对于一组结构面,若把相邻两条结构面的垂直距离作为间距观测值 d,大量实测资料和理论分析都证实,d 多服从负指数分布,其分布密度函数为:

$$f(d) = \mu e^{-\mu d} \tag{3-56}$$

式中:$\mu = 1/\bar{d} = \bar{\lambda}_d$,其中 $\bar{d}$ 和 $\bar{\lambda}_d$ 分别为结构面平均间距和平均线密度。

由于结构面间距与线密度成倒数关系,所以有:

$$f\left(\frac{1}{\lambda_d}\right) = \mu e^{-\mu\frac{1}{\lambda_d}} \tag{3-57}$$

若结构面迹长服从负指数分布 $f(l) = \mu e^{-\mu l}$,可以得到结构面面密度 λ_s 为:

$$\lambda_s = \mu\lambda_d = \frac{\lambda_d}{\bar{l}} \tag{3-58}$$

根据结构面呈薄圆盘状的假设条件,对于如图 3-24 所示的模型,假设测线 L 与结构面法线平行,即 L 垂直于结构面。取圆心在 L 上,半径为 R,厚为 $\mathrm{d}R$ 的空心圆筒,其体积为 $\mathrm{d}V = 2\pi RL\mathrm{d}R$,若结构面体密度为 λ_v,则中心点位于体积 $\mathrm{d}V$ 内的结构面数 $\mathrm{d}N$ 为:

$$\mathrm{d}N = \lambda_v\mathrm{d}V = 2\pi RL\lambda_v\mathrm{d}R \tag{3-59}$$

但是,对于中心点位于 $\mathrm{d}V$ 内的结构面,只有其半径 $r \geq R$ 时才能与测线相交。若结构面半径 r 的密度为 $f(r)$,则中心点在 $\mathrm{d}V$ 内且与测线 L 相交的结构面数目 $\mathrm{d}n$ 为:

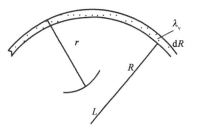

图 3-24 λ_v 求取示意图

$$\mathrm{d}n = \mathrm{d}N\int_R^\infty f(r)\,\mathrm{d}r = 2\pi L\lambda_v R\int_R^\infty f(r)\,\mathrm{d}r\mathrm{d}R \tag{3-60}$$

对 R 从 $0 \to \infty$ 积分,可得全空间内结构面在测线 L 上的交点数 n 为:

$$n = \int_0^\infty \mathrm{d}n = 2\pi L\lambda_v\int_0^\infty R\int_R^\infty f(r)\,\mathrm{d}r\mathrm{d}R \tag{3-61}$$

所以,结构面线密度 λ_d 为:

$$\lambda_d = 2\pi\lambda_v\int_0^\infty R\int_R^\infty f(r)\,\mathrm{d}r\mathrm{d}R \tag{3-62}$$

将式(3-54)代入式(3-62),可得结构面体密度 λ_v 为:

$$\lambda_v = \frac{\lambda_d}{2\pi\bar{r}^2} \tag{3-63}$$

式中:$\bar{r}$——结构面半径均值。

如果岩体中存在 m 组结构面,则结构面总体密度 $\lambda_{v总}$ 为:

$$\lambda_{v总} = \frac{1}{2\pi}\sum_{k=1}^{m}\frac{\lambda_{dk}}{r_k^2} \tag{3-64}$$

式中:λ_{dk}、$\bar{r}_k$——分别为第 k 组结构面的线密度和半径均值。

【思考题与习题】

1. 何为结构面? 从地质成因和力学成因各自分为哪几类? 各自有什么特点?

2. 结构面特征包括哪些方面? 各自用什么指标表示? 定义如何?

3. 结构面研究有哪些实际意义?

4. 分别总结结构面的法向变形与剪切变形的主要特征。

5. 结构面的法向刚度与剪切刚度是如何定义的? 各自如何确定?

6. 简述平直无填充结构面与有填充的软弱结构面的剪切强度特征。

7. 论述非贯通断续结构面剪切强度特征。

8. 简述巴顿方程、帕顿方程和莱氏方程的区别。

9. 工程实际中一般如何确定结构面的力学参数?

第四章
岩体的力学性质

【学习要点】

1. 掌握岩体变形特征及其本构关系。

2. 掌握岩体的几种基本强度理论。

3. 掌握影响岩体的渗透因素,并了解其对工程的影响。

4. 掌握岩体弹性波的传播规律、影响因素及工程应用。

第一节 概 述

岩体是由结构面网络及其切割的岩块组成的,由于结构面的切割同时受天然地应力、地下水等地质因素的影响,使岩体的力学性质与岩块有显著的差别。岩体的力学性质不仅取决于组成岩体的结构面与岩块的力学性质,还在很大程度上受控于结构面的发育及其组合特征,同时,还与岩体所处的赋存环境密切相关。在一般情况下,岩体比岩块更易于变形,其强度也显著低于岩块的强度。不仅如此,岩体在外力作用下的力学属性往往表现出非均质、非连续、各向异性和非弹性。所以,无论在什么情况下,都不能把岩体和岩块两个概念等同起来。另外,人类的工程活动都是在岩体表面或内部进行的。因此,研究岩体的力学性质比研究岩块力学性质更重要、更有实际意义。

岩体的力学性质,一方面取决于它的受力条件,另一方面还受岩体的地质特征及其赋存环境的影响。其影响因素主要包括:组成岩体的岩石材料性质;结构面的发育特征及其性质;岩体的赋存环境,尤其是天然应力及地下水条件。其中结构面的影响是岩体的力学性质不同于岩块力学性质的本质原因。因此,本章将主要讲述岩体的变形与强度特征,同时对岩体的水力学及动力学性质也作简要介绍。

第二节　岩体的变形特征

一、岩体变形的组成部分

岩体变形是在受力条件改变时,岩体产生的体积变化、形状改变及结构体位置变化的总和。前一部分是材料变形,后一部分是结构变形。形状改变有时属于材料变形,有时属于结构变形。这一概念可以用图4-1表示。

$$
\text{岩体变形}(u) \begin{cases} \left.\begin{array}{l} \text{体积变形} \\ \text{形状变形} \end{array}\right\} \text{材料变形}(u_m) \\ \left.\begin{array}{l} \text{形状变形} \\ \text{位置移动} \end{array}\right\} \text{结构变形}(u_s) \end{cases}
$$

图4-1　岩体变形组成

体积变化系指在应力变化条件下岩体体积胀缩变化,由结构体胀缩和结构面闭合(张开)变形组成。形状改变有4种形式:①材料剪切变形;②坚硬结构面错动;③在剪切力作用下结构体转动;④板状结构体弯曲变形。位置移动有时是软弱结构面滑动,有时是坚硬结构面错动贡献的。这些变形机制所形成的变形,总的来说,可分两大类,即①材料变形(u_m);②结构变形(u_s)。

因此,岩体变形u可以用下列方程表征:

$$u = u_m + u_s \tag{4-1}$$

式中,材料变形$u_m = u_b + u_{jn}$,u_b为岩块受力条件改变时产生的体积形变和形状改变量;u_{jn}为结构面闭合或张开变形量。

结构变形u_s包括板状结构体横向弯曲和轴向缩短变形量u_{sb},还包括软弱夹层挤出u_c,结构体间位置移动u_{si}及转动引起的变形u_t,即:

$$u_s = u_{sb} + u_c + u_{si} + u_t \tag{4-2}$$

综合起来可以得到:

$$u = u_b + u_{jn} + u_{sb} + u_c + u_{si} + u_t \tag{4-3}$$

式(4-3)表明,岩体变形是复杂的,它不是简单的材料变形,还包括复杂的结构变形。大量岩体工程变形测量结果也证明了这一点。

二、变形机制和变形机制单元

变形的力学过程定义为变形机制。式(4-3)表明,岩体变形可以同时包含几种变形机制,也可以是一种。如果把岩体变形仅看作是一或两种机制是不实际的。因此研究岩体变形不能简单地仅视为计算工作,而首先是要进行变形机制分析,建立能够反映实际的力学模型,相应的计算结果才会有效。如块裂结构岩体受力条件变化时产生的最主要的变形为沿结构面滑动,岩块变形成分很少;而完整结构岩体的变形主要为材料变形,它包含有岩石材料变形及微裂隙闭合和少量的错动变形;板裂结构岩体主要为结构变形,包括板柱横向弯曲及纵向缩短;

碎裂结构岩体变形更为复杂,几乎所有的机制成分都有。显然,岩体变形与岩体结构密切相关,这种关系表现在变形机制上。各种结构岩体的变形结构成分和机制见表4-1。

各种结构岩体变形成分   表4-1

岩体结构	单元类型	变形机制成分	完整结构岩体	碎裂结构岩体	板裂结构岩体	块裂结构岩体	变形类型
结构体(岩块)	块状结构体	压缩变形	＋＋	＋＋	＋	＋	材料变形型
		剪切变形	＋＋	＋＋	＋	＋	材料变形型
		滚动变形		＋＋			结构变形型
	板状结构体	轴向缩短		＋＋	＋＋		结构变形型
		横向弯曲		＋＋	＋＋		结构变形型
		悬臂弯曲		＋	＋＋		结构变形型
结构面	坚硬结构面	闭合变形	＋	＋＋	＋	＋	材料变形型
		错动变形	＋	＋＋	＋	＋	材料变形型
	软弱结构面	挤出变形			＋	＋＋	结构变形型
		滑动变形			＋＋	＋＋	结构变形型

注:"＋"表示存在这种变形,"＋＋"表示该变形为主。

不言而喻,材料变形一般属于小变形,它不仅指变形量小,而且在变形过程中应力分布和方向一般不变或变化很小。结构变形实际上是大变形。大变形不仅是指变形量大,而且在变形过程中应力分布和方向也在不断改变。

岩体变形分析时,必须认真地分析岩体变形机制,抽象出变形机制单元,按各变形机制单元本构规律及地质工程作用特点分析岩体工程不同部位变形。

所谓变形机制单元,它是与岩体结构单元相对应的,它和岩体结构与岩体力学介质和岩体力学模型一样,有的是有条件的合并,还有的是因受力状态不同、力学机制不同而衍生。岩体变形机制单元与岩体结构关系可以用图4-2表达。

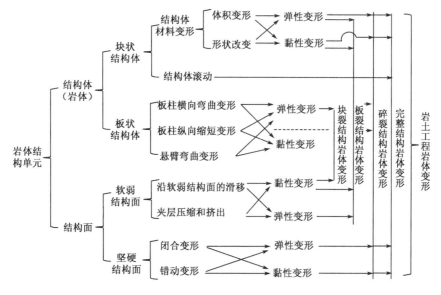

图4-2 岩体变形机制单元与岩体结构关系

图 4-2 表明,可以抽象为 17 种变形机制单元。考虑到不同变形机制对岩体变形的实际贡献,有的以弹性变形为主,有的以黏性变形为主。在实际应用中可以简化为 8 种,简化后的变形机制单元见图 4-3。

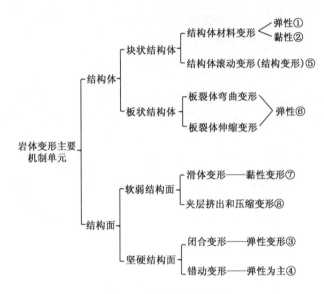

图 4-3 简化的变形机单元

框图中结果表明,8 种变形机制单元可分为两种类型,即:

(1)材料变形型

①结构体弹性变形机制单元。

②结构体黏性变形机制单元。

③结构面闭合变形机制单元。

④结构面错动变形机制单元。

(2)结构变形型

①结构体滚动变形机制单元。

②板裂体结构变形机制单元。

③结构面滑动变形机制单元。

④软弱夹层压缩和挤出变形单元。

三、岩体变形的本构关系

对岩体来说,其变形除受温度、压力影响外,更重要的是受岩体结构控制,不同结构岩体的变形机制不同,变形规律也不同。因此,岩体变形的基本规律可以称为本构规律或本构关系,可以用下列关系表达:

岩体变形 = F(岩石、岩体结构、压力、温度、时间)

其中前两项为岩体的实体,后二者为岩体赋存环境,最后一项表征变形过程。其数学表达式称为本构方程。下面我们分材料变形型岩体变形及结构变形型岩体变形两大类岩体变形分别讨论其本构关系。

(1)材料变形型岩体变形机制单元的本构关系,如表 4-2 所示。

岩石材料变形机制单元的本构关系及机制原件 表 4-2

变形类型 结构元件	结构体变形		结构面变形	
	弹性变形	黏性变形	闭合变形	滑移变形
	⟋⟍⟋⟍	⊣D⊢	—( )—	══
变形基本规律 实验结果				
本构方程	$\sigma = \dfrac{\sigma}{E_b}$	$\dot{\gamma} = \dfrac{\tau - \tau_0}{\eta_\gamma}$ $\dot{\varepsilon} = \dfrac{\sigma - \sigma_0}{\eta}$	$\dfrac{\mathrm{d}\varepsilon_j}{\mathrm{d}\varepsilon} = E_j^{-1}(\varepsilon_{j0} - \varepsilon_j)$	$\dfrac{\mathrm{d}\sigma_3}{\mathrm{d}\gamma} = G_3(\sigma_{j0} - \sigma_0)$

（2）结构变形型岩体变形基本规律。

岩体结构变形包括以下 4 种基本机制：

①沿软弱结构面滑移变形。

②软弱夹层挤出变形。

③结构体滚动变形。

④板状结构体弯曲变形。

对岩体结构变形研究的意义,不仅限于对岩体变形量的估算,更重要的是对变形监测资料反分析结果真实性的评价有指导意义。实际岩体的变形包括材料变形及结构变形两部分,而在利用监测资料反分析岩体力学参数及地应力时,则经常不考虑结构变形,仅作为材料变形模型考虑,从"黑箱"模型概念出发进行分析计算,仅用材料变形来分析岩体变形与实际情况差异极大。如一个泥岩隧道,按材料力学模型计算得最大收敛变形为 3cm,而实际变形观测结果为 35cm。原因在于洞壁在切向力作用下发生板裂化,板裂体在回弹力作用下发生弯曲内鼓变形,其量达材料变形量的 10 倍。显然,这是不容忽视的一个部分。现阶段,结构变形型岩体变形基本规律只能从机制上作简要讨论,这部分内容可以参考孙广忠先生的《岩体结构力学》。

第三节　岩体的强度特征

岩体是由各种形状的岩块和结构面组成的地质体,因此其强度必然受到岩块和结构面强度及其组合方式（岩体结构）的控制。在一般情况下,岩体的强度既不同于岩块的强度,也不同于结构面的强度。但是,如果岩体中结构面不发育,呈整体或完整结构时,则岩体的强度大致与岩块强度接近；或者如果岩体将沿某一特定结构面滑动破坏时,则其强度将取决于该结构面的强度。这是两种极端的情况,比较好处理。节理裂隙切割的裂隙化岩体强度确定问题是目前研究的难题,其强度介于岩块与结构面强度之间,具体岩体强度难以确定。

一、岩体的剪切强度

岩体内任一方向剪切面,在法向应力作用下所能抵抗的最大剪应力,称为岩体的剪切强度。通常又可细分为抗剪断强度、抗剪强度和抗切强度三种。抗剪断强度是指在任一法向应力下,横切结构面剪切破坏时岩体能抵抗的最大剪应力;在任一法向应力下,岩体沿已有破裂面剪切破坏时的最大应力称为抗剪强度,这实际上就是某一结构面的抗剪强度,又称沿面剪切强度;剪切面上的法向应力为零时的抗剪断强度称为抗切强度,具体参见第二章岩石剪切强度相关内容。

1. 原位岩体剪切试验及其强度参数确定

为了确定岩体的剪切强度参数,国内外开展了大量的原位岩体剪切试验,一般认为:原位岩体剪切试验是确定剪切强度参数最有效的方法。目前普遍采用的方法是双千斤顶法直剪试验。该方法是在平巷中制备试件,并以两个千斤顶分别在垂直和水平方向施加外力而进行直剪试验,其装置如图4-4所示。试件尺寸视裂隙发育情况而定,但其截面积不宜小于$50cm \times 50cm$,试件高一般为断面边长的0.5倍,如果岩体软弱破碎则需浇筑钢筋混凝土保护罩。每组试验需5个以上试件,各试件的岩性及结构面等情况应大致相同,避开大的断层和破碎带,试验时,先施加垂直载荷,待其变形稳定后,再逐级施加水平剪力直至试件破坏(具体试验可参考有关规程)。

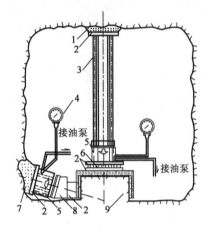

图4-4 岩体剪切强度试验装置示意图
1-砂浆顶板;2-钢板;3-传力柱;4-压力表;
5-液压千斤顶;6-滚轴排;7-混凝土后座;
8-斜垫板;9-钢筋混凝土保护罩

通过试验可获取如下资料:

(1)岩体剪应力 τ—剪位移 u 曲线及法向应力 σ—法向变形 W 曲线。

(2)剪切强度曲线及岩体剪切强度参数 c_m、φ_m 值。

各类岩体的剪切强度参数 c_m、φ_m 值列于表4-3。由表4-3对应前文中岩石的剪切强度参数表可知,岩体的内摩擦角与岩块的内摩擦角很接近;而岩体的黏聚力则大大低于岩块的黏聚力,说明结构面的存在主要是降低了岩体的联结能力,进而降低其黏聚力。

各类岩体的剪切强度参数 表4-3

岩体名称		黏聚力 c_m(MPa)	内摩擦角 φ_m(°)
褐煤		0.014 ~ 0.03	15 ~ 18
黏土岩	范围	0.002 ~ 0.18	10 ~ 45
	一般	0.04 ~ 0.09	15 ~ 30
泥岩		0.01	23
泥灰岩		0.07 ~ 0.44	20 ~ 41
石英岩		0.01 ~ 0.53	22 ~ 40
闪长岩		0.2 ~ 0.75	30 ~ 59
片麻岩		0.35 ~ 1.4	29 ~ 68
辉长岩		0.76 ~ 1.38	38 ~ 41
页岩	范围	0.03 ~ 1.36	33 ~ 70
	一般	0.1 ~ 0.4	38 ~ 50

续上表

岩体名称	黏聚力 c_m(MPa)			内摩擦角 φ_m(°)
石灰岩	范围		0.02 ~ 3.9	13 ~ 65
	一般		0.1 ~ 1	38 ~ 52
粉砂岩		0.07 ~ 1.7		29 ~ 59
砂质页岩		0.07 ~ 0.18		42 ~ 63
砂岩	范围		0.04 ~ 2.88	28 ~ 70
	一般		1 ~ 2	48 ~ 60
玄武岩		0.06 ~ 1.4		36 ~ 61
花岗岩	范围		0.1 ~ 4.16	30 ~ 70
	一般		0.2 ~ 0.5	45 ~ 52
大理岩	范围		1.54 ~ 4.9	24 ~ 60
	一般		3 ~ 4	49 ~ 55
石英闪长岩		1.0 ~ 2.2		51 ~ 61
安山岩		0.89 ~ 2.45		53 ~ 74
正长岩		1 ~ 3		62 ~ 66

2. 岩体的剪切强度特征

岩体的剪切强度主要受结构面、应力状态、岩块性质、风化程度及其含水状态等因素的影响。在高应力条件下,岩体的剪切强度较接近于岩块的强度,而在低应力条件下,岩体的剪切强度主要受结构面发育特征及其组合关系的控制。由于作用在岩体上的工程载荷一般多在10MPa以下,所以与工程活动有关的岩体破坏,基本上受结构面特征控制。

岩体中结构面的存在致使岩体一般都具有高度的各向异性。即沿结构面产生剪切破坏时,岩体剪切强度最小,近似等于结构面的抗剪强度;而横切结构面剪切(剪断破坏)时,岩体剪切强度最高;沿复合剪切面剪切(复合破坏)时,其强度则介于两者之间。因此,在一般情况下,岩体的剪切强度不是一个单一值,而是具有一定上限和下限的值域,其强度包络线也不是一条简单的曲线,而是有一定上限和下限的曲线族。其上限是岩体的剪断强度,一般可通过原位岩体剪切试验或经验估算方法求得,在没有资料的情况下,可用岩块剪断强度来代替;下限是结构面的抗剪强度(图4-5)。由图4-5可知,当应力 σ 较低时,岩体强度变化范围较大,随着应力增大,范围逐渐变小。当应力 σ 高到一定程度时,包络线变为一条曲线,这时,岩体强度将不受结构面影响而趋于各向同性。

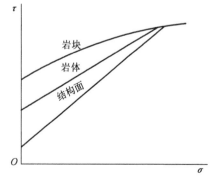

图4-5 岩体剪切强度包络线示意图

在强风化岩体和软弱岩体中,剪断岩体时的内摩擦角多在 30° ~ 40° 之间变化,黏聚力多在 0.01 ~ 0.5MPa 之间,其强度包络线上、下限比较接近,变化范围小,且其岩体强度总体上比较低。

在坚硬岩体中,剪断岩体时的内摩擦角多在45°以上,黏聚力在0.1~4MPa之间。其强度包络线的上、下限差值较大,变化范围也大。在这种情况下,准确确定工程岩体的剪切强度困难较大。一般需依据原位剪切试验和经验估算数据,并结合工程载荷及结构面的发育特征等综合确定。

二、裂隙岩体的压缩强度

岩体的压缩强度也可分为单轴抗压强度和三轴压缩强度。目前,在生产实际中,通常是采用原位单轴压缩和三轴压缩试验来确定。这两种试验也是在平巷中制作试件,并采用千斤顶等加压设备施加压力,直至试件破坏。采用破坏载荷来求岩体的单轴或三轴压缩强度(具体试验方法可参考有关规程)。

由于岩体中包含各种结构面,给试件制备及加载带来很大的困难;加上原位岩体压缩试验工期长,费用昂贵,在一般情况下,难以普遍采用。所以,长期以来,人们企图用一些简单的方法来求取岩体的压缩强度。

为了研究裂隙岩体的压缩强度,耶格(Jaeger,1960)的单结构面理论为此提供了有益的起点。如图4-6a)所示,若岩体中发育有一组结构面AB,假定AB与最大主平面的夹角为β。由莫尔应力圆理论,作用于AB面上的法向应力σ和剪应力τ为:

$$\left.\begin{aligned}\sigma &= \frac{\sigma_1 + \sigma_3}{2} + \frac{\sigma_1 - \sigma_3}{2}\cos2\beta \\ \tau &= \frac{\sigma_1 - \sigma_3}{2}\sin2\beta\end{aligned}\right\} \tag{4-4}$$

假定结构面的抗剪强度τ_f服从库仑—纳维尔判据:

$$\tau_f = \sigma\tan\varphi_j + c_j \tag{4-5}$$

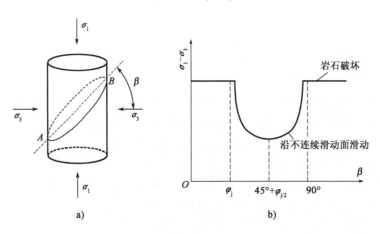

a)　　　　　　　　　　　　b)

图4-6　单结构面理论示意图

将式(4-4)代入式(4-5)整理,可得到沿结构面AB产生剪切破坏的条件为:

$$\sigma_1 - \sigma_3 = \frac{2(c_j + \sigma_3\tan\varphi_j)}{(1 - \tan\varphi_j\cot\beta)\sin2\beta} \tag{4-6}$$

式中:c_j、φ_j——分别为结构面的黏聚力和摩擦角。

由式(4-6)可知:岩体的强度$\sigma_1 - \sigma_3$随结构面倾角的变化而变化。

为了分析岩体是否破坏,沿什么方向破坏,可利用莫尔强度理论与莫尔应力圆的关系进行判别。由式(4-6)可知:当 $\beta \to \varphi_j$ 或 $\beta \to 90°$ 时,$\sigma_1 - \sigma_3$ 都趋于无穷大,岩体不可能沿结构面破坏,而只能产生剪断岩体破坏,破坏面方向为 $\beta = 45° + \varphi_0/2$($\varphi_0$ 为岩块的内摩擦角)。另外,如图4-7所示,图中斜直线1为岩块强度包络线 $\tau = \sigma \tan\varphi_0 + c_0$,斜直线2为结构面强度包络线 $\tau_f = \sigma \tan\varphi_j + c_j$,由受力状态($\sigma_1$、$\sigma_3$)绘出的莫尔应力圆上某一点代表岩体某一方向截面上的受力状态。根据莫尔强度理论,若应力圆上的点落在强度包络线之下时,则岩体不会沿该截面破坏。从图4-7可知,只有当结构面倾角 β 满足 $\beta_1 \leqslant \beta \leqslant \beta_2$ 时,岩体才能沿结构面破坏,但 $\beta = 45° + \varphi_0/2$ 的截面上与岩块强度包络线相切了,因此,岩体将沿该截面产生岩块剪断破坏,图4-6b)给出了这两种破坏的强度包络线。利用图4-6可方便地求得 β_1 和 β_2。

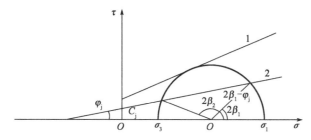

图4-7　沿结构面破坏 β 的变化范围

因为

$$\frac{\dfrac{\sigma_1 - \sigma_3}{2}}{\sin\varphi_j} = \frac{c_j \cot\varphi_j + \dfrac{\sigma_1 + \sigma_3}{2}}{\sin(2\beta_1 - \varphi_j)} \tag{4-7}$$

简化整理后可求得:

$$\beta_1 = \frac{\varphi_j}{2} + \frac{1}{2}\arcsin\left[\frac{(\sigma_1 + \sigma_3 + 2c_j\cot\varphi_j)\sin\varphi_j}{\sigma_1 - \sigma_3}\right] \tag{4-8}$$

同理可求得:

$$\beta_2 = 90 + \frac{\varphi_j}{2} - \frac{1}{2}\arcsin\left[\frac{(\sigma_1 + \sigma_3 + 2c_j\cot\varphi_j)\sin\varphi_j}{\sigma_1 - \sigma_3}\right] \tag{4-9}$$

改写式(4-6),可得到岩体的三轴压缩强度 σ_{1m} 为:

$$\sigma_{1m} = \sigma_3 + \frac{2(c_j + \sigma_3\cot\varphi_j)}{(1 - \tan\varphi_j\cot\varphi)\sin2\beta} \tag{4-10}$$

当 $\sigma_3 = 0$,则取得岩体的单轴压缩强度 σ_{mc} 为:

$$\sigma_{mc} = \frac{2c_j}{(1 - \tan\varphi_j\cot\beta)\sin2\beta} \tag{4-11}$$

当 $\beta = 45° + \varphi_j/2$ 时,岩体强度取得最低值为:

$$(\sigma_1 - \sigma_3)_{min} = \frac{2(c_j + \sigma_3\cot\varphi_j)}{\sqrt{1 + \tan^2\varphi_j} - \tan\varphi_j} \tag{4-12}$$

根据以上单结构面理论,岩体强度呈现明显的各向异性特征。受结构面倾角 β 控制,如单一岩性的层状岩体,最大主应力 σ_1 与结构面垂直($\beta = 90°$)时,岩体强度与结构面无关,此时,岩体强度与岩块强度接近;当 $\beta = 45° + \varphi_j/2$ 时,岩体将沿结构面破坏,此时,岩体强度与结构面强度相等;当最大主应力 σ_1 与结构面平行($\beta = 0$)时,岩体将产生拉张破坏。

如果岩体中含有两组以上结构面,且假定各组结构面具有相同的性质时,岩体强度的确定方法是分步运用单结构面理论,分别绘出每一组结构面单独存在时的强度包络线,这些包络线的最小包络线即为含多组结构面岩体的强度包络线,并可以此来确定岩体的强度。图4-8分别为含二、三组结构面的岩体,在不同围压 σ_3 下的强度包络线,图中 β 为各结构面间的夹角。

由图4-8可知,随岩体内结构面组数的增加,岩体的强度特性越来越趋于各向同性。而岩体的整体强度却大大地削弱了,且多沿复合结构面破坏。说明结构面组数少时,岩体趋于各向异性体,随结构面组数增加,各向异性越来越不明显。Hoek 和 Brown (1980)认为,含四组以上结构面的岩体,其强度按各向同性处理是合理的。另外,岩体强度的各向异性程度还受围岩压力 σ_3 的影响,随着 σ_3 增高,岩体由各向异性体向各向同性体转化。一般认为当 σ_3 接近于岩块单轴抗压强度 σ_c 时,可视为各向同性体。

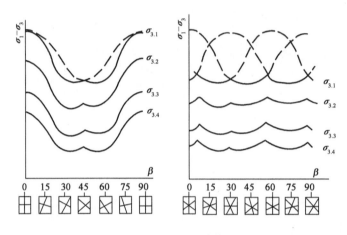

图4-8　含不同组数结构面岩体强度曲线

三、裂隙岩体强度的经验估算

岩体强度的确定是一个十分重要而又十分困难的问题,因为一方面岩体的强度是评价工程岩体稳定性的重要指标之一;另一方面,求取岩体强度的原位试验又十分费时、费钱,难以大量进行。因而所有工程都要求对岩体强度进行综合定量分析是不可能的,特别是对于中小型工程及其初级研究阶段,这样做既不经济,也无必要。因此,如何利用现场调查所得的地质资料及小试件室内试验资料,对岩体强度做出合理估计是岩体力学中的重要研究课题。

裂隙岩体一般是指发育的结构面组数多,且发育相对较密集的岩体,结构面多以硬性结构面(如节理、裂隙等)为主。岩体在这些结构面切割下较破碎。因此,可将裂隙岩体简化为各向同性的准连续介质。岩体强度可用经验方程来进行估算,即建立岩体强度与地质条件某些因素之间的经验关系,并在地质勘探和地质资料收集的基础上用经验方程对岩体强度参数进行估算。这方面国内外有不少学者(Hoek 和 Brown,1980、1988、1992、2002;Bieniawski,1974;Choubeg. 1989;等等)做出了许多有益的探索与研究,提出了许多经验方程。下面主要介绍Hoek-Brown 经验方程。

Hoek 和 Brown(1980)根据岩体性质的理论与实践经验,依据试验资料导出了岩体的强度方程为:

$$\sigma_1 = \sigma_3 + \sqrt{m\sigma_c\sigma_3 + S\sigma_c^2} \tag{4-13}$$

式中: σ_1、σ_3——破坏时的极限主应力;

σ_c——岩块的单轴抗压强度;

m、S——与岩性及结构面情况有关的常数,查表 4-4 可得。

岩体质量和经验常数 m、S 之间关系(据 Hoek.1988) 表 4-4

$\sigma_1 = \sigma_3 + \sqrt{m\sigma_c\sigma_3 + S\sigma_c^2}$ σ_1、σ_3 为破坏主应力	碳酸盐岩类,具有发育结晶解理,如白云岩、灰岩、大理岩	泥质岩类,如泥岩、粉砂岩、页岩、泥灰岩等	砂质岩石,微裂隙少,如砂岩、石英岩等	细粒火成岩,结晶好,如安山岩、辉绿岩、玄武岩、流纹岩等	粗粒火成岩及变质岩,如角闪岩、辉长岩、片麻岩、花岗岩、石英闪长石等
完整岩体,无裂隙。RMR=100;Q=500	$m=7.00$ $S=1.00$	$m=10.00$ $S=1.00$	$m=15.00$ $S=1.00$	$m=17.00$ $S=1.00$	$m=25.00$ $S=1.00$
质量非常好的岩体,岩块镶嵌紧密,仅存在粗糙未风化节理,节理间距1~3m。RMR=85;Q=100	$m=2.40$ $S=0.082$	$m=3.43$ $S=0.082$	$m=5.14$ $S=0.082$	$m=5.82$ $S=0.082$	$m=8.56$ $S=0.082$
质量好的岩体,新鲜至微风化,节理轻微扰动,节理间距1~3m。RMR=65;Q=10	$m=0.575$ $S=0.00293$	$m=0.821$ $S=0.00293$	$m=1.231$ $S=0.00293$	$m=1.359$ $S=0.00293$	$m=2.052$ $S=0.00293$
质量中等的岩体,具有几组中等风化的节理,间距为0.1~3m。RMR=44;Q=1.0	$m=0.128$ $S=0.00009$	$m=0.183$ $S=0.00009$	$m=0.275$ $S=0.00009$	$m=0.311$ $S=0.00009$	$m=0.458$ $S=0.00009$
质量坏的岩体,具有大量夹泥的风化节理,间距0.3~0.5m。RMR=44;Q=1.0	$m=0.029$ $S=0.000003$	$m=0.041$ $S=0.000003$	$m=0.061$ $S=0.000003$	$m=0.069$ $S=0.000003$	$m=0.102$ $S=0.000003$
质量非常坏的岩体,具大量严重风化节理,夹泥,间距小小0.5m。RMR=44;Q=1.0	$m=0.007$ $S=0.0000001$	$m=0.010$ $S=0.0000001$	$m=0.015$ $S=0.0000001$	$m=0.017$ $S=0.0000001$	$m=0.025$ $S=0.0000001$

式(4-13)整体适合于完整岩体或破碎的节理岩体以及横切结构面产生的岩体破坏等,并把工程岩体在外载荷作用下表现出的复杂破坏,归结为拉张破坏和剪切破坏两种机制。将影响岩体强度特性的复杂因素,集中包含在 m、S 两个经验参数中,概念明确,便于工程应用。Hoek-Brown 经验方程提出后,得到了普遍关注和广泛应用。同时,在应用中也发现了一些不足,主要表现在:高应力条件下用式(4-13)确定的岩体强度比实际偏低,且 m、S 等参数的取值范围大,难以准确确定等。针对以上不足,Hoek 等先后于 1983 年、1988 年及 1992 年对式(4-13)和相关参数进行了修改,提出了广义的 Hoek-Brown 方程,即:

$$\sigma_1 = \sigma_3 + \sigma_c\left(\frac{m_b\sigma_3}{\sigma_c} + S\right)^a \tag{4-14}$$

式中:m_b、S、a——分别为与结构面情况及岩体质量和岩体结构有关的经验常数,查表 4-5
　　　　　可得;

　　其余符号意义同前。

广义 Hock-Brown 方程岩体经验常数 $\dfrac{m_b}{m_i}$、α、S 取值(据 Hoek,1992) 表 4-5

$\sigma_1 = \sigma_3 + \sigma_c\left(\dfrac{m_b\sigma_3}{\sigma_c}+S\right)^a$ σ_1、σ_3 为破坏主应力	岩体质量及结构面性状描述				
	岩体质量好,结构面粗糙,未风化	岩体质量好,结构面粗糙,轻微风化,常呈铁锈色	岩体质量一般,结构面光滑,中等风化或发生蚀变	岩体质量较差,结构面强风化,上有擦痕,被致密的矿物薄膜覆盖或角砾状岩屑填充	岩体质量较差,结构面强风化,上有擦痕,被黏土矿物薄膜覆盖或填充
块状岩体吧,有三组正交结构面切割成嵌固精密、未受扰动的立方体状岩块	$\dfrac{m_b}{m_i}=0.6$, $s=0.19$, $\alpha=0.5$	$\dfrac{m_b}{m_i}=0.4$, $s=0.62$, $\alpha=0.5$	$\dfrac{m_b}{m_i}=0.4$, $s=0.062$, $\alpha=0.5$	$\dfrac{m_b}{m_i}=0.4$, $s=0.062$, $\alpha=0.5$	$\dfrac{m_b}{m_i}=0.4$, $s=0.062$, $\alpha=0.5$
碎块状岩体,四组或四组以上结构面切割成嵌固紧密、部分扰动的角砾状岩块	$\dfrac{m_b}{m_i}=0.4$, $s=0.062$, $\alpha=0.5$	$\dfrac{m_b}{m_i}=0.29$, $s=0.021$, $\alpha=0.5$	$\dfrac{m_b}{m_i}=0.16$, $s=0.003$, $\alpha=0.5$	$\dfrac{m_b}{m_i}=0.11$, $s=0.001$, $\alpha=0.5$	$\dfrac{m_b}{m_i}=0.07$, $s=0.00$, $\alpha=0.53$
块状、层岩体,褶皱或断裂的岩体,受多组结构面切割而形成角砾状岩块	$\dfrac{m_b}{m_i}=0.24$, $s=0.012$, $\alpha=0.5$	$\dfrac{m_b}{m_i}=0.17$, $s=0.004$, $\alpha=0.5$	$\dfrac{m_b}{m_i}=0.12$, $s=0.001$, $\alpha=0.5$	$\dfrac{m_b}{m_i}=0.08$, $s=0.00$, $\alpha=0.53$	$\dfrac{m_b}{m_i}=0.4$, $s=0.00$, $\alpha=0.5$
破碎岩体,由角砾岩和磨圆度较好的岩块组成的极度破碎岩体,岩块间嵌固松散	$\dfrac{m_b}{m_i}=0.17$, $s=0.004$, $\alpha=0.5$	$\dfrac{m_b}{m_i}=0.12$, $s=0.001$, $\alpha=0.5$	$\dfrac{m_b}{m_i}=0.08$, $s=0.00$, $\alpha=0.5$	$\dfrac{m_b}{m_i}=0.06$, $s=0.00$, $\alpha=0.55$	$\dfrac{m_b}{m_i}=0.04$, $s=0.00$, $\alpha=0.6$

注:m_i 为均质岩石的经验常数 m 的值。

　　由式(4-14),令 $\sigma_3=0$,可得岩体的单轴抗压强度 σ_{mc} 为:

$$\sigma_{mc} = \sigma_c S^a \tag{4-15}$$

　　对完整岩体来说 $S=1$,则 $\sigma_{mc}=\sigma_c$,即为岩块的抗压强度;对于裂隙岩体来说,必有 $S<1$。对完全破碎的岩体来说,$S=0$,有:

$$\sigma_1 = \sigma_3 + \sigma_c\left(m_b\frac{\sigma_3}{\sigma_c}\right)^a \tag{4-16}$$

　　令 $\sigma_1=0$,从式(4-14)可解得岩体的单轴抗拉强度 σ_{mt}:

$$\sigma_{mt} = \frac{\sigma_c\left[m_b-(m_b^2+4S)^a\right]}{2} \tag{4-17}$$

　　利用式(4-14)~式(4-17)和表 4-5 即可对裂隙化岩体的强度 σ_{1m}、单轴抗压强度 σ_{mc} 及单

轴抗拉强度 σ_{mt} 进行估算。进行估算时,需先通过工程地质调查,得出工程所在部位的岩体质量类型、岩石类型及岩块单轴抗压强度 σ_c。

Priest 和 Brown 等还将岩体分类值 RMR 值与 m,S 联系起来,提出了计算 m、S 的公式如下。

对未扰动岩体:

$$\frac{m}{m_i} = e^{(RMR-100/14)} \tag{4-18}$$

$$S = e^{(RMR-100/6)} \tag{4-19}$$

对扰动岩体:

$$\frac{m}{m_i} = e^{(RMR-100/28)} \tag{4-20}$$

$$S = e^{(RMR-100/9)} \tag{4-21}$$

关于 m、S 的物理意义,Hoek(1983)曾指出:m 与库仑莫尔判据中的内摩擦角 φ 非常类似,而 S 则相当于黏聚力 c 值。若如此,据 Hoek-Brown 提供的常数如表 4-5 所示,m 最大为 25,显然用式(4-13)估算的岩体强度偏低,特别是在低围压及较坚硬完整的岩体条件下,估算的强度明显偏低。但对于受构造变动、扰动改造及结构面较发育的裂隙化岩体,Hoek(1987)认为用这一方法估算是合理的。

除此之外,还可利用室内和现场测得的岩块与岩体纵波速度来估算岩体强度如下:

$$\sigma_{mc} = k_v \sigma_c \tag{4-22}$$

$$k_v = \left(\frac{\nu_{mp}}{\nu_{rp}}\right)^2 \tag{4-23}$$

式中:σ_{mc}、σ_c——分别为岩体和岩块的单轴抗压强度;

  k_v——岩体的完整性系数;

  ν_{mp}、ν_{rp}——分别为岩块和岩体的纵波速度。

这种方法实质上是用简单的试验指标来修正岩块强度,作为岩体强度的估算值。实际上,节理裂隙等结构面的存在削弱了岩体的完整性,降低了岩体强度,反映在声波速度上则表现为结构面越发育,岩体的纵波速度越低,而小试件的岩块因含裂隙少,纵波速度比岩体大。因此,可用两者的比值来反映岩体裂隙的发育程度,进而间接反映岩体的强度。

第四节　岩体的水力学性质

岩体的水力学性质是岩体力学性质的一个重要方面,它是指岩体的渗透特性及在渗流作用下所表现出来的性质,岩体的水力学性质主要通过渗透水流起作用。在渗透水流作用下岩体的物理力学性质等都会产生变化,进而影响工程岩体的稳定性。

岩体的渗透特性与土体有很大的差别。一般来说,岩体中的渗透水流主要通过裂隙进行,即以裂隙导水、岩石孔隙和微裂隙储水为特征,同时,具有明显的各向异性和非均质性。一般认为,岩体中的渗流仍可用达西定律近似表示,但对岩溶管道流来说,一般属紊流,不符合达西定律。

岩体是由岩块与结构面网络组成的,相对结构面来说,岩块的透水性很微弱,常可忽略。因此,岩体的水力学特性与岩体中结构面的组数、方向、粗糙起伏度、张开度及胶结填充特征等因素直接相关;同时,还受到岩体应力状态及水流特征的影响。在研究裂隙岩体水力学特征时,以上诸多因素不可能全部考虑到。往往先从最简单的单个结构面开始研究,而且只考虑平直光滑无填充时的情况,然后根据结构面的连通性、粗糙起伏及填充等情况进行适当的修正。对于含多组结构面的岩体水力学特征则比较复杂。目前研究这一问题的趋势为:一是用等效连续介质模型来研究,认为裂隙岩体是由空隙性差而导水性强的结构面系统和导水性弱的岩块孔隙系统构成的双重连续介质,裂隙孔隙的大小和位置的差别均不予考虑;二是忽略岩块的孔隙系统,把岩体看成为单纯的按几何规律分布的裂隙介质,用裂隙水力学参数或几何参数(结构面方位、密度和张开度等)来表征裂隙岩体的渗透空间结构。所以裂隙大小、形状和位置都在考虑之列。目前,针对这两种模型都进行了一定程度的研究,提出了相应的渗流方程及水力学参数的计算方法。在研究中还引进了张量法、线素法、有限单元及水电模拟等方法。本节将以单个结构面的水力特征为基础,讨论岩体的渗透性及其水力学作用效应。

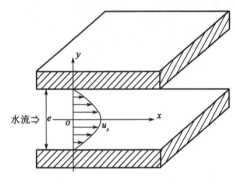

图 4-9 平直光滑结构面的水力学模型

一、单个结构面的水力特征

如图 4-9 所示,设结构面为一平直光滑无限延伸的面,张开度 e 各处相等。取如图的 xOy 坐标系,水流沿结构面延伸方向流动,当忽略岩块渗透性时,则稳定流情况下各水层间的剪应力 τ 和静水压力 P 之间的关系,由水力平衡条件为:

$$\frac{\partial \tau}{\partial y} = \frac{\partial P}{\partial x} \tag{4-24}$$

根据牛顿黏滞定律:

$$\tau = \eta \frac{\partial u_x}{\partial y} \tag{4-25}$$

由式(4-24)和式(4-25)可得:

$$\frac{\partial^2 u_x}{\partial y^2} = \frac{1}{\eta} \frac{\partial P}{\partial x} \tag{4-26}$$

式中:u_x——沿 x 方向的水流速度;

η——水的动力黏滞系数,$0.1\mathrm{Pa \cdot s}$。

式(4-26)的边界条件为:

$$\left.\begin{array}{l} u_x = 0, y = \pm \dfrac{e}{2} \\[2mm] \dfrac{\partial u_x}{\partial y} = 0, y = 0 \end{array}\right\} \tag{4-27}$$

若 e 很小,则可忽略 e 在 y 方向上的变化,用分离变量法求解方程式(4-26),可得:

$$u_x = -\frac{e^2}{8\eta} \frac{\partial P}{\partial x} \left(1 - \frac{4y^2}{e^2}\right) \tag{4-28}$$

从式(4-28)可知:水流速度在断面上呈二次抛物线分布,并在 $y = 0$ 处取得最大值。其截面平均流速 $\bar{u}_x$ 为:

$$\bar{u}_x = \frac{\displaystyle\int_{-e/2}^{e/2} u_x \mathrm{d}y}{e} = \frac{\displaystyle\int_{-e/2}^{e/2} -\frac{e^2}{8\eta}\frac{\partial P}{\partial x}\left(1 - \frac{4y^2}{e^2}\right)\mathrm{d}y}{e} \tag{4-29}$$

解得:

$$\bar{u}_x = -\frac{e^2}{12\eta}\frac{\partial P}{\partial x} \tag{4-30}$$

静水压力 P 和水力梯度 J 可以写为:

$$\left.\begin{array}{c} P = \rho_w gh \\ J = \dfrac{\Delta h}{\Delta x} \end{array}\right\} \tag{4-31}$$

式中: ρ_w ——水的密度;

Δh ——水头差;

h ——水头高度。

将式(4-31)代入式(4-30)得:

$$\bar{u}_x = -\frac{e^2 g\rho_w}{12\eta}J = -K_f J \tag{4-32}$$

$$K_f = \frac{e^2 g}{12\nu} \tag{4-33}$$

式中: ν ——水的运动黏滞系数, cm^2/s , $\nu = \eta/\rho_w$ 。

以上是按平直光滑无填充贯通结构面导出的,但实际上岩体中的结构面往往是粗糙起伏的和非贯通的,并常有填充物阻塞。为此,路易斯(Louis,1974)提出了如下的修正式:

$$\left.\begin{array}{c} \bar{u}_x = -\dfrac{K_2 ge^2}{12\nu c}J = -K_f' J \\ K_f' = \dfrac{K_2 ge^2}{12\nu c} \end{array}\right\} \tag{4-34}$$

式中: K_2 ——结构面的面连续性系数,指结构面连通面积与总面积之比;

c ——结构面的相对粗糙修正系数,见式(4-35)。

$$c = 1 + 8.8\left(\frac{h}{2e}\right)^{1.5} \tag{4-35}$$

式中: h ——结构面起伏差。

二、裂隙岩体的水力特征

1. 含一组结构面岩体的渗透性能

当岩体中含有一组结构面时,如图4-10所示,设结构面的张开度为 e ,间距为 s ,渗透系数为 K_f ,岩块的渗透系数为 K_m 。将结构面内的水流平摊到岩体中去,可得到顺结构面走向方向的等效渗透系数 K 为:

$$K = \frac{e}{S}K_f + K_m \tag{4-36}$$

实际上岩块的渗透性要比结构面弱得多,因此常可将 K_m 忽略,这时岩体的渗透系数 K 为:

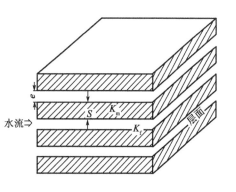

图4-10 层状岩体的水力学模型

89

$$K = \frac{e}{S}K_f = \frac{K^2 g e^3}{12 \nu Sc} \tag{4-37}$$

2. 含多组结构面岩体的渗透性能

(1) 结构面的连通网络特征

在岩体裂隙水调查中发现,岩体中的结构面有的含水,有的不含水,还有一些则含水不透水或透水不含水。因此从透水性和含水性角度出发,可将结构面分为连通的和不连通的结构面。前者是指与地表或含水体相互连通的结构面,或者不同组结构面交切组合而成的通道,一旦与地表或浅部含水体相连通,必然构成地下水的渗透通道,且自身也会含水。不连通的结构面是指与地表或含水体不连通,终止于岩体内部的结构面,这类结构面是不含水的,也构不成渗流通道,或者即使含水也不参与渗流循环交替。因此,在进行岩体渗流分析时,有必要区分这两类不同水文地质意义的网络系统,即连通网络系统和不连通网络系统。

结构面网络连通特征的研究,可在结构面网络模拟的基础上,借助计算机搜索一定范围内的联通结构面网络图。其步骤如下:①找出直接与边界连通的结构面;②找出与边界面连通的结构面交切的结构面及交点位置,然后从交点出发寻找一级交切点及更次一级的交切点,如此循环往复,直到另一边界面上。在搜索的过程中,将那些不与上述结构面交切和终止于岩体内部的结构面自动排除在外;由计算机绘出所有不连通面后的网络图,即结构面连通网络图。图 4-11 为生成连通网络的一个实例,通过结构面连通网络图可找出岩体的主渗方向及起主要渗流作用的结构面组。

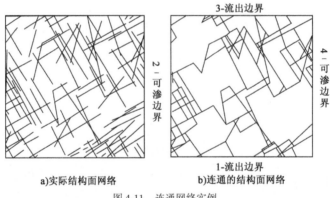

图 4-11 连通网络实例

(2) 岩体的渗透性能

假设岩体中含有多组(如 3 组)相互连通的结构面,同组结构面有固定的间距 S_i 和张开度 e_i,而不同组结构面的间距和张开度可以不同,是各组结构面内的水流相互不干扰。在以上假设条件下,罗姆(Romm,1966)认为,岩体中水的渗流速度矢量 v 是各结构面组平均渗流速度矢量 u_i 之和,即:

$$v = \sum_{i=1}^{n} \frac{e_i}{S_i} u_i \tag{4-38}$$

式中:e_i 和 S_i——分别为第 i 组结构面的张开度和间距。

按单个结构面的水力特征式(4-34),第 i 组结构面内的断面平均流速矢量为:

$$\bar{u}_i = \frac{K_{2i} e_i^2 g}{12 v c_i} (J \cdot m_i) m_i \tag{4-39}$$

式中:m_i——水力梯度矢量 J 在第 i 组结构面上的单位矢量。

将式(4-39)代入式(4-40)得:

$$v = -\sum_{i=1}^{n} \frac{K_{2i}e_i^3 g}{12vS_i c_i}(J \cdot m_i)m_i = -\sum_{i=1}^{n} K_{fi}(J \cdot m_i)m_i \qquad (4-40)$$

设裂隙面法线方向的单位矢量为 n_i,则

$$J = (J \cdot m_i)m_i + (J \cdot n_i)n_i \qquad (4-41)$$

令 n_i 的方向余弦为以 a_{1i}, a_{2i}, a_{3i},并将式(4-40)代入式(4-41),经整理可得岩体的渗透张量为:

$$|K| = \begin{vmatrix} \sum_{i=1}^{n} K_{fi}(1-a_{1i}^2) & -\sum_{i=1}^{n} K_{fi}a_{1i}a_{2i} & -\sum_{i=1}^{n} K_{fi}a_{1i}a_{3i} \\ -\sum_{i=1}^{n} K_{fi}a_{2i}a_{1i} & \sum_{i=1}^{n} K_{fi}(1-a_{2i}^2) & -\sum_{i=1}^{n} K_{fi}a_{2i}a_{3i} \\ -\sum_{i=1}^{n} K_{fi}a_{3i}a_{1i} & -\sum_{i=1}^{n} K_{fi}a_{3i}a_{2i} & -\sum_{i=1}^{n} K_{fi}(1-a_{3i}^2) \end{vmatrix} \qquad (4-42)$$

由实测资料统计求得各组结构面的产状及结构面间距、张开度等数据后,可由式(4-42)求得岩体的渗透张量。由于反映结构面特征的各种参数都具有某种随机性,因此必须在大量实测资料统计的基础上才能确定。这时,统计样本的数量和统计方法的正确性都将影响其计算结果的准确性。

3. 岩体渗透系数测试

岩体渗透系数是反映岩体水力学特性的核心参数。渗透系数的确定一方面可用上述结构面网络连通特性分析及其渗透系数公式进行计算;另一方面可用现场水文地质试验测定,主要有压水试验和抽水试验等方法。一般认为,抽水试验是测定岩体渗透系数比较理想的方法,但它只能用于地下水位以下的情况,地下水位以上的岩体可用压水试验来确定其渗透系数。

(1)压水试验

钻孔压水试验是测定裂隙岩体的单位吸水量,以其换算求出渗透系数,并用以说明裂隙岩体的透水性和裂隙性及其随深度的变化情况。单孔压水试验如图 4-12 所示,试验时在钻孔中安置止水栓塞,将试验段与钻孔其余部分隔开。隔开试验段的方法有单塞法和双塞法两种,通常采用单塞法,这时止水塞与孔底之间为试验段。然后再用水泵向试验段压水,迫使水流进入岩体内。当试验压力达到指定值 P 后保持 $5 \sim 10\text{min}$ 后,测得耗水量 $Q(\text{L/min})$。设试验段长度为 $L(\text{m})$,则岩体的单位吸水量 $\omega[\text{L}/(\text{min} \cdot \text{m} \cdot \text{m})]$ 为:

$$\omega = \frac{Q}{LP} \qquad (4-43)$$

岩体的渗透系数按巴布什金经验公式为:

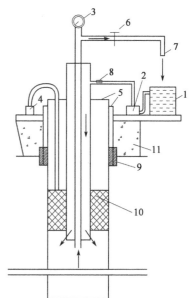

图 4-12 单孔压水试验装置图

1-水箱;2-水泵;3-压力表;4-气泵;5-套管;6-调压计;7-回水管;8-流量计;9-黏土;10-止水栓塞;11-砂砾层

$$K = 0.528\omega\lg\frac{aL}{r_0} \tag{4-44}$$

以上两式中,P 为试验压力,用压力水头表示;r_0 为钻孔半径;a 为与试验段位置有关的系数,当试验段底至隔水层的距离大于 L 时用0.66,反之用 1.32。

单孔压水试验的主要缺点在于:确定钻孔方向时未考虑结构面方位,也就无法考虑渗透性的各向异性。因此,有人建议采用改进后的单孔法及三段试验法等方法进行。

(2)抽水试验

抽水试验是在现场打钻孔并下抽水管,自孔中抽水,使地下水位下降,并在一定范围内形成降落漏斗(图4-13)。当孔中水位稳定不变后,降落漏斗渐趋稳定。此时漏斗所达到的范围,即为抽水影响范围。井壁至影响范围边界的距离称为影响半径。根据抽水试验所观测到的水位与水量等数据,按地下水动力学公式即可计算含水岩土体的渗透系数。抽水试验适应于求取地下水位以下含水层渗透系数的情况,不适应于地下水位以上和不含水岩土体的情况。

抽水试验按布孔方式、试验方法与要求可分为:单孔抽水、多孔抽水及简易抽水。按抽水孔进入含水层深浅及过滤器工作部分不同可分为:完整井抽水和非完整井抽水。按抽水孔水位、水量与抽水时间的关系可分为:稳定流抽水和非稳定流抽水等,具体试验方法及渗透系数的确定请参考《地下水动力学》等有关文献。

三、应力对岩体渗透性能的影响

岩体中的渗透水流通过结构面流动,而结构面对变形是极为敏感的,因此岩体的渗透性与应力场之间的相互作用及其影响的研究是极为重要的。有人曾对片麻岩进行了渗透系数与应力关系的试验(图4-14),当应力变化范围为 5MPa 时,岩体渗透系数相差 100 倍。

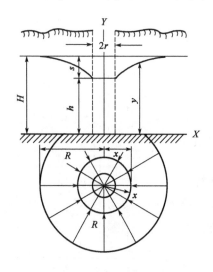

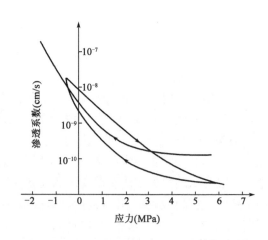

图4-13　抽水试验示意图　　　　图4-14　片麻岩渗透系数与应力关系(据 Bernaix, 1978)

野外和室内试验研究表明:孔隙水压力的变化明显地改变了结构面的张开度及流速和流体压力在结构面中的分布。如图4-15 所示,结构面中的水流通量 $Q/\Delta h$ 随其所受到的正应力增加而降低很快;进一步研究发现,应力—渗流关系具有回滞现象,随着加、卸载次数的增加,岩体的渗透能力降低,但经历三四个循环后,渗流基本稳定,这是由于结构面受力闭合的结果。

为了研究应力对岩体渗透性的影响,有不少学者提出了不同的经验关系式。

斯诺(snow,1966)提出:

$$K = K_0 + \left(\frac{K_n e^2}{S}\right)(p_0 - p) \qquad (4\text{-}45)$$

式中:K_0——初始应力 p_0 下的渗透系数;

K_n——结构面的法向刚度;

e、S——分别为结构面的张开度和间距;

p——法向应力。

路易斯(Louis,1974)在试验的基础上得出:

$$K = K_0 e^{-a\sigma_0} \qquad (4\text{-}46)$$

式中:a——系数;

σ_0——有效应力。

孙广忠等(1983)也提出了与式(4-46)类似的公式:

$$K = K_0 e^{-\frac{2\sigma}{K_n}} \qquad (4\text{-}47)$$

式中:K_0——附加应力 $\sigma = 0$ 时的渗透系数;

K_n——结构面的法向刚度。

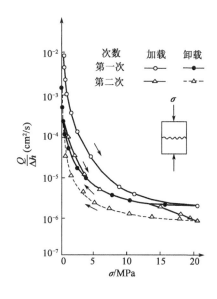

图 4-15 循环加载对结构面渗透性影响示意图

从以上公式可知,岩体的渗透系数随应力增加而降低。随着岩体埋深的增加,结构面发育的密度和张开度都相应减小,故岩体的渗透性随深度增加而减小。另外,人类工程活动对岩体渗透性也有很大影响,如地下洞室和边坡的开挖改变了岩体中的应力状态,岩体中结构面的张开度因应力释放而增大,岩体的渗透性能也增大;又如水库的修建改变了结构面中的应力水平,也影响到岩体的渗透性能。

四、渗流对岩体的作用

地下水渗流对岩体的作用包括两个方面:一是水对岩体的物理化学作用;二是渗透水流所产生的力学效应。

1. 水对岩体的物理化学作用

地下水是一种十分活跃的地质营力,它对岩体的物理化学作用主要表现在软化作用、泥化作用、润滑作用及溶蚀作用和水化、水解作用等。这些作用都影响岩体的物理力学性质。

(1)软化和泥化作用

一方面表现在地下水对结构面及其填充物物理性状的改变上,岩体结构面中填充物随含水量的变化,发生由固态向塑态直至液态的弱化效应,使断层带及夹层物质产生泥化,从而极大地降低结构面的强度和变形性质。另一方面,地下水对岩石也存在软化作用,称为岩石的软化性,常用软化系数来表示。实验研究表明,几乎所有岩石的软化系数都小于1,有的岩石如泥岩、页岩等的软化系数可低于0.5,甚至更低。因此,地下水对岩体的软化和泥化作用能普遍使岩体的力学性质降低,黏聚力和内摩擦角值减少。

(2)润滑作用

主要表现为对结构面的润滑使其摩擦阻力降低,同时增加滑动面上的滑动力。这个过程在斜坡受降水入渗使得地下水位上升到滑动面以上时尤其明显。地下水对岩体的润滑作用反映在力学上即为使岩体的内摩擦角减少。

(3)溶蚀作用

地下水作为一种良好的溶剂能使岩体中的可溶盐溶解,使可溶岩类岩体产生溶蚀裂隙、空隙和溶洞等岩溶现象,破坏岩体的完整性,进而降低岩体的力学强度、变形性质及其稳定性。

(4)水化、水解作用

水渗透到岩体矿物结晶格架中或水分子附着到可溶岩石的离子上使岩石的结构发生微观或细观甚至宏观的改变,减少岩体的黏聚力。另外,膨胀岩土与水作用发生水化作用,使其产生较大的体应变。

2.渗透水流所产生的力学效应

渗透水流所产生的力学效应包括:水对岩体产生的渗流应力;水、岩相互耦合作用产生的力学作用效应。

(1)渗流应力

地下水的存在首先是减少了作用在岩体固相上的有效应力,从而降低了岩体的抗剪强度,即:

$$\tau = (\sigma - u)\tan\varphi_m + c_m \tag{4-48}$$

式中:τ——岩体的抗剪强度;

$\quad\sigma$——法向应力;

$\quad u$——孔隙水压力;

$\quad\varphi_m$——岩体的内摩擦角;

$\quad c_m$——岩体的黏聚力。

由式(4-49)可知:随着孔隙水压力 u 的增大,岩体的抗剪强度不断降低,如果 u 很大,将会出现$(\sigma - u)\tan\varphi_m = 0$ 的情况,这对于沿某个软弱结构面滑动的岩体来说,将是非常危险的。

此外,对处于地下水位以下的岩体还将产生渗流静水压力和渗流动水压力。其中动水压力(F_r)为体积力,其大小为:

$$F_r = \rho_w gJ \tag{4-49}$$

式中:J——地下水的水力梯度;

其余符号意义同前。

(2)水、岩相互耦合作用的力学作用效应

地下水渗流除产生渗流应力外,还可通过水、岩与应力耦合作用产生特殊的力学效应。这种效应是通过改变岩体的渗透性能,降低或增大岩体的渗透系数,进而降低其力学性质得以实现的。由于岩体的渗透性能发生改变,反过来影响岩体中的应力分布,从而影响岩体的强度和变形性质。

第五节　岩体的动力学性质

岩体的动力学性质是岩体在动载荷作用下所表现出来的性质,包括岩体中弹性波的传播规律及岩体动力变形与强度性质。岩体的动力学性质在岩体工程动力稳定性评价中具有重要意义。同时岩体动力学性质的研究还可为岩体各种物理力学参数的动测法提供理论依据。

一、岩体中弹性波的传播规律

当岩体(岩块)受到振动、冲击或爆破作用时,各种不同动力特性的应力波将在岩体(岩块)中传播,当应力值较高(相对岩体强度而言)时,岩体中可能出现塑性波和冲击波;而当应力值较低时,则只产生弹性波。这些波在岩体内传播的过程中,弹性波的传播速度比塑性波的大,且传播的距离远;而塑性波和冲击波传播慢,且只在振源附近才能观察到。在岩体内部传播的弹性波称为体波,而沿着岩体表面或内部不连续面传播的弹性波称为面波。体波又分为纵波(P 波)和横波(S 波)。纵波又称为压缩波,波的传播方向与质点振动方向一致;横波又称为剪切波,其传播方向与质点振动方向垂直。面波分为瑞利波(R 波)和勒夫波(Q 波)等。

根据波动理论,传播于连续、均匀、各向同性弹性介质中的纵波速度 v_p 和横波速度 v_c,可表示为:

$$v_p = \sqrt{\frac{E_d(1-\mu_d)}{\rho(1+\mu_d)(1-2\mu_d)}} \tag{4-50}$$

$$v_s = \sqrt{\frac{E_d}{2\rho(1+\mu_d)}} \tag{4-51}$$

式中:E_d——动弹性模量;

μ_d——动泊松比;

ρ——介质密度。

由式(4-50)和式(4-51)可知:弹性波在介质中的传播速度仅与介质密度 ρ 及其动力变形参数 E_d、μ_d 有关。这样可以通过测定岩体中的弹性波速来确定岩体的动力变形参数。比较式(4-50)和式(4-51)可知:$v_p > v_s$,即纵波先于横波到达。

由于岩性、建造组合和结构面发育特征以及岩体应力等情况的不同,将影响到弹性波在岩体中的传播速度。不同岩体中弹性波速度不同,一般来说,岩体越致密坚硬,波速越大;反之,则越小。岩性相同的岩体,弹性波速度与结构面特征密切相关。一般来说,弹性波穿过结构面时,一方面引起波动能量消耗,特别是穿过泥质等填充的软弱结构面时,由于其塑性变形能容易被吸收,波衰减较快;另一方面,产生能量弥散现象。所以,结构面对弹性波的传播起隔波或导波作用,致使沿结构面传播速度大于垂直结构面传播的速度,造成波速及波动特性的各向异性。

此外,应力状态、地下水及地温等地质环境因素对弹性波的传播也有明显影响。一般来说,在压应力作用下,波速随应力增加而增加,波幅衰减少;反之,在拉应力作用下,则波速降低,波幅衰减增大。由于水可以让弹性波更好地与岩体耦合,因此,随岩体中含水量的增加也将导致弹性波速增加;温度的影响则比较复杂,一般来说,当岩体处于正温时,波速随温度增高而降低,处于负温时则相反。

二、岩体中弹性波速度的测定

在现场通常应用声波法和地震法实测岩体的弹性波速度。声波法的原理如图 4-16 所示,选择代表性测线,布置测点和安装声波仪。测点可布置在岩体表面或钻孔内。测试时,通过声波发射仪的触发电路发生正弦脉冲,经发射换能器向岩体内发射声波,声波在岩体中传播并为接收换能器所接收,经放大器放大后由计时系统所记录,测得纵、横波在岩体中传播的时间

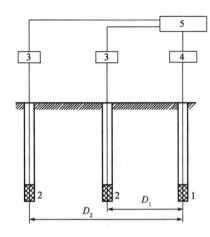

图 4-16 声波速度测试原理图
1-发射换能器;2-接收换能器;3-放大器;
4-声波发射仪;5-计时器

Δt_p, Δt_s。由下式计算岩体的纵波速度 v_{mp} 和横波速度 v_{ms}:

$$v_{mp} = \frac{D_2}{\Delta t_p} \qquad (4\text{-}52)$$

$$v_{ms} = \frac{D_2}{\Delta t_s} \qquad (4\text{-}53)$$

式中:D_2——声波发射点与接收点之间的距离。

声波法也可用于室内测定岩块试件的纵、横波速度。其方法原理与现场测试一致,把发射换能器和接收换能器紧贴在试件两端。由于试件长度短,为提高其测量精度应使用高频换能器(频率一般为 50k ~ 1.5MHz)。

表 4-6 为常见岩石的纵、横波速度和动力变形参数;表 4-7 为常见岩体不同结构面发育条件下的纵、横波速度。从这些资料可知:岩块的纵、横波速度大于岩体的纵、横波速度;且岩体中结构面发育情况及风化程度不同时,其纵波速度也不同,一般来说,波速随结构面密度增大、风化加剧而降低。因此,工程上常用岩体的纵波速度 v_{mp} 和岩石的纵波速度 v_{rp} 之比的平方来表示岩体的完整性。

主要岩石的弹性波速度和动力变形参数 表 4-6

岩石名称	密度(g/cm³)	纵波速度(m/s)	横波速度(m/s)	动弹性模量(GPa)	动泊松比(μ_d)
玄武岩	2.60 ~ 3.30	4570 ~ 7500	3050 ~ 4500	53.1 ~ 162.8	0.1 ~ 0.22
安山岩	2.70 ~ 3.10	4200 ~ 5600	2500 ~ 3300	41.4 ~ 83.3	0.22 ~ 0.23
闪长岩	2.52 ~ 2.70	5700 ~ 6450	2793 ~ 3800	52.8 ~ 96.2	0.23 ~ 0.34
花岗岩	2.52 ~ 2.96	45000 ~ 6500	2370 ~ 3800	37.0 ~ 106.0	0.24 ~ 0.31
辉长岩	2.55 ~ 2.98	5300 ~ 6560	3200 ~ 4000	63.4 ~ 114.8	0.20 ~ 0.21
纯橄榄岩	3.28	6500 ~ 7980	4080 ~ 4800	128.3 ~ 183.8	0.17 ~ 0.22
石英粗面岩	2.30 ~ 2.77	3000 ~ 5300	1800 ~ 3100	18.2 ~ 66.0	0.22 ~ 0.24
辉绿岩	2.53 ~ 2.97	5200 ~ 5800	3100 ~ 3500	59.5 ~ 88.3	0.21 ~ 0.22
流纹岩	1.97 ~ 2.61	4800 ~ 6900	2900 ~ 4100	40.2 ~ 107.7	0.21 ~ 0.23
石英岩	2.56 ~ 2.96	3030 ~ 5610	1800 ~ 3200	20.4 ~ 76.3	0.23 ~ 0.26
片岩	2.65 ~ 2.96	5800 ~ 6420	3500 ~ 3800	78.8 ~ 106.6	0.21 ~ 0.24
片麻岩	2.65 ~ 3.00	6000 ~ 6700	3500 ~ 4000	76.0 ~ 129.1	0.22 ~ 0.24
板岩	2.55 ~ 2.60	3650 ~ 4450	2160 ~ 2860	29.3 ~ 48.8	0.15 ~ 0.21
大理岩	2.68 ~ 2.72	5800 ~ 7300	3500 ~ 4700	79.7 ~ 137.7	0.15 ~ 0.21
千枚岩	2.71 ~ 2.86	2800 ~ 5200	1800 ~ 3200	20.2 ~ 70.0	0.15 ~ 0.20
砂岩	2.61 ~ 2.70	1500 ~ 4000	915 ~ 2400	5.3 ~ 37.9	0.20 ~ 0.22
页岩	2.30 ~ 2.65	13330 ~ 1970	780 ~ 2300	3.4 ~ 35.0	0.23 ~ 0.25
石灰岩	2.30 ~ 2.90	2500 ~ 6000	1450 ~ 3500	12.1 ~ 88.3	0.24 ~ 0.25
硅质灰岩	2.81 ~ 2.90	4400 ~ 4800	2600 ~ 3000	46.8 ~ 61.7	0.18 ~ 0.23
泥质灰岩	2.25 ~ 2.35	2000 ~ 3500	1200 ~ 2200	7.9 ~ 26.6	0.17 ~ 0.22
白云岩	2.80 ~ 3.00	2500 ~ 6000	1500 ~ 3600	15.4 ~ 94.8	0.22
砾岩	1.70 ~ 2.90	1500 ~ 2500	900 ~ 1500	3.4 ~ 16.0	0.19 ~ 0.24
混凝土	2.40 ~ 2.70	2000 ~ 4560	1250 ~ 2760	8.8 ~ 49.8	0.18 ~ 0.21

常见岩体的纵波速度（单位：m/s）（据唐大雄等，1987） 表 4-7

成因及地质年代	岩石名称	裂隙少，未风化的新鲜岩体	裂隙多，破碎，胶结差，微风化	破碎带，节理密集软弱，胶结差，风化显著
古生代及中生代的岩浆岩、变质岩和坚硬的沉积岩	玄武岩、花岗岩、辉绿岩、流纹岩、蛇纹岩、结晶片岩、千枚岩、片麻岩、板岩、砂岩、砾岩、石灰岩	4500～5500	4000～4500	2400～4000
古生代及中生代地层	片理显著的变质岩，片理发育的古生代及中生代地层	—	4000～4600	3100～4000
中生代火山喷出岩地层，早第三纪地层	页岩、砂岩、角砾凝灰岩、流纹岩、安山岩、硅化页岩、硅化砂岩、火山质凝灰岩	4000～5000	3100～4000	1500～3100
第三纪地层	泥岩、页岩、砂岩、砾岩、凝灰岩、角砾凝灰岩、凝灰熔岩	1300～4000	2200～3100	1500～2200
新第三纪地层及第四纪火山喷出岩	泥岩、砂岩、粉砂岩、砂砾岩、凝灰岩	—	2000～2400	1500～2000

三、岩体的动力变形与强度参数

1. 动力变形参数

反映岩体动力变形性质的参数通常有：动弹性模量和动泊松比及动剪切模量。这些参数均可通过声波测试资料求得，即由式(4-50)和式(4-51)得：

$$E_d = v_{mp}^2 \rho \, \frac{(1+\mu_d)(1-2\mu_d)}{1-\mu_d} \tag{4-54}$$

或

$$E_d = 2v_{ms}^2 \rho (1+\mu_d) \tag{4-55}$$

$$\mu_d = \frac{v_{mp}^2 - 2v_{ms}^2}{2(v_{mp}^2 - v_{ms}^2)} \tag{4-56}$$

$$G_d = \frac{E_d}{2(1+\mu_d)} = v_{ms}^2 \rho \tag{4-57}$$

式中：E_d、G_d——岩体的动弹模量和动剪切模量，GPa；

μ_d——动泊松比；

ρ——岩体密度，g/cm³；

v_{mp}、v_{ms}——岩体纵波速度与横波速度，km/s。

利用声波法测定岩体动力学参数的优点是：不扰动被测岩体的天然结构和应力状态，测定方法简便，省时省力，能在岩体中各个部位广泛应用。

表4-8列出了各类岩体的动弹性模量和动泊松比试验值;各类岩石的动弹性模量和动泊松比参见表4-8

常见岩体动弹性模量 E_d 和动泊松比 μ_d 参考值(据唐大雄等,1987)　　表4-8

岩 体 名 称	特 征	E_d(10^3MPa)	μ_d
花岗岩	新鲜	33.0~65.0	0.20~0.33
	半风化	7.0~21.8	0.18~0.33
	全风化	1.0~11.0	0.35~040
石英闪长岩	新鲜	55.0~88.0	0.28~0.33
	微风化	38.0~64.0	0.24~0.28
	半风化	4.5~11.0	0.23~0.33
安山岩	新鲜	12.0~19.0	0.28~0.33
	半风化	3.6~9.7	0.26~0.44
玢岩	新鲜	34.7~39.7	0.28~0.29
	半风化	3.5~20.0	0.24~0.4
	全风化	2.4	0.39
玄武岩	新鲜	34.0~38.0	0.25~0.30
	半风化	6.1~7.6	0.27~0.33
	全风化	2.6	0.27
砂岩	新鲜	20.6~44.0	0.18~0.28
	半风化至全风化	1.1~4.5	0.27~0.36
	裂隙发育	12.5~19.5	0.26~0.4
页岩	砂质、裂隙发育	0.81~7.14	0.17~0.36
	岩体破碎	0.51~2.50	0.24~0.45
	碳质	3.2~15.0	0.38~0.43
石灰岩	新鲜,微风化	25.8~54.8	0.20~0.39
	半风化	9.0~28.0	0.21~0.41
	全风化	1.48~7.30	0.27~0.35
泥质灰岩	新鲜,微风化	8.6~52.5	0.18~0.39
	半风化	13.1~24.8	0.27~0.37
	全风化	7.2	0.29
片麻岩	新鲜,微风化	22.0~35.4	0.24~0.35
	片麻理发育	11.5~15.0	0.33
	全风化	0.3~0.85	0.46
板岩		12.6~23.2	0.27~0.33
	硅质	3.7~9.7	0.25~0.36
		5.0~5.5	0.25~0.29
角闪片岩	新鲜致密坚硬	45.0~65.0	0.18~0.26
	裂隙发育	9.8~11.6	0.29~0.31
石英岩	裂隙发育	18.9~23.4	0.21~0.26
大理岩	新鲜坚硬	47.2~66.9	0.28~0.35
	半风化,裂隙发育	14.4~35.0	0.28~0.35

从大量的试验资料可知:不论是岩体还是岩石,其动弹性模量都普遍大于静弹性模量,两者的比值 E_d/e_{me},对于坚硬完整岩体为 1.2~2.0;而对风化、裂隙发育的岩体和软弱岩体,E_d/e_{me} 较大,一般为 1.5~10.0,大者可超过 20.0。表 4-9 给出了几种岩体的 E_d/e_{me}。造成这种现象的原因可能有以下几方面:①静力法采用的最大应力大部分在 1.0~10.0MPa 之间,少数则更大,变形量常以毫米计,而动力法的作用应力则约为 10^{-4}MPa 量级,引起的变形量微小,因此静力法必然会测得较大的不可逆变形,而动力法则测不到这种变形;②静力法持续的时间较长;③静力法扰动了岩体的天然结构和应力状态。然而,由于静力法试验时,岩体的受力情况接近于工程岩体的实际受力状态,故在实践应用中,除某些特殊情况外,多数工程仍以静力变形参数为主要设计依据。

几种岩体动、静弹性模量比较表 表4-9

岩石名称	静弹性模量 E_{me}(GPa)	动弹性模量 E_d(GPa)	E_d/E_{me}	岩石名称	静弹性模量 E_{me}(GPa)	动弹性模量 E_d(GPa)	E_d/E_{me}
花岗岩	25.0~40.0	33.0~65.0	1.32~1.63	大理石	26.6	47.2~66.9	1.77~2.59
玄武岩	37.8~38.2	6.1~38	1.0~1.65	石灰岩	3.93~39.6	31.6~54.8	13.8~8.04
安山岩	4.8~10.0	6.11~45.8	1.27~4.58	砂岩	0.95~19.2	20.6~44.0	2.29~21.68
辉绿岩	14.8	49.0~74.0	3.31~5.00	中粒砂岩	1.0~2.8	2.3~14.0	2.3~5.0
闪长岩	1.5~60.0	8.0~76.0	1.27~5.33	细粒砂岩	1.3~3.6	20.9~36.5	10.0~6.07
石英片岩	24.0~47.0	66.0~89.0	1.89~2.75	页岩	0.66~5.00	6.75~7.14	1.43~10.2
片麻岩	13.0~40.0	22.0~35.4	0.89~1.69	千枚岩	9.80~14.5	28.0~47.0	2.86~3.2

由于原位变形试验费时、费钱,这时可通过动、静弹性模量间关系的研究来确定岩体的静弹性模量。如有人提出用如下经验公式来求 E_{me}:

$$E_{me} = jE_d \qquad (4-58)$$

式中:j——折减系数,可据岩体完整性系数 K_v,查表 4-10 求取;

E_{me}——岩体静弹性模量,此外还有人企图通过建立 E_{me} 与 V_{mp} 之间的经验关系来确定岩体的 E_{me}。

K_v 与 j 的 关 系 表4-10

K_v	0.9~1.0	0.8~0.9	0.7~0.8	0.65~0.7	<0.65
j	0.75~1.0	0.45~0.75	0.25~0.45	0.1~0.25	0.1~0.2

2.动力强度参数

在进行岩石力学试验时,施加在岩石上的载荷并非完全静止的。从这个意义上讲,静态加载和动态加载没有根本的区别,而仅仅是加载速率的范围不同。一般认为,当加载速率在应变率为 10^{-4}~10^{-6} s^{-1} 范围时,均属于准静态加载。大于这一范围,则是动态加载。

试验研究表明,动态加载下岩石的强度比静态加载时的强度高。这实际上是一个时间效应问题,在加载速率缓慢时,岩石中塑性变形得以充分发展,反映出较低的强度;反之,在动态加载下,塑性变形来不及发展,则反映出较高的强度。特别是在爆破等冲击载荷作用下,岩体强度提高尤为明显。表4-11给出了几种岩石在不同荷载速率下的强度值。有资料表明,在冲击荷载下岩石的动抗压强度为静抗压强度的1.2~2.0倍。

几种岩石在不同载荷速率下的抗压强度 表4-11

试 样	荷载速率(MPa/s)	抗压强度(MPa)	强 度 比
水泥砂浆	9.8×10^{-2}	37.0	1.0
	3.4	44.0	1.2
	3.0×10^5	53.0	1.5
砂岩	9.8×10^{-2}	37.0	1.0
	1.9	40.0	1.1
	3.8×10^5	57.0	1.6
大理石	9.8×10^{-2}	80.0	1.0
	3.2	86.0	1.1
	10.6×10^5	140.0	1.8

对于岩体来说,目前由于动强度试验方法不很成熟,试验资料也很少。因而有些研究者试图用声波速度或动变形参数等资料来确定岩体的强度。如王思敬等提出用如下的经验公式来计算岩体的准抗压强度 R_m:

$$R_m = \left(\frac{v_{mp}}{v_{rp}} \right)^3 \sigma_c \tag{4-59}$$

式中:v_{mp}、v_{rp}——分别为岩体和岩块的纵波速度,m/s;

σ_c——岩块的单轴抗压强度,MPa。

四、影响岩体动力学性质的主要因素

1. 岩石的种类、密度及生成年代

岩体弹性波速度与岩石种类、密度及生成年代有关,不同岩性岩体中弹性波速度不同,一般,岩石的密度和完整性程度越高,波速越大,反之,波速越小。

图4-17从统计角度反映了各类岩体弹性波速度的分布规律。从图中可以看出:

(1)岩体纵波速度总体呈正态分布。岩浆岩和古生代及中生代沉积岩的一般波速值为5.0~5.5km/s,集中度较好;其密度值一般为2.5~2.7g/cm³,集中度也很好。

(2)新生代第三系的砂岩及泥岩,纵波波速分布较广。其速度分布图中除1.5~2.0km/s处有极值点外,在2.5~3.0km/s处还有较小的极值点。前者为泥岩波速分布的极值点,后者为砂岩波速分布的极值点。第三系岩体纵波速度分布范围较广的原因,可能是其固结度有较大的差别。另外,由于第三系岩体固结度要小于古生代及中生代沉积岩,故其纵波波速总体上要小于后者。

(3)变质岩的纵波速度比岩浆岩和古生代及中生代沉积岩稍大,为5.5~6.0km/s,分布也很集中,其原因可能是变质岩受高温高压后矿物较为致密的缘故。

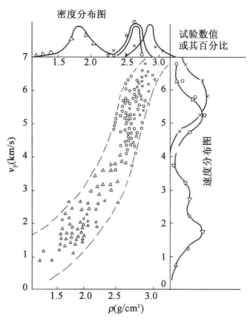

图 4-17 各类岩体纵波速度分布图(ρ 为密度)

○-岩浆岩和古生代及中生代沉积岩(花岗岩、安山岩、石英斑岩、流纹岩、砂岩等);△-新生代第三系沉积岩(砂岩、泥岩等);
×-变质岩(片岩、片麻岩等)

2. 岩体中的裂隙及夹层

弹性波在岩体中传播时,遇到裂隙,能否穿过应视填充物的情况而定,若裂隙填充物为空气,则弹性波不能穿过,而是绕着裂隙端点传播。在裂隙充水的状况下,有 5% 的声波能量可以穿过,若其填充固体填充物,则弹性波可部分或完全通过。

弹性波跨越裂隙宽度的能力与弹性波的频率有关。频率过低,跨越裂隙宽度越大,反之,跨越裂隙宽度越小。从图 4-18 可以看出,当振幅比相同时,20kHz(曲线 1)跨越裂隙宽度最大,50kHz(曲线 2)次之,100kHz(曲线 3)最小。

弹性波的波速与岩体裂隙数目相关,裂隙数目越多,则纵波速度越小,如图 4-19 所示。

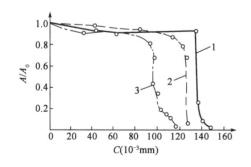

图 4-18 振幅比与跨越裂隙宽度的关系

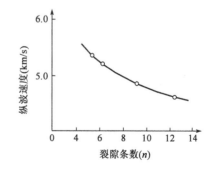

图 4-19 花岗闪长岩纵波波速与裂隙密度的关系

岩体的风化程度对弹性波速度也有影响。岩体受风化后,弹性波速度减小,风化程度越严重,速度减小越明显。表 4-12 为前泥盆系轻微变质中细粒砂岩风化程度与纵波的关系。

表4-13为夹层厚度对弹性波速度的影响。一般,夹层厚度越大,纵波波速越小。

岩石风化程度对纵波波速的影响表 表4-12

风化程度	纵波波速(m/s)
微风化	4800
微-弱风化	4100
弱风化	3050

夹层厚度对纵波波速的影响 表4-13

夹层厚度占测段长度比(%)	纵波波速(m/s)
0	5870
25	5230
49	4950
56	4540

3. 岩体的有效孔隙率 n 及吸水率 ω_a

一些岩浆岩、沉积岩和变质岩的纵波速度和有效孔隙率 n(试件内部水可流通的总体积与试件体积之比,以百分率表示)之间的关系如图4-20所示。从图中可以看出,随着有效孔隙率 n 的增加,纵波速度急剧减小。

坚硬的岩浆岩与变质岩,其 n 值为 0.3% ~ 0.8%,第三系的软岩,则 n 值为 10% ~ 50%。如将图4-20的点拟合成一条曲线,则有以下指数函数关系:

$$n = be^{-av_p} \tag{4-60}$$

式中: a、b——常数。

图4-21 表示一些岩石纵波速度与吸水率 ω_a 之间的关系,随着吸水率 ω_a 的增加,岩体纵波波速急剧减小。

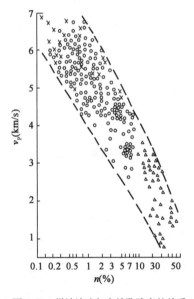

图4-20 纵波波速与有效孔隙率的关系
○-岩浆岩;△-新生代第三系沉积岩;×-变质岩

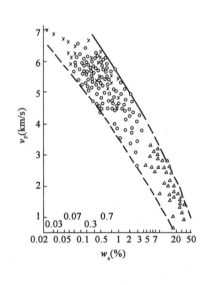

图4-21 纵波波速于吸水率的关系
○-岩浆岩;△-新生代第三系沉积岩;×-变质岩

4. 岩体各向异性对弹性波传播的影响

岩体因成岩条件、结构面和地应力等原因具有各向异性,使得弹性波在岩体中传播的速度和动弹性模量等也具有各向异性。若以结构面中的层理面为例,平行于层理面的波速(动弹性模量)总是大于垂直于层理面的波速(动弹性模量),二者的比值称为波速(动弹性模量)的各向异性系数。

表 4-14 列出了一些平行和垂直于岩层面的纵波速度及其各向异性系数。从表中可以看出,波速的各向异性系数都大于 1,在所列数据中,其值为 1.02 ~ 2.28,超过 2 的只有一个,绝大多数在 1.67 以内,有相当一部分在 1.10 左右。

平行和垂直于岩层面的纵波速度及其各向异性系数   表 4-14

岩石名称	平行于岩层面的纵波速度 $v_p/\!/(\text{m/s})$	垂直于岩层面的纵波速度 $v_p\perp(\text{m/s})$	各向异性系数 $v_p/\!//v_p\perp$
黏土岩	3500 ~ 3800	3000 ~ 3400	1.12 ~ 1.3
板岩	2840	2250	1.26
	5120	4700	1.09
泥灰岩	4300	3900	1.10
砂岩	2400 ~ 2540	1550 ~ 1830	1.39 ~ 1.55
	3800	3200	1.19
	6100	5500	1.11
大理岩	4855 ~ 5105	4389	1.11 ~ 1.16
石灰岩	2800	1240	2.28
	5540 ~ 6060	3620	1.53 ~ 1.67
蛇纹岩	4600	3800	1.18
石英岩	2900	2490	1.16
	4630	4260	1.09

表 4-15 列出了一些平行和垂直于岩层面的动弹性模量及其各向异性系数。从列表中可以看出动弹性模量的各向异性系数也是大于 1 的,其值在 1.01 ~ 2.72 之间,其中,绝大部分小于 1.30。

平行和垂直于岩层面的动弹性模量及其各向异性系数   表 4-15

岩石	平行于岩层面的动弹性模量 $E_d/\!/(\text{GPa})$	垂直于岩层面的动弹性模量 $E_d\perp(\text{GPa})$	各向异性系数 $E_d/\!//E_d\perp$
砂质黏土岩	20.6	18.5	1.11
砂质板岩	14.9	11.5	1.30
	66.6	63.5	1.05
页岩	18.7 ~ 21.7	18.5	1.0.1 ~ 1.17
绿泥石片岩	45.4	16.7	2.72
砂岩	38.5	30.3	1.27
	82.7	66.6	1.24
石灰岩	47.7 ~ 50.2	46.0	1.04 ~ 1.09
变质辉绿岩	57.8	54.6	1.06
石英岩	16.1	11.2	1.16
	45.1	40.0	1.13

岩体的波速(动弹性模量)的各向异性与垂直岩层的压力有关。一般来说,压力增大,岩层被压密,使得岩体的各向异性变小。表 4-16 列出了在各种压力下某些变质岩纵波波速的各向异性系数。从表中可以看出,各向异性系数随压力增大而减小,在压力等于 0.1MPa(即一

个大气压)时,其值最大。

不同压力下纵波速度的各向异性系数

表 4-16

岩　石　　垂直岩层压力（MPa）	0.1	200	400	1000	1500
石英片麻岩	1.054	1.048	1.045	1.045	1.044
花岗片麻岩	1.10	1.091	1.06	—	—
绿泥石化片麻岩	1.60	1.072	1.05	1.045	1.03
石英—角闪石岩	1.135	1.10	1.092	1.076	1.07
二辉—角闪石岩	1.23	1.095	1.094	1.092	1.09
石榴石—角闪石—辉石片岩	1.266	1.205	1.19	1.19	1.185
绿帘石—黑云母—角闪石片岩	1.48	1.29	1.25	1.215	1.21
二云母片岩	1.63	1.25	1.15	1.14	1.14

5. 岩体所受应力对弹性波传输的影响

岩体受压状态可分静水压缩状态、三向压缩状态和单向压缩状态。弹性波速度的量测方式可分为平行于最大应力方向量测和垂直于最大应力方向量测。

图 4-22 为花岗岩在单向和静水压缩下纵波速度和压应力之间的关系。从图中可以看出,纵波速度随压应力的增大而增大,当应力较高后,纵波速度增加幅度变小;在同一单向压应力下,平行于应力方向的纵波速度要高于垂直于应力方向的纵波速度。

图 4-23 表示煤层单向受压后纵波速度的变化。从图中可以看出,平行于层面方向的纵波速度随应力的增大而增大,但增幅较小;垂直于层面方向纵波速度,当应力为零时很低,在低应力阶段随应力增大急剧增大,在超过平行于层面方向的纵波速度后,增长幅度减小。

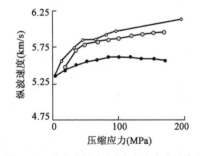

图 4-22　花岗岩纵波速度与压应力之间关系

•-单向压缩垂直于应力方向;○-单向压缩平行于
应力方向;○-静水压缩

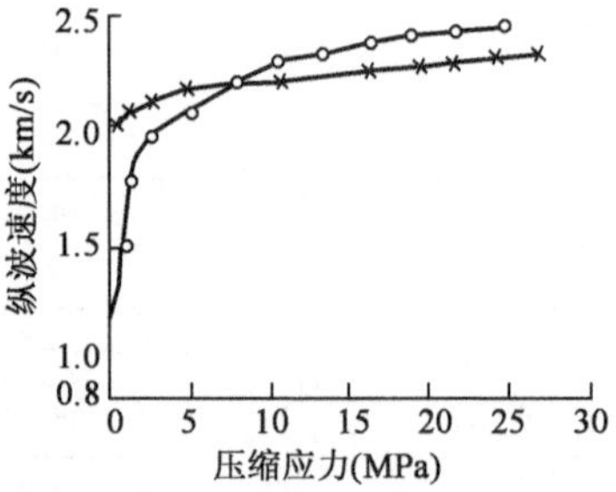

图 4-23　煤层纵波速度与压应力之间关系

○-垂直于层面方向;×-平行于层面方向

图 4-24 为不同种类岩石单向压缩下平行于应力方向纵波速度与压应力的关系。从图中可以看出,岩石种类不同,它们的纵波速度也不同,但随应力增大的变化规律基本相同。

图 4-25 为石灰岩在单向拉伸应力下垂直应力方向纵波速度和拉应力的关系。从图中可以看出,纵波速度随拉应力的增大而逐渐减小(在低应力阶段,有时出现波速随拉应力增大先增大的现象)。

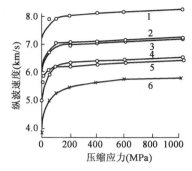

图4-24 不同种类岩石纵波速度与压应力的关系

1-纯橄榄岩;2-辉长岩;3-白云岩;4-花岗岩;5-片麻岩;

6-砂岩

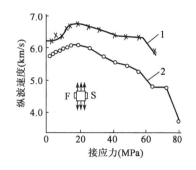

图4-25 石灰岩纵波波速与拉应力的关系

1-自然干燥试件;2-饱和试件;F、S-分别为

发射、接收换能器

根据岩体弹性波速度随裂隙的增多和应力的减小而降低的原理,可用弹性波速度来确定洞室(巷道)工程围岩松动圈(塑性圈)的范围。

在松动圈内,由于岩体破碎且属低应力区,因而波速较小,当进入松动圈边界完整岩体区域,应力较高,波速达到最大,之后波速又逐渐减小至一定值。根据波速随深度变化曲线,可确定松动圈厚度,其边界在波速最大值深度附近。

某巷道工程,在巷道的三个测点各打一对平行的钻孔(测点布置如图4-26所示),钻孔深度超过预计的松动圈厚度,在一钻孔中放入发射换能器,另一钻孔中放入接收换能器,平行移动发射换能器和接收换能器,测定不同孔深处两孔之间岩体的纵波速度。

测试结果如图4-27所示。从图中三条曲线总的趋势可以看出,距离巷道壁约1.5m处,波速达到最大,而后又降低,因此,可推断松动圈范围就在该处。另外,曲线1在2.5m附近波速达到新高,这可能是该处巷道纵横交错、应力较为复杂的缘故。

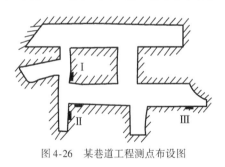

图4-26 某巷道工程测点布设图

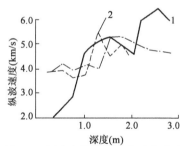

图4-27 围岩内纵波速度与深度的关系

1、2-不同孔的波速曲线

【思考题与习题】

1. 影响结构面法向变形和剪切变形的因素有哪些?阐述结构面法向变形和剪切变形的特征?

2. 阐述结构面剪切位移的类型及其特征。

3. 阐述结构面强度表达式及其与莫尔应力圆的几何关系。

4. 影响结构面强度的因素有哪些?

5. 阐述带有单一结构面的岩体的力学效应的分析方法。

6. 影响结构面渗透特性的因素有哪些?

7. 如何测试岩块和岩体弹性波波速?

8. 用弹性波速度确定地下工程围岩松动圈(塑性圈)范围的原理是什么?

9. 阐述影响岩体弹性波速度的因素如题9图所示有一层状岩体,在其上作层理法向闭合实验,已知岩石材料的弹性模量 $E = 1.0 \times 10^4 \mathrm{MPa}$,岩石单轴抗压强度 $R_c = 24\mathrm{MPa}$,层理壁面的抗压强度为 R_c 的一半。在边长为 0.5m 的立方体上施加压缩荷载 $\sigma = 2.0\mathrm{MPa}$,测出压板的位移值为 0.4mm。试求两壁弹性接触面的 n、h 以及接触面上的应力值(要求 n 尽可能的大,并能满足接触面上的强度要求)。

10. 如题10图所示为一带有天然节理的试件,结构面的外法线与最大主应力的夹角 $\beta =$ 40°,节理的基本摩擦角 $\varphi_b = 36°$。节理的粗糙度为 4 级。节理面壁的抗压强度为 50MPa,问在多大的 σ_1 作用下岩样会破坏?

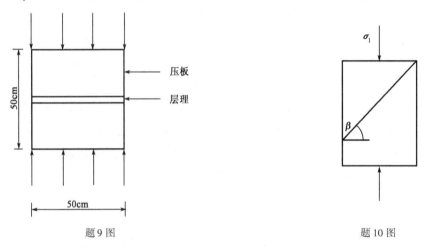

题9图　　　　　　　　　　　　　题10图

11. 一个与岩芯轴线成45°角锯开的节理,经多级三轴试验后得到题11表中数据。试确定各级极限荷载下节理面上的正应力 σ 与剪应力 τ 值以及节理摩擦角 φ_j。

三轴极限试验数据　　　　　　　　　　　　　　题11表

次　序	1	2	3	4
侧向 σ_3 (MPa)	0.10	0.30	0.50	1.00
轴向 σ_1 (MPa)	0.54	1.63	2.72	5.45

12. 如题12图所示,在上题的岩体中,有一逆断层与水平面夹角为25°,断层面的爬坡角 $i = 0°$,试问:在埋深2000m的深处,能承受的最大水平应力是多少?(重度 $\gamma = 27\mathrm{kN/m}^3$)

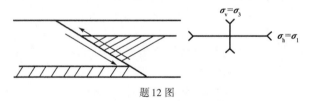

题12图

第五章

岩体的工程分类

【学习要点】

1. 了解工程岩体分类的目的和意义。

2. 掌握影响岩体工程性质的主要因素,了解各工程岩体分类标准,掌握我国的工程岩体分类标准和公路隧道围岩分类标准。

第一节 概 述

工程岩体分类是根据地质勘探和少量的岩体力学试验结果,确定一个区分岩体质量好坏的规律,据此将工程岩体分成若干等级,对工程岩体的质量进行评价,确定其对工程岩体稳定性的影响程度,为工程设计、施工提供必要的参数。其目的是从工程的实际需求出发,对工程岩体进行分类,并根据其好坏,进行相应的试验,赋予它必不可少的计算指标参数,以便于合理地设计和采取相应的工程措施,达到经济、合理、安全的目的。

工程岩体分类一般遵循如下步骤:

(1)确定岩体分类系统的最终目的。

(2)确定所用参数的范围和标准。

（3）确定岩体指标所用的数学方法。

（4）修正岩体的指标值。

目前,国内外对工程岩体提供的分类方法有近百种,每种方法从不同的角度对岩体进行分类。从20世纪70年代至今,工程岩体分类成为国内外岩石力学工作者和工程地质工作者研究的课题。俄国学者普洛托吉雅诺夫于1909年提出最早的分级标准即普氏分级,该分级按照普氏系数将岩石分为十级,该分级在我国的水利水电与建筑工程施工规范中还在沿用。Ф. M 萨瓦连斯基(1937)、太沙基(1946)、波波夫(1948)、劳费尔(1958)与迪尔(1964)等学者根据单一因素对岩体(块)进行分类,单因素分类仅仅考虑影响岩体分级的某一重要因素进行分类,而忽略其他因素,因此不被工程师广泛采用。比尼卫斯基(Bienawaski)于1973年提出岩体质量等级(rock mass rating)即岩体地质力学分类或称RMR分类。并于1989年对该分类进行了修正。巴顿(Barton)于1974年提出巷道质量指标(tunneling quality index),即巴顿岩体质量分类或称Q分类。几乎在20世纪70年代同时提出的两种分类方法对以后的工程岩体分类、工程设计与施工具有重要作用。霍克(Hoek)于1955年提出的地质强度指标(Geological strength Index),以及挪威学者Palmstrom提出的岩体指标(RMI)都是用来评价岩体质量及岩体分级的方法。以上分类系统主要是根据岩石隧道工程总结得出的,现已积累了丰富的经验和数据。对于边坡岩体而言,Romama于1993年对RMR分类进行了扩充,提出用SMR系统来评价边坡工程的稳定性,该系统考虑了潜在不稳定因素与开挖扰动对边坡稳定的影响。Smnmez和Ulnsay对此方法进行了进一步探索,他们强调地质强度指标应着重考虑开挖扰动状态下的岩体而不是考虑非扰动状态下的岩体,因为开挖扰动下的岩体控制整个边坡的稳定性。

纵观国内外工程岩体分级,从影响因素、评价指标和分类方法来看,具有以下特点:

（1）工程岩体分类从单因素定性分类向多因素定量分类过渡。

（2）20世纪80年代以来各国已形成自己的规程和规范。

（3）新技术、新方法逐渐应用到工程岩体分类中,如模糊数学、灰色系统、神经网络、专家系统、层次分析与概率统计等方法。

（4）工程岩体不是简单的分类,而是与力学参数估算和治理设计有关的,不同的工程岩体所对应的岩体力学参数不同,所采用的支护方式也不同。

工程岩体分类是工程岩体稳定性评价及岩体工程设计、施工的主要依据,其优点是:

（1）能够简单、迅速、持续地评估岩体质量。

（2）各分类因素的评分值能够由训练有素的现场工作人员确定,而不需要经验丰富的工程地质专家。

（3）采用记录表格对岩体进行持续地评价能够使现场记录负责人或咨询工程师了解有关岩体质量的变化。

（4）参数选择、工程设计与施工方法根据工程岩体分类进行确定。

但是这些工程岩体分类方法的逻辑演算与等级值确定缺乏科学严谨的论证。

第二节 岩石的工程分类

一、迪尔和米勒的双指标分类

迪尔(Deere)和米勒(Miller)于1966年提出以岩块的单轴抗压强度 σ_c 和模量比 E_c/σ_c 为分类标准。首先按 σ_c 将岩块分为5类,如表5-1所示。然后,再按 E_c/σ_c 将岩块分为如表5-2所示的3类。最后综合二者,将岩块划分为不同的类型,如 AH(高模量比极高强度岩块)、BL(低模量比高强度岩块)等。这一分类的优点是较为全面地反映了岩石的强度和变形特性且使用方便。

岩块抗压强度(σ_c)分类表   表5-1

类　　别	岩块分类	σ_c(MPa)	岩石类型
A	极高强度	>200	石英岩、辉长岩、玄武岩
B	高强度	100~200	大理岩、花岗岩、片麻岩
C	中等强度	50~100	砂岩、板岩
D	低强度	25~50	煤、粉砂岩、片岩
E	极低强度	1~25	白垩、盐岩

岩块模量比 $\left(\dfrac{E_c}{\sigma_c}\right)$ 分类表   表5-2

类　　别	$\dfrac{E_c}{\sigma_c}$ 分类	$\dfrac{E_c}{\sigma_c}$
H	高模量比	>500
M	中等模量比	200~500
L	低模量比	<200

二、岩块强度分类

《工程岩体分级标准》(GB 50218—2014)与《岩土工程勘察规范》(GB 50021—2001)中提出用新鲜岩块的饱和单轴抗压强度进行分类。表5-3给出了各类岩块强度的界限值。

岩石强度分类表   表5-3

名　　称		强度(MPa)	代表性岩石
硬质岩	坚硬岩	>60	花岗岩、片麻岩、闪长岩、玄武岩等
	较坚硬岩	30~60	石灰岩、石英砂岩、板岩、白云岩等
软质岩	较软岩	15~30	凝灰岩、千枚岩、泥灰岩、粉砂岩等
	软岩	5~15	强风化坚硬岩、弱风化—强风化的较坚硬岩、弱风化较软岩、未风化泥岩等
	极软岩	≤15	全风化的各种岩石、各种半成岩

三、岩块质量系数分类

我国水电部 1978 年所编的岩石力学规程中提出用岩块质量系数进行岩块分类。岩石质量系数(S)定义如下:

$$S = \left(\frac{\sigma_{cw} E_{tc}}{\sigma_{cs} E_s} \right)^{1/2} \tag{5-1}$$

式中:σ_{cw}、E_{tc}——分别为岩块的饱和单轴抗压强度与弹性模量,MPa;

σ_{cs}、E_s——分别为规定的软质岩石的饱和单轴抗压强度与弹性模量,MPa。

分别取 $\sigma_{cs} = 30\mathrm{MPa}$,$E_s = 6.6 \times 10^3 \mathrm{MPa}$,则 $\sigma_{cs} E_s = 20 \times 10^4 (\mathrm{MPa})^2$,因此:

$$S = \left(\frac{\sigma_{cw} E_{tc}}{20 \times 10^4} \right)^{1/2} \tag{5-2}$$

根据 S 值将岩块分为如表 5-4 所示的 5 类。

岩块质量系数分类　　　　　　　　　　　表 5-4

类　　别	描　　述	S
优	很坚硬	>4
良	坚硬	4 ~ 2
中等	半坚硬	2 ~ 1
差	软弱	1 ~ 0.5
坏	很软弱	<0.5

第三节　岩体的工程分类

一、RQD 分类

迪尔(1964)根据金刚石钻进的岩芯采取率,提出用岩石质量指标 RQD 值来评价岩体质量的优劣。RQD 值的定义是:大于 10cm 的岩芯累计长度与钻孔进尺长度之比的百分数。根据 RQD 值将岩体分为 5 类,见表 5-5。

RQD 分 类 表　　　　　　　　　　　表 5-5

RQD 值(%)	0 ~ 25	25 ~ 50	50 ~ 75	75 ~ 90	90 ~ 100
岩体质量评价	很差	差	一般	好	很好

RQD 分类没有考虑岩体中结构面性质的影响,也没有考虑岩块性质的影响及这些因素的综合效应。因此,仅运用这一分类,往往不能全面反映岩体的质量。

二、RMR 分类(岩体地质力学分类)

该分类方案由比尼卫斯基(Bieniawski)于 1973 年提出,后经多次修改,于 1989 年发表在《工程岩体分类》一书中。这一分类系统由岩块强度、RQD 值、节理间距、节理条件及地下水 5

类参数组成。分类时,根据各类参数的实测资料,按表 5-6A 所列的标准,分别给予评分。然后将各类参数的评分值相加得岩体质量总分 RMR 值,并按表 5-6B 依节理方位对岩体稳定是否有利作适当的修正,表中的修正条款可参照表 5-7 划分。最后,用修正后的岩体质量总分 RMR 值,对照表 5-6C 查得岩体类别及相应的不支护地下开挖的自稳时间和岩体强度指标(c、φ)。由表 5-6 可知,RMR 值变化在 0 ~ 100 之间,根据 RMR 值把岩体分为 5 级。

RMR 分类不适用于强烈挤压破碎岩体、膨胀岩体和极软弱岩体。

节理岩体的 RMR 分类表 表 5-6

A. 分类参数及其评分值

分类参数		数值范围						
1	完整岩石强度(MPa)	点载荷强度指标	>10	4 ~ 10	2 ~ 4	1 ~ 2	对强度较低的岩石宜用单轴抗压强度		
		单轴抗压强度	>250	100 ~ 250	50 ~ 100	25 ~ 50	5 ~ 25	1 ~ 5	< 1
		评分值	15	12	7	4	2	1	0
2	岩芯质量指标 RQD		90% ~ 100%	75% ~ 90%	50% ~ 75%	25% ~ 50%	< 25%		
	评分值		20	17	13	8	3		
3	节理间距		>200cm	60 ~ 200cm	20 ~ 60cm	6 ~ 20cm	< 6cm		
	评分值		20	15	10	8	5		
4	节理条件		节理面很粗糙,节理不连续,节理宽度为零,节理面岩石坚硬	节理面稍粗糙,宽度 < 1mm,节理面岩石坚硬	节理面稍粗糙,宽度 < 1mm,节理面岩石软弱	节理面光滑或含厚度 < 5mm 的软弱夹层,张开度 1 ~ 5mm,节理连续	含厚度 > 5mm 的软弱夹层,张开度 > 5mm,节理连续		
	评分值		30	25	20	10	0		
5	地下水条件	每 10m 的隧道涌水量(L/min)	无	< 10	10 ~ 25	25 ~ 125	> 125		
		节理水压力/最大主应力	0.1	< 0.1	0.1 ~ 0.2	0.2 ~ 0.5	> 0.5		
		总条件	完全干燥	潮湿	只有湿气(有裂隙水)	中等水压	水的问题严重		
	评分值		15	10	7	4	0		

B. 按节理方向修正评分值

节理走向或倾向		非常有利	有利	一般	不利	非常不利
评分值	隧道	0	-2	-5	-10	-12
	地基	0	-2	-5	-15	-25
	边坡	0	-5	-25	-50	-60

C. 按总评分值确定的岩体级别及岩体质量评价					
评分值	100～81	80～61	60～41	40～21	<20
分级	I	II	III	IV	V
质量描述	非常好的岩体	好岩体	一般岩体	差岩体	非常差岩体
平均稳定时间	15m跨度,20年	10m跨度,1年	5m跨度,1周	2.5m跨度,10h	1m跨度,30min
岩体黏聚力(kPa)	>400	300～400	200～300	100～200	<100
岩体内摩擦角(°)	>45	35～45	25～35	15～25	<15

节理走向和倾角对隧道开挖的影响　　　　表 5-7

走向与隧道轴垂直				走向与隧道轴平行		与走向无关
沿倾向掘进		反倾向掘进		倾角20°～45°	倾角40°～90°	倾角0°～20°
倾角40°～90°	倾角20°～45°	倾角40°～90°	倾角20°～45°			
非常有利	有利	一般	不利	一般	非常不利	不利

三、Q 分类

巴顿(Barton,1974)等在分析 212 个隧道实例的基础上提出用岩体质量指标 Q 值对岩体进行分类,Q 值的定义如下:

$$Q = \frac{RQD}{J_n} \cdot \frac{J_r}{J_a} \cdot \frac{J_w}{SRF} \tag{5-3}$$

式中:RQD——岩石质量指标;

J_n——节理组数;

J_r——节理粗糙度系数;

J_a——节理蚀变系数;

J_w——节理水折减系数;

SRF——应力折减系数。

式(5-3)中的 6 个参数的组合,反映了岩体质量的 3 个方面,即 RQD/J_n 表示岩体的完整性;J_r/J_a 表示结构面(节理)的形态、填充物特征及其次生变化程度;J_w/SRF 表示水与其他应力存在对岩体质量的影响。分类时,根据这 6 个参数的实测资料,查表 5-8 确定各自的数值后,代入式(5-3)求得岩体质量指标 Q 值;以 Q 值为依据将岩体分为 9 类,各类岩体与地下开挖当量尺寸(D_e)间的关系如图 5-1 所示。

Q 分类中各种参数的描述及权值　　　　表 5-8

参数及其详细分类	权　值	备　注
1.岩石质量指标	RQD(%)	1. 在实测或报告中,若 RQD|10 (包括0)时,则 RQD 名义上取10;
A. 很差;	0～25	
B. 差;	25～50	2. RQD 隔5 选取就足够精确,例如 100、95、90……
C. 一般;	50～75	
D. 好;	75～90	
E. 很好	90～100	

参数及其详细分类	权　值	备　注
2. 节理组数	J_n	
A. 整体性岩体,含少量节理或不含节理	0.5 ~ 1.0	
B. 一组节理	2	
C. 一组节理再加些紊乱的节理	3	1. 对于巷道交叉口,取($3.0 \times J_n$);
D. 两组节理	4	
E. 两组节理再加些紊乱的节理	6	2. 对于巷道入口处,取($2.0 \times J_n$)
F. 三组节理	9	
G. 三组节理再加些紊乱的节理	12	
H. 四组或四组以上的节理,随机分布特别发育的节理,岩体被分成"方糖"块等	15	
I. 粉碎状岩石,泥状物	20	
3. 节理粗糙度系数	J_r	
a. 节理壁完全接触		
b. 节理面在剪切错动 10cm 以前是接触的		
A. 不连续的节理	4	
B. 粗糙或不规则的波状节理	3	
C. 光滑的波状节理	2	1. 若有关的节理组平均间距大于 3m,J_r 按左行数值再加 1.0;
D. 带擦痕面的波状节理	1.5	
E. 粗糙或不规则的平面状节理	1.5	2. 对于具有线节理且带擦痕的平面状节理,若线节理倾向最小强度方向,则取 $J_r = 0.5$
F. 光滑的平面状节理	1.0	
G. 带擦痕面的平面状节理	0.5	
c. 剪切错动时岩壁不接触		
H. 节理中含有足够厚的黏土矿物,足以阻止节理壁接触	1.0	
I. 节理含砂、砾石或岩粉夹层,其厚度足以阻止节理壁接触	1.0	
4. 节理蚀变系数	J_a　　　φ_r(近似值)	
a. 节理完全闭合		
A. 节理壁紧密接触,坚硬、无软化、填充物,不透水	0.75　　　—	
B. 节理壁无蚀变、表面只有污染物	1.0　　　($25° \sim 35°$)	
C. 节理壁轻度蚀变、不含软矿物覆盖层、砂粒和无黏土的节理岩石等	2.0　　　($25° \sim 35°$)	
D. 含有粉砂质或砂质黏土覆盖层和少量黏土细粒(非软化的)	3.0　　　($20° \sim 25°$)	如果存在蚀变产物,则残余摩擦角 φ_r 可作为蚀变产物的矿物学性质的一种近似标准
E. 含有软化或摩擦力低的黏土矿物覆盖层,如高岭土和云母。它可以是绿泥、滑石和石墨等,以及少量的膨胀性黏土(不连续的覆盖层,厚度 1 ~ 2mm)	4.0　　　($8° \sim 16°$)	
b. 节理壁在剪切错动 10cm 前是接触的		
F. 含砂粒和无黏性土的节理岩石等	4.0　　　($25° \sim 30°$)	
G. 含有高度超固结的、非软化的黏土质矿物填充物(连续的厚度小于 5mm)	6.0　　　($16° \sim 24°$)	
H. 含有中等(或轻度)固结的软化的黏土矿物填充物(连续的厚度小于 5mm)	8.0　　　($12° \sim 16°$)	

参数及其详细分类	权　　值		备　　注
I. 含膨胀性黏土填充物,如蒙脱石(连续的厚度小于5mm),J_a取决于膨胀性黏土颗粒所占的百分数以及含水量	8.0 ~ 12.0	(6° ~ 12°)	
c. 剪切错动时节理壁不接触			
J. 含有节理岩石或岩粉以及黏土的夹层(见关于黏土条件的第G、H和J款)	6.0	—	
K. 同上	8.0	—	如果存在蚀变产物,则残余摩擦角可作为蚀变产物的矿物学性质的一种近似标准
L. 同上	8.0 ~ 12.0	(6° ~ 12°)	
M. 由粉砂质或砂质黏土和少量黏土微粒(非软化的)构成的夹层	5.0	—	
N. 含有厚而连续的黏土夹层(见关于黏土条件的第G、H和J款)	10.0 ~ 13.0		
O. 同上		(6° ~ 24°)	
P. 同上	13.0 ~ 20.0		
5. 节理水折减系数	J_w	水压力的近似值(kg/cm²)	
A. 隧道干燥或只有极少量的渗水,即局部地区渗流量小于5L/min	1.0	<1.0	
B. 中等流量或中等压力,偶尔发生节理填充物被冲刷现象	0.66	1.0 ~ 2.5	1. C ~ F款的数值均为粗略估计值,如采取疏干措施,可取大一些;
C. 节理无填充物,岩石坚固,流量大或水压高	0.5	2.5 ~ 10.0	2. 由结冰引起的特殊问题本表没有考虑
D. 流量大或水压高,大量填充物均被冲出	0.33	2.5 ~ 10.0	
E. 爆破时,流量特大或压力特高,但随时间增长而减弱	0.2 ~ 0.1	>10	
F. 持续不衰减的特大流量,或特高水压	0.1 ~ 0.5	>10	
6. 应力折减因素	SRF		1. 如果有关的剪切带仅影响到开挖体,而不与之交叉,则SRF值减少25% ~ 50%;
a. 软弱区穿切开挖体,当隧道掘进时开挖体可能引起岩体松动			2. 对于各向应力差别大的原岩应力场(若已测出的话):当$5 \leqslant \frac{\sigma_b}{\sigma_1} \leqslant 10$时,$\sigma_c$减为$0.8^2\sigma_c$,当$\frac{\sigma_1}{\sigma_3} > 10$时,$\sigma_c$减为$0.6\sigma_c$,$\sigma_b$减为$0.6\sigma_1$;这里$\sigma_c$表示单轴抗压强度,而$\sigma_t$表示抗拉强度(点载试验),$\sigma_1$和$\sigma_3$分别为最大和最小主应力;
A. 含黏土或化学分解的岩石的软弱区多处出现,围岩十分松散(深浅不限)	10.0		
B. 含黏土或化学分解的岩石的单一软弱区(开挖深度 <50m)	5.0		
C. 含黏土或化学分解的岩石的单一软弱区(隧道深度 >50m)	2.5		3. 可以找到几个地下深度小于跨度的实例记录。对于这种情况,建议将SRF从2.5增到5(见H款)
D. 岩石坚固不含黏土但多处出现剪切带,围岩松散(深度不限)	7.5		
E. 不含黏土的坚固岩石中的单一剪切带(开挖深度 <50m)	5.0		
F. 不含黏土的坚固岩石中单一剪切带(开挖深度 >50m)	2.5		
G. 含松软的张开节理,节理很发育或像"方糖"块(深度不限)	5.0		

续上表

参数及其详细分类	权 值			备 注
b. 坚固岩石,岩石应力问题	$\dfrac{\sigma_c}{\sigma_1}$	$\dfrac{\sigma_t}{\sigma_1}$	SRF	
H. 低应力,接近地表	> 200	> 13	2.5	
I. 中等应力	200 ~ 10	13 ~ 0.66	1.0	
J. 高应力,岩体结构非常紧密(一般有利于稳定性,但对侧帮稳定性问题可能不利)	10 ~ 5	0.66 ~ 0.33	0.5 ~ 2	
K. 轻微岩爆(整体岩石)	5 ~ 2.5	0.33 ~ 0.16	5 ~ 10	
L. 严重岩爆(整体岩石)	< 2.5	< 0.16	10 ~ 20	
c. 挤压性岩石,在很高的应力影响下不坚固岩石的塑性流动	SRF			
M. 挤压性微弱的岩石压力	5 ~ 10			
N. 挤压性很大的岩石压力	10 ~ 20			
d. 膨胀性岩石,化学膨胀活性取决于水的存在与否				
O. 膨胀性微弱的岩石压力	5 ~ 10			
P. 膨胀性很大的岩石压力	10 ~ 20			

注:使用本表的补充说明如下。

在估算岩体质量 Q 的过程中,除遵照表内备注栏的说明以外,还需遵守下列规则。

(1)如果无法得到钻孔岩芯,则 RQD 值可由单位体积的节理数来估算,在单位体积中,对每组节理按每米长度计算其节理数,然后相加。对于不含黏土的岩体,可用简单的关系式将节理数换算成 RQD 值,如下:$RQD = 115 - 3.3 J_v$(近似值),式中,J_v 表示每立方米的节理总数;当 $J_v < 4.5$,取 $RQD = 100$。

(2)代表节理组数的参数常常受劈理、片理、板岩劈理或层理等影响。如果这类平行的"节理"很发育,显然可视之为一个节理组,但如果明显可见的"节理"很稀疏,或者岩芯中由于这些"节理"偶尔出现个别断裂,则在计算 J_v 值时,视它们为"紊乱的节理"(或"随机节理")似乎更为合适。

(3)代表抗剪强度的参数 J_v 和 J_a 应与给定区域中软弱的主要节理组或黏土填充的不连续面联系起来。但是,如果这些 J_v/J_a 值最小的节理组或不连续面的方位对稳定性是有利的,这时,方位比较不利的第二组节理或不连续面有时可能更为重要,在这种情况下,计算 Q 值时要用后者的较大的(J_r/J_a)比值。事实上,(J_r/J_a)比值应当与最可能首先破坏的岩面有关。

(4)当岩体含黏土时,必须计算出适用于松散载荷的因数 SRF。在这种情况下,完整岩石的强度并不重要。但是,如果节理很少,又完全不含黏土,则完整岩石的强度可能变成最弱的环节,这时稳定性完全取决于岩体应力与岩体强度之比。各向应力差别极大的应力场对于稳定性是不利的因素,这种应力场已在表中第 2 点关于应力折减因数的备注栏中作了粗略考虑。

(5)如果现场岩体处于水饱和状态,则完整岩石的抗压和抗拉强度(σ_c 和 σ_t)应在饱水状态下进行测定。若岩体受潮或在饱水后即行变坏,则估计这类岩体的强度时应当更加保守一些。

Q 分类方法考虑的地质因素较全面,而且把定性分析和定量评价结合起来了,因此,是目前比较好的分类方法,且软、硬岩体均适用。

另外,Bieniawski 在大量实测统计的基础上,发现 Q 值与 RMR 值具有如下统计关系:

$$RMR = 9\ln Q + 44 \tag{5-4}$$

霍克和布朗(Hoek and Brown,1980)还提出用 Q 值和 RMR 值来估算岩体的强度参数和变形参数。

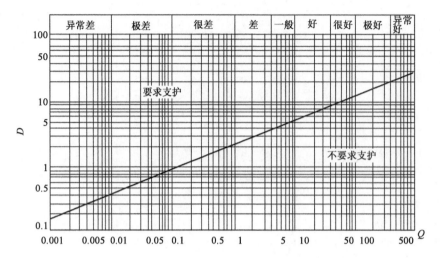

图 5-1　不支护的地下开挖体最大当量尺寸 D_e 与岩体质量指标 Q 之间的关系

（引自 Barton、Lien 和 Lunde）

第四节　工程岩体分类标准

目前，国内外关于工程岩体分级的标准有很多，既有国际标准，也有国内标准。不同的行业分类标准也不同。本书重点介绍我国现行的国家标准。此外，中国科学院提出的《岩体结构分类》、铁道部门提出的《铁道隧道围岩分类》、交通运输部门提出的《公路隧道设计规范》及水利水电部门提出的《岩体工程地质分类》等行业标准，在国内应用也很广泛。

一、岩体质量分级

国标《工程岩体分级标准》（GB 50218—2014）提出采用二级分级法：首先，按岩体的基本质量指标 BQ 进行分类，然后，针对各类工程岩体的特点，考虑其他影响因素，如天然应力、地下水和结构面方位等对 BQ 进行修正，再按修正后的[BQ]进行详细分级。岩体基本质量指标 BQ 用下式表示：

$$BQ = 90 + 3R_c + 250K_v \tag{5-5}$$

当 $R_c > 90K_c + 30$ 时，以 $R_c > 90K_c + 30$ 和 K_c 代入式（5-5）计算 BQ 值。

当 $K_v > 0.04R_c + 0.4$ 时，以 $K_v > 0.04R_c + 0.4$ 和 R_c 代入式（5-5）计算 BQ 值。

在式（5-5）中，R_c 为岩石饱和单轴抗压强度，MPa；K_v 为岩体的完整性系数，可用声波试验资料按下式确定：

$$k_v = \left(\frac{v_{mp}}{v_{rp}} \right)^2 \tag{5-6}$$

式中，v_{mp}——岩体纵波速度；

v_{rp}——岩块纵波速度。

当无声波试验资料时，也可用岩体单位体积内结构面条件数 J_v，查表 5-9 可得。

J_v 与 K_v 对 照 表　　　表5-9

J_c(条/m³)	<3	3~10	10~20	20~35	≥35
K_c	>0.75	0.55~0.75	0.35~0.55	0.15~0.35	≤0.15

岩体的基本质量指标主要考虑了组成岩体岩石的坚硬程度和岩体完整性。按 BQ 值和岩体质量定性特征将岩体划分为 5 级,如表5-10 所示,表中岩石坚硬程度按表5-11 划分,岩体破碎程度按表5-12 划分。

岩 体 质 量 分 级　　　表5-10

基本质量级别	岩体质量的定性特征	岩体基本质量指标(BQ)
Ⅰ	坚硬岩,岩体完整	>550
Ⅱ	坚硬岩,岩体较完整;较坚硬岩,岩体完整	550~451
Ⅲ	坚硬岩,岩体较破碎;较坚硬岩或软、硬岩互层,岩体较完整;较软岩,岩体完整	450~351
Ⅳ	坚硬岩,岩体破碎;较坚硬岩,岩体较破碎—破碎 较软岩或软硬岩互层,且以软岩为主,岩体较完整—较破碎;软岩,岩体完整—较完整	350~251
Ⅴ	较软岩,岩体破碎;软岩,岩体较破碎—破碎;全部极软岩及全部极破碎岩	250

注:表中岩石坚硬程度按表5-11 划分,岩体破碎程度按表5-12 划分。

坚硬程度划分表　　　表5-11

岩石饱和单轴抗压强度 R_c(MPa)	>60	30~60	15~30	5~15	≤5
坚硬程度	坚硬岩	较坚硬岩	较软岩	软岩	极软岩

岩石完整程度划分表　　　表5-12

岩体完整性系数 K_v	>0.75	0.55~0.75	0.35~0.55	0.15~0.35	≤0.15
完整程度	完整	较完整	较破碎	破碎	极破碎

当地下洞室围岩处于高天然应力区或围岩中有不利于岩体稳定的软弱结构面和地下水时,岩体 BQ 值应进行修正,修正值[BQ]按下式计算确定:

$$[BQ] = BQ - 100(K_1 + K_2 + K_3) \tag{5-7}$$

式中:K_1——为地下水影响修正系数,按表5-13 确定;

K_2——为主要软弱面产状影响修正系数,按表5-14 确定;

K_3——为天然应力影响修正系数,按表5-15 确定。

地下水影响修正系数(K_1)表　　　表5-13

k_1 ＼ BQ 地下水状态	>550	451~550	351~450	251~350	≤250
潮湿或点滴状出水,$P≤0.1$ 或 $Q≤25$	0	0	0~0.1	0.2~0.3	0.4~0.6
淋雨状或线流状出水,水压 $0.1≤P≤0.5$ 或 $25<Q≤225$	0~0.1	0.1~0.2	0.2~0.3	0.4~0.6	0.7~0.9
涌流状出水,水压 $P>0.5$ 或 $Q>125$	0.1~0.2	0.2~0.3	0.4~0.6	0.7~0.9	1.0

注:P 为围岩裂隙水压力(MPa);Q 为每10m 洞长出水量(L/min·10m)。

主要软弱结构面产状影响修正系数(K_2)表 表 5-14

结构面产状及其与洞轴线的组合关系	结构面走向与洞轴线夹角 $\alpha < 30°$，倾角 $\beta = 30° \sim 75°$	结构面走向与洞轴线夹角 $\alpha > 60°$，倾角 $\beta > 75°$	其 他 组 合
K_2	$0.4 \sim 0.6$	$0 \sim 0.2$	$0.2 \sim 0.4$

天然应力影响修正系数(K_3)表 表 5-15

围岩强度应力比 $\dfrac{R_c}{\sigma_{max}}$ k_3 BQ	>550	451~550	351~450	251~350	≤250
<4	1.0	1.0	1.0~1.5	1.0~1.5	1.0
4~7	0.5	0.5	0.5	0.5~1.0	0.5~1.0

注:极高应力指 $R_c/c_{max} < 4$，高应力指 $R_c/c_{max} \le 4 \sim 7$。c_{max} 为垂直洞轴线方向平面内的最大天然应力。

根据修正值[BQ]的工程岩体分级仍按表 5-10 进行。各级岩体的物理力学参数和围岩自稳能力可按表 5-16 确定。

各级岩体物理力学参数及围岩自稳能力表 表 5-16

围岩级别	密度 ρ (g/cm^3)	抗剪强度 $\varphi(°)$	抗剪强度 $c(MPa)$	变形模量 $E(GPa)$	泊松比 μ	围岩自稳能力
I	>2.65	>60	>2.1	>33	<0.2	跨度 20m,可长期稳定,偶有掉块,无塌方
II	>2.65	50~60	1.5~2.1	16~33	0.2~0.25	跨度 10~20m,可基本稳定,局部可掉块或小塌方;跨度 <10m,可长期稳定,偶有掉块
III	2.45~2.65	39~50	0.7~1.5	6~16	0.25~0.3	跨度 10~20m,可稳定数日至 1 个月,可发生小至中塌方;跨度 5~10m,可稳定数月,可发生局部块体移动及小至中塌方;跨度 <5m,可基本稳定
IV	2.25~2.45	27~39	0.2~0.7	1.3~6	0.3~0.35	跨度 >5m,一般无自稳能力,数日至数月内可发生松动、小塌方,进而发展为中至大塌方。埋深小时,以拱部松动为主,埋深大时,有明显塑性流动和挤压破坏;跨度 <5m,可稳定数日至 1 月
V	<2.25	<27	<0.2	<1.3	>0.35	无自稳能力

注:对小塌方,塌方高 <3m,或塌方体积 <30m³;对中塌方,塌方高 3~6m,或塌方体积 30~100m³;对大塌方,塌方高 > 6m,或塌方体积 >100m³。

另外,对于边坡岩体和地基岩体的分级,由于目前研究较少,如何修正,标准中未作硬性规定。一般来说,对边坡岩体应按坡高、地下水、结构面方位等因素进行修正,因此可参照以上地下洞室围岩分级方法进行。而对于地基岩体由于载荷较为简单,且影响深度不大,可直接用岩体基本质量指标 BQ 进行分级。

二、公路隧道围岩分级

我国《公路隧道设计细则》(JTG/T D70—2010)中提出的隧道围岩分级广泛应用于隧道工程。该分类系统也是根据修正的岩体基本质量指标[BQ]值来确定围岩分级,并将围岩分为 6

级,如表5-17所示,BQ值具体计算方法参见公式(5-5)。BQ值的修正也是考虑地下水、软弱结构面和天然地应力的影响,其具体计算方法参见公式(5-7),式中K_1为地下水影响修正系数,按表5-18确定;K_2为主要软弱面产状影响修正系数,按表5-14确定;K_3为天然应力影响修正系数按表5-15确定。同时,《公路隧道设计规范》(JTG/T D70—2010)中给出了各级围岩的物理力学指标标准值(参见表5-19)和隧道各级围岩自稳能力判断的标准(参见表5-20),极大方便了隧道行业的设计与施工。

公路隧道围岩分级 表5-17

围岩级别	围岩或土体主要定性特征	围岩基本质量指标BQ或修正的岩体基本质量指标[BQ]
I	坚硬岩,岩体完整,巨整体状或巨厚层状结构	>550
II	坚硬岩,岩体较完整,块状或厚层状结构;较坚硬岩,岩体完整,块状整体状结构	451~550
III	坚硬岩,岩体较破碎,巨块(石)碎(石)状结构;较坚硬岩或较软硬岩层,岩体较完整,块状体或中厚层状结构	351~450
IV	坚硬岩,岩体破碎,碎裂结构;较坚硬岩,岩体较破碎~破碎,镶嵌碎裂结构;较软岩或软硬岩互层,且以软岩为主,岩体较完整~较破碎,中薄层状结构	251~350
IV	土体:1.压密或成岩作用的黏性土及砂性土;2.黄土(Q_1,Q_2);3.一般钙质或铁质胶结的碎石土、卵石土、大块石土	—
V	较软岩,岩体破碎;软岩,岩体较破碎~破碎;极破碎各类岩体,碎、裂状松散结构	≤250
V	一般第四系的半干硬至硬塑的黏性土及稍湿至潮湿的碎石土、卵石土、圆砾、角砾土及黄土(Q_3,Q_4)。非黏性土呈松散结构,黏性土及黄土呈松软结构	—
VI	软塑状黏性土及潮湿、饱和粉细砂土层、软土等	—

地下水影响修正系数(K_1)表 表5-18

地下水状态 \ BQ	>451	351~450	251~350	≤250
潮湿或点滴状出水	0	0.1	0.2~0.3	0.4~0.6
淋雨状或涌流状出水,水压<0.1MPa或单位出水量<10L/min m	0.1	0.2~0.3	0.4~0.6	0.7~0.9
涌流状出水,水压>0.5MPa或单位出水量>10L/min m	0.2	0.4~0.6	0.7~0.9	1.0

各级围岩的物理力学指标值标准值 表5-19

围岩级别	重度γ(kN/m³)	弹性抗力系数k(MPa/m)	变形模量E(GPa)	泊松比μ	内摩擦角φ(°)	黏聚力c(MPa)	计算内摩擦角φ_c(°)
I	26~28	1800~2800	>33	<0.2	>60	>2.1	>78
II	25~27	1200~1800	20~33	0.2~0.25	50~60	1.5~2.1	70~78
III	23~25	500~2800	6~20	0.25~0.3	39~50	0.7~1.5	60~70

续上表

围岩级别	重度 γ（kN/m³）	弹性抗力系数 k（MPa/m）	变形模量 E（GPa）	泊松比 μ	内摩擦角 φ（°）	黏聚力 c（MPa）	计算内摩擦角 φ_c（°）
Ⅳ	20~23	1200~1800	1.3~6	0.3~0.35	27~39	0.2~0.7	50~60
Ⅴ	17~20	100~200	1~2	0.35~0.45	20~27	0.05~0.2	40~50
Ⅵ	15~17	<100	<1	0.4~0.5	<20	<0.2	30~40

注：1. 本表不包含黄土地层。

2. 选用计算摩擦角时，不再计算内摩擦角和黏聚力。

隧道各级围岩自稳能力判断　　　　　　　　　　　　表 5-20

围岩级别	自　稳　能　力
Ⅰ	跨度 20m，可长期稳定，偶有掉块，无塌方
Ⅱ	跨度 10~20m，可基本稳定，局部可掉块或小塌方；跨度 <10m，可长期稳定，偶有掉块
Ⅲ	跨度 10~20m，可稳定数日至 1 个月，可发生小至中塌方；跨度 5~10m，可稳定数月，可发生局部块体移动及小至中塌方；跨度 <5m，可基本稳定
Ⅳ	跨度 >5m，一般无自稳能力，数日至数月内可发生松动、小塌方，进而发展为中至大塌方。埋深小时，以拱部松动为主，埋深大时，有明显塑性流动和挤压破坏；跨度 <5m，可稳定数日至 1 月
Ⅴ	无自稳能力，跨度小于 5m 或更小时，可稳定数日
Ⅵ	无自稳能力

注：对小塌方，塌方高 <3m，或塌方体积 <30m³；对中塌方，塌方高 3~6m，或塌方体积 30~100m³；对大塌方，塌方高 >6m，或塌方体积 >100m³。

【思考题与习题】

1. 影响隧道围岩分类的因素主要有哪些？

2. 围岩分类的主要原则有哪些？

3. 阐述国标岩体分级中考虑了哪些因素的影响对地下工程的岩体基本质量指标进行修正？

4. 试分析书中每一种岩体分类的优缺点。

第六章

岩体的天然地应力

【学习要点】

1.掌握岩体天然地应力的概念及天然地应力场的分布规律,了解天然地应力场的成因及影响因素。

2.掌握天然地应力场具体测量方法的原理及其适用条件。

3.掌握高地应力判别准则,理解高地应力现象。掌握岩爆和软岩大变形的定义及其防治措施,了解岩爆和软岩大变形的发生条件。

第一节 概 述

岩体中的应力是岩体稳定性与工程运营必须考虑的重要因素。人类工程活动之前存在于岩体中的应力,称为天然应力(natural stress)或地应力(geo-stress)。人类在岩体表面或岩体中活动的结果,必定导致一定范围内岩体中天然应力的改变。岩体中这种由于工程活动改变后的应力,称为重分布应力,也称诱发应力(induced stress)。相对于重分布应力而言,岩体中的天然应力亦可称为初始应力(initial stress)、绝对应力或原岩应力(in-situ stress)。

人们认识天然应力还只是近百年的事。1912 年瑞士地质学家海姆(A. Heim)在大型越岭隧道的施工过程中,通过观察和分析,首次提出了地应力的概念,并假定地应力是一种静水应

力状态,即地壳中任意一点的应力在各个方向上均相等,且等于单位面积上覆岩层的重量,即:

$$\sigma_h = \sigma_v = \gamma H$$

式中:σ_h——水平应力;

σ_v——垂直应力;

γ——上覆岩层重度;

H——上覆岩层厚度。

1926 年,苏联学者金尼克修正了海姆的静水压力假设,认为地壳中各点的垂直应力等于上覆岩层的重量,而侧向应力(水平应力)是泊松效应的结果,其值应为 γH 乘以一个修正系数。他根据弹性力学理论,认为这个系数等于 $\dfrac{\mu}{1-\mu}$,即:

$$\sigma_v = \gamma H, \sigma_h = \frac{\mu}{1-\mu}\gamma H$$

式中:μ——上覆岩层的泊松比。

同期的其他一些人主要关心的也是如何用数学公式来定量地计算地应力的大小,并且也都认为地应力只与重力有关,即以垂直应力为主,他们的不同点只在于侧压系数的不同。早在 20 世纪 20 年代,我国地质学家李四光就指出:"在构造应力的作用仅影响地壳上层一定厚度的情况下,水平应力分量的重要性远远超过垂直应力分量。"

1932 年,在美国胡佛水坝下的隧道中,首次成功地测定了岩体中的应力。半个多世纪以来,在世界各地进行了数以十万计的岩体应力量测工作,从而使人们对岩体中天然应力状态有了新的认识。1951 年,瑞典的哈斯特(N. Hast)成功地用电感法测量岩体天然应力,并于 1958 年在斯堪的纳维亚半岛进行了系统的应力量测。首次证实了岩体中构造应力的存在,在埋深小于 200m 的地壳浅部岩体中,水平应力大于垂直应力,而且最大水平主应力一般为垂直应力的 1~2 倍,甚至更多;在某些地表处,测得的最大水平应力高达 7MPa,天然应力随岩体埋深增大而呈线性增加。这就从根本性上动摇了地应力是静水压力的理论和以垂直应力为主的观点。

利曼(Leeman,1964)以《岩体应力测量》为题,发表了一系列研究论文,系统地阐明了岩体应力测量原理、设备和量测成果。1973 年苏联出版了《地壳应力状态》一书,汇集了苏联矿山坑道岩体的应力实测成果。

1957 年,美国哈伯特(Hubbert)和威利斯(Willis)提出用水压致裂法(hydraulic fracturing method)测量岩体天然应力的理论。1968 年美国海姆森(Haimson)发表了水压致裂法的专题论文。水压致裂法的应用,使岩体中的应力测量工作从几十米、数百米延至数千米深度,并获得大量的深部岩体天然应力的实测数据。在此基础上,美国用水压致裂法开展了兰吉列油田注水引起的诱发地震机理的综合研究,并成功地解析了诱发地震的机理。1975 年盖依等根据岩体应力实测数据的分析,提出了临界深度的概念,在该深度以上,水平应力大于垂直应力;在该深度以下,水平应力小于垂直应力。研究表明,临界深度随地区不同而不同,如冰岛等地为 200m,日本和法国为 400~500m,中国和美国为 1000m,加拿大为 2000m。

我国的岩体天然应力测量工作开始于 20 世纪 50 年代后期,至 60 年代才广泛应用于生产实践。到目前为止,我国岩体应力测量已得到数以万计的数据,为研究工程岩体稳定性提供了重要依据。

一般认为,天然应力主要由自重应力和构造应力组成。研究还表明,岩体应力状态不仅是一个空间位置的函数,而且是随时间推移而变化的。岩体在天然应力作用下,不是处于静力稳定,而是处于一种动力平衡状态,一旦应力环境发生改变,这种动力平衡条件将遭破坏,岩体也将发生失稳现象。

天然应力状态与岩体稳定性关系极大,它不仅是决定岩体稳定性的重要因素,而且直接影响各类岩体工程的设计和施工。越来越多的资料表明,在岩体高应力区,地表和地下工程施工期间所进行的岩体开挖,常常能在岩体中引起一系列与开挖卸载回弹和应力释放相联系的变形和破坏现象,使工程岩体失稳。

对于地下洞室而言,岩体中天然应力是围岩变形和破坏的力源。天然应力状态的影响,主要取决于垂直洞轴方向的水平天然应力 σ_h 和垂直天然应力 σ_v 的比值,以及它们的绝对值大小。从理论上讲,对于圆形洞室来说,当天然应力绝对值不大,$\sigma_h/\sigma_v=1$ 时,围岩的重分布应力较均匀,围岩稳定性最好;当 $\sigma_h/\sigma_v=1/3$ 时,洞室顶部将出现拉应力,洞侧壁将会出现大于 $2.67\sigma_v$ 的压应力,可能在洞顶拉裂掉块,洞侧壁内鼓张裂和倒塌。

如果地区的垂直应力 σ_v 为最小主应力,由于 $\dfrac{\sigma_{hmax}}{\sigma_v}>1.0$,所以洞轴线与 σ_{hmax} 最大主应力方向一致的洞室围岩稳定性,要比轴线垂直于 σ_{hmax} 方向的洞室围岩稳定性好。

对于有压隧道而言,当 $\sigma_h/\sigma_v\geqslant1.0$,且应力达到一定数值时,围岩将具有较大承受内水压力的承载力可以利用。因此,岩体中具有较高天然水平应力时,对有压隧洞围岩稳定有利。

对地表工程而言,如开挖基坑或边坡,由于开挖卸载作用,将引起基坑底部发生回弹隆起,并同时引起坑壁或边坡岩体向坑内发生位移。

基坑岩体回弹隆起、错位和变形的结果,将使地基岩体的透水性增大,力学性能劣化,甚至使建筑物变形破坏。

总之,岩体的天然应力状态,对工程建设有着重要意义。为了合理地利用岩体天然应力的有利方面,应根据岩体天然应力状态,在可能的范围内合理地调整地下洞室轴线、坝轴线以及人工边坡走向,较准确地预测岩体中重分布应力和岩体变形,正确地选择加固岩体的工程措施。因此,对重要工程,均应把岩体天然应力测量与研究当作一项必须进行的重要工作来安排。

第二节　天然地应力的成因及其影响因素

产生天然应力的原因十分复杂,多年实测和理论分析表明,地应力的形成主要与地球的各种动力作用过程有关,其中包括:地壳板块运动及其相互挤压、地幔热对流、地球自转速度改变、地球重力、岩浆侵入、放射性元素产生的化学能和地壳非均匀扩容等。另外,温度不均、水压梯度、地表剥蚀或其他物理化学作用等也可引起相应的应力场。其中,构造应力场和自重应力场是现今天然应力场的主要组成部分。

1. 地壳板块运动及其相互挤压
海底扩张和大陆漂移是地壳大陆板块运动的原动力,可用于解释我国大陆岩体天然应力的起因。中国大陆板块东西两侧受到印度洋板块和太平洋板块的推挤,推挤速度为每年数厘米,而南北同时受到西伯利亚板块和菲律宾板块的约束。在这样的边界条件下,板块岩体发生变形,并产生水平挤压应力场,其最大主应力迹线如图6-1所示。印度洋板块和太平洋板块的移动促成了中国山脉的形成,控制了我国地震的分布。

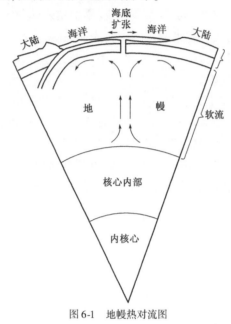

图6-1 地幔热对流图

2. 地幔热对流

由硅镁质的地幔因温度很高,具有可塑性,并可以上下对流和蠕动。当地幔深处的上升流到达地幔顶部时,就分成为两股相反的平流,回到地球深处,形成一个封闭的循环体系。地幔热对流引起地壳下面的水平切向应力,在亚洲形成由孟加拉湾一直延伸到贝加尔湖的最大应力槽,它是一个有拉伸的带状区。我国从西昌、攀枝花到昆明的裂谷正位于这一地区,该裂谷区有一个以西藏中部为中心的上升流的大对流环。在华北—山西地堑有个下降流,由于地幔物质的下降,引起很大的水平挤压应力。

3. 地球重力

由地心引力引起的应力场称为重力场,重力场是各种应力场中唯一能够准确计算的应力场。地壳中任一点的自重应力等于单位面积的上覆岩层的重量,即:

$$\sigma_G = \gamma H$$

式中:γ——上覆岩层的容重;

H——上覆岩层厚度。

重力应力为垂直方向应力,是地壳岩体中所有各点垂直应力的主要组成部分,但是垂直应力一般并不完全等于自重应力,因为板块运动,岩浆对流和侵入,岩体非均匀扩容、温度不均和水压梯度等都会引起垂直方向应力变化。

4. 岩浆侵入

岩浆侵入挤压、冷凝收缩和成岩均在周围地层中产生相应的应力场,其过程也是相当复杂的。熔融状态的岩浆处于静水压力状态,对其周围施加的是各个方向相等的均匀压力。但是炽热的岩浆侵入后即逐渐冷凝收缩,并从接触界面处逐渐向内部发展。不同的热膨胀系数及热力学过程会使侵入岩浆自身及其周围岩体应力产生复杂的变化过程。

与上述三种成因应力场不同,由岩浆侵入引起的应力场是一种局部应力场。

5. 地温梯度

地壳岩体的温度随着深度增加而升高,一般温度梯度为 $\alpha = 3℃/100m$。由于温度梯度引起地层中不同深度不相同的膨胀,从而引起地层中的压应力,其值可达相同深度自重应力的几分之一。

另外,岩体局部寒热不均,产生收缩和膨胀,也会导致岩体内部产生局部应力场。

6. 地表剥蚀

地壳上升部分岩体因为风化、侵蚀和雨水冲刷搬运而产生剥蚀作用。剥蚀后,由于岩体内的颗粒结构的变化和应力松弛赶不上这种变化,导致岩体内仍然存在着比由地层厚度所引起的自重应力还要大得多的水平应力值。因此,在某些地区,大的水平应力除与构造应力有关外,还和地表剥蚀有关。

第三节 天然地应力场的分布规律

自 20 世纪 50 年代初期起,许多国家先后开展了岩体天然应力绝对值的实测研究,至今已经积累了大量的实测资料。本节从工程观点出发,根据收集到的岩体应力的实测资料,对大陆板块内地壳表层岩体天然应力的基本规律进行讨论。

(1)地壳中主应力以压应力为主,方向基本上是垂直和水平的。

大量的测量结果表明,一个主应力的方向并不总是垂直的,但与垂直方向的夹角小于30°。故可认为一个主应力基本上是垂直的,另外两个主应力基本上是水平的。垂直应力的大小与上覆岩层的重量有关,垂直应力值可根据覆盖层的重量计算。虽然有些实测值与其有局部偏离,但总的来说是符合上述规律的,特别是在地壳深部。绝大部分测量结果还表明地壳岩体中的应力以压应力为主,很少出现张应力的情况。

(2)天然应力场是一个具有相对稳定性的非稳定应力场,是时间和空间的函数。

地应力在绝大多数地区是以水平应力为主的三向不等压应力场。三个主应力的大小和方向是随着空间和时间而变化的,因而它是个非稳定的应力场。地应力在空间上的变化,从小范围来看,其变化是很明显的,从某一点到相距数十米外的另一点,地应力的大小和方向也可能是不同的。但就某个地区整体而言,地应力的变化是不大的。如我国的华北地区,地应力场的主导方向为北西到近于东西的主压应力。

在某些地震活动活跃的地区,地应力的大小和方向随时间的变化是很明显的,在地震前,处于应力积累阶段,应力值不断升高,而地震时使集中的应力得到释放,应力值突然大幅度下降。主应力方向在地震发生时会发生明显改变,在震后一段时候又会恢复到震前的状态。

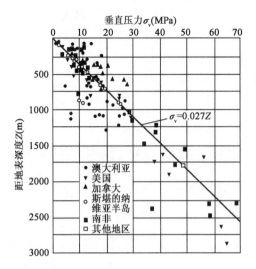

图 6-2　垂直应力与埋藏深度关系的实测结果

（据 Hoek 和 Brown,1981）

（3）垂直天然应力随深度呈线性增长。

大量的国内外地应力实测结果表明，绝大部分地区的垂直天然应力 σ_v 大致等于按平均密度 $\rho = 2.7 \mathrm{g/cm^3}$ 计算出来上覆岩体的自重（图 6-2）。但是，在某些现代上升地区，例如，位于法国和意大利之间的勃朗峰、乌克兰的顿涅茨盆地，均测到了 σ_v 显著大于上覆岩体自重的结果［$\sigma_v/\rho g Z \approx 1.2 \sim 7.0$，$Z$ 为测点距地面的深度］。而在俄罗斯阿尔泰区兹良诺夫矿区测得的垂直方向上的应力，则比自重小得多，甚至有时为张应力。这种情况的出现，大都与目前正在进行的构造运动有关。

垂直天然应力 σ_v 常常是岩体中天然主应力之一，与单纯的自重应力场不同的是：在岩体天然应力场中，σ_v 大都是最小主应力，少数为最大或中间主应力。例如，北美地台的加拿大地盾、乌克兰的希宾地块等以及其他地区的结晶基底岩体中，σ_v 基本上是最小主应力，而在斯堪的纳维亚岩体中测得的 σ_v 值，却大都是最大主应力。此外由于侧向侵蚀卸载作用，在河谷谷坡附近及单薄的山体部分，常可测得 σ_v 为最大主应力的应力状态。

（4）水平天然应力分布比较复杂。

岩体中水平天然应力的分布和变化规律是一个比较复杂的问题。根据已有实测结果分析，岩体中水平天然应力主要受地区现代构造应力场的控制，同时，还受到岩体自重、侵蚀所导致的天然卸载作用、现代构造断裂运动、应力调整和释放以及岩体力学性质等因素的影响。根据各地的天然应力测量成果，岩体中天然水平应力可以概括为如下特点。

①岩体中水平天然应力以压应力为主，出现拉应力者甚少，且多具局部性质。值得注意的是在通常被视为现代地壳张力带的大西洋中脊轴线附近的冰岛，哈斯特已于距地表 $4 \sim 65 \mathrm{m}$ 深处，测得水平天然应力为压应力。上述结论已为表 6-1 和表 6-2 的一些实测成果所证实。

②大部分岩体中的水平应力大于垂直应力，特别是在前寒武纪结晶岩体中，以及山麓附近和河谷谷底的岩体中，这一特点更为突出。如 σ_{hmax} 和 σ_{hmin} 分别代表岩体内最大和最小水平主应力，而在古老结晶岩体中，普遍存在 $\sigma_{hmax} > \sigma_{himn} > \sigma_v = \rho g Z$ 的规律。在另外一些情况下，则有 $\sigma_{hmax} > \sigma_v$，而 σ_{hmin} 却不一定都大于 σ_v，也就是说，还存在 $\sigma_v > \sigma_{hmin}$ 情况。

③岩体中两个水平应力 σ_{hmax} 和 σ_{hmin} 通常都不相等。一般来说，$\sigma_{hmin}/\sigma_{hmax}$ 比值随地区不同，变化范围在 $0.2 \sim 0.8$ 之间。例如，在芬兰斯堪的纳维亚大陆的前寒武纪岩体中，$\sigma_{hmin}/\sigma_{hmax}$ 比值为 $0.3 \sim 0.75$。又如，在我国华北地区不同时代岩体中的应力测量结果（表 6-2）表明，最小水平应力与最大水平应力比值的变化范围在 $0.15 \sim 0.78$ 之间。说明岩体中水平应力具有强烈的方向性和各向异性。

④在单薄的山体、谷坡附近以及未受构造变动的岩体中，天然水平应力均小于垂直应力。在很单薄的山体中，甚至可出现水平应力为零的极端情况。

⑤天然水平应力与垂直应力的比值。

表 6-1

芬兰斯堪的纳维亚部分地区水平应力的测量结果（据 Hast, 1967）

测量地点编号	地表下深度（m）	水平主应力（MPa）				τ_{max}（MPa）	σ_1 的方向（360°）	τ_{max} 的方向（±90°）	岩类	测量年份（年）	备 注
		σ_1	σ_2	$\sigma_1+\sigma_2$	$\dfrac{\sigma_2}{\sigma_1}$						
1. Crargesberg	410	34.5	23	57.5	0.67	5.8	NW43°	NE2°	长英麻粒岩	1951—1954, 1958	
2. Stallberg	690	56	32	88	0.57	12	NW45°	NS	长英麻粒岩	1957	
2a. Stallberg	880	56	16	72	0.29	5	NW43°		长英麻粒岩	1957	
3. Vingesbacke	410	70	37	107	0.53	16.5	NW43°	NE2°	花岗岩	1962	靠近断裂带
3a. Vingesbacke	410	90	60	150	0.67	15			花岗岩		非常靠近断裂带
4. Malmberget	290	38	13	51	0.34	12.5	NW83°	NW38°	花岗岩	1957	受到附近一矿山影响
5. Laisvall	225	33.5	12	45.5	0.36	10.8	NE16°	NW29°	花岗岩	1952—1953, 1960	位于 Lais-vall 湖东
5a. Laisvall	115	23.5	13.5	37	0.57	5	NW24°	NW21°	石英岩	1960	位于 Lais-vall 湖西
5b. Laisvall	180	46	33.5	79.5	0.73	6.3	NE61°	NW16°	花岗岩	1960	位于 Lais-vall 湖西
8. Nyang	657	50	35	85	0.70	7.5	NW28°	NW17°	花岗岩	1959	
8a. Nyang	477	46	26	72	0.57	10	NW52°	NW7°	花岗岩	1959	
9. Kirure	90	14.5	10.5	25	0.72	2	NW13°	NW32°	长英麻粒岩	1958	
9a. Kirure	120	14	10.5	24.5	0.75	1.8	NW11°	NW34°	长英麻粒岩	1958	
11. Splhem	100	19	10.5	29.5	0.55	4.3	NW49°	NW4°	灰岩	1962	
12. Lidiugo	32	13	7	20	0.54	3	NW6°	NW39°	灰岩	1961	
13. Sibbo	45	14.5	11.5	26	0.79	1.5	NW45°	E-W	灰岩	1961	

续上表

测量地点编号	地表下深度（m）	水平主应力（MPa） σ_1	σ_2	$\sigma_1+\sigma_2$	$\dfrac{\sigma_2}{\sigma_1}$	τ_{max}（MPa）	σ_1的方向（360°）	τ_{max}的方向（±90°）	岩类	测量年份（年）	备注
13a. Sibbo	100	15	13	28	0.87	1.1			灰岩	1961	
14. Jussaro	145	21	13	34	0.62	4	NW51°	NW6°	花岗岩	1962	在芬兰湾底下
15. Slite	45	13	10.5	23.5	0.81	1.3	NW47°	NW2°	灰岩	1964	
16. Messaure	100	16.5	12	28.5	0.73	2.3	NW10°	NW12°	花岗岩	1964	
17. Kirkenas	50	12	8.5	20.5	0.71	1.8	NW23°	NW22°	花岗岩	1963	
19. Karlshamn	10	12	7.5	19.5	0.63	2.3	NW65°	NW20°	花岗岩	1963	
20. Sondrum	14.5	40	13	53	0.33	13.5	NW7.5°	NW52.5°	花岗岩	1964	
21. Rixo	9	12	6.5	18.5	0.54	2.9	NW24°	NW69°	花岗岩	1965	
22. Trass	8	10.5	6	16.5	0.57	2.4	NW47°	NW2°	花岗岩	1964	
23. Gol	50	20.5	10.5	31	0.51	5	NW33°	NW12°	花岗岩	1964	
24. Wassbo（ldre）	31	13.5	6.5	20	0.48	3.5	NW9°	NW54°	花岗岩	1964	
25. Bieriow	6	14.5	10	24.5	0.69	2.3	NW26°	NW71°	花岗岩	1965	
26. Bornholm	17	6	4	10	0.67	1	NW30°	NW15°	花岗岩	1966	
27. Merrang	260	26	18.5	44.5	0.71	3.8	NW43°	NW2°	花岗岩	1966	
28. Kristinealtad	15	16	6.5	22.5	0.41	1.8	NW24°	NW21°	花岗岩	1966	

注：1. 垂直平面内的垂直剪应力很小或者没有。
2. τ_{max} 代表垂直平面内的最大水平剪应力。
3. 测孔是垂直的。

华北地区地应力绝对值测量结果（据李铁汉，潘别桐，1980） 表 6-2

测量地点	测量时间	岩性及时代	最大水平主应力（MPa）	最小水平主应力（MPa）	最大主应力方向	$\dfrac{\sigma_{hmax}}{\sigma_{hmin}}$
隆尧茅山	1966 年 10 月	寒武系鲕状灰岩	7.7	4.2	ZW54°	0.55
顺义吴雄寺	1971 年 6 月	奥陶系灰岩	3.1	1.8	ZW75°	0.58
顺义庞山	1973 年 11 月	奥陶系灰岩	0.4	0.2	ZW58	0.5
顺义吴雄寺	1973 年 11 月	奥陶系灰岩	2.6	0.4	ZW73°	0.15
北京温泉	1974 年 8 月	奥陶系灰岩	3.6	2.2	ZW65°	0.67
北京昌平	1974 年 10 月	奥陶系灰岩	1.2	0.8	ZW75°	0.67
北京大灰厂	1974 年 11 月	奥陶系灰岩	2.1	0.9	ZW35°	0.43
辽宁海城	1975 年 7 月	前震旦系菱镁矿	0.3	5.9	ZW87°	0.63
辽宁营口	1975 年 10 月	前震旦系白云岩	16.6	10.4	ZW84°	0.61
隆尧尧山	1976 年 6 月	寒武系灰岩	3.2	2.1	ZW87°	0.66
滦县一孔	1976 年 8 月	奥陶系灰岩	5.8	3	ZW84°	0.52
滦县三孔	1976 年 9 月	奥陶系灰岩	6.6	3.2	ZW89°	0.48
顺义吴雄寺	1976 年 9 月	奥陶系灰岩	3.6	1.7	ZW83°	0.47
唐山凤凰山	1976 年 10 月	奥陶系灰岩	2.5	1.7	ZW47°	0.68
三河孤山	1976 年 10 月	奥陶系灰岩	2.1	0.5	ZW69°	0.24
怀柔坟头村	1976 年 11 月	奥陶系灰岩	4.1	1.1	ZW83°	0.27
河北赤城	1977 年 7 月	前寒武系超基性岩	3.3	2.1	ZW82°	0.64
顺义吴雄寺	1977 年 7 月	奥陶系灰岩	2.7	2.1	ZW75°	0.78

注：测点深度小于 30m。

岩体中天然水平应力与垂直应力之比定义为天然应力比值系数，用 λ 表示。世界各地的天然应力测量成果表明，绝大多数情况下，平均天然水平应力与天然垂直应力的比值在 1.5～10.6 范围内。

天然应力比值系数随深度增加而减小。图 6-3 是 Hoek-Brown 根据世界各地天然应力测量结果得出的平均天然水平应力 σ_{hav} 与天然垂直应力 σ_v 比值随深度 Z 的变化曲线。曲线表明 $\dfrac{\sigma_{hav}}{\sigma_v}$ 比值有如下规律：

$$\left(0.3+\frac{100}{Z}\right)<\frac{\sigma_{hav}}{\sigma_v}<\left(0.5+\frac{1500}{Z}\right) \quad (6-1)$$

⑥大尺度范围内，最大主应力方向是相对稳定的。

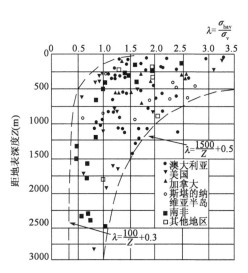

图 6-3 平均天然应力水平与垂直应力比 λ 与埋藏深度的系的实测果（据 Hoek 和 Brown，1981）

在相对平坦的地区和离地表较深处的地应力测量结果可以代表这个地区的应力场特点。最大水平主应力方向尽管存在着局部变化,但是在某些广阔地区,水平主应力方向看来还是有一定规律的。在一个相当大的区域内,最大主应力的方向是相对稳定的,并和区域控制性构造变形场一致。

⑦区域构造场决定局部点的主应力。

河谷构造应力的主要部分随剥蚀卸载很快释放掉,接近河谷岸坡表面存在的地应力分布差异很大。已经发现在接近河谷岸坡表面部分为岩石风化和地应力偏低带,往下则过渡到地应力平稳区。图6-4是中国科学院武汉岩土力学研究所结合科研工作于1982年在雅砻江下游二滩水电站坝址测得的地应力资料。此资料表明,在地表下30m,水平距80m范围内为地应力释放区,再往下深入约150m为应力集中区,过此区则是应力平稳区,这一现象对地应力的研究具有十分重要的意义。

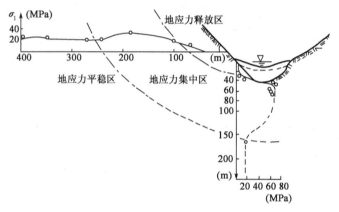

图6-4 二滩坝址地应力特征

⑧天然应力状态。

岩体中天然应力一般处于三维应力状态。根据三个主应力轴与水平面的相对位置关系,把天然应力场分为水平应力场与非水平应力场两类。水平应力场的特点是两个主应力轴呈水平或与水平面夹角小于30°,另一个主应力轴垂直于水平面或与水平面夹角大于或等于70°。非水平应力场的特点是:一个主应力轴与水平面夹角在45°左右,另两个主应力轴与水平面夹角在0°~45°间变化。应力测量结果表明,水平应力场在地壳表层分布比较广泛,而非水平应力场仅分布在板块接触带或两地块之间的边界地带。

在水平应力场条件下,两个水平或近似水平方向的应力是两个主应力或近似主应力。在这种情况下,岩体垂直平面内没有或仅有很小的垂直剪应力,其数值取决于两水平主应力之差的水平剪应力。当水平剪应力足够大时,岩体就会沿垂直平面发生剪切破坏。

在非水平应力场条件下,岩体中垂直平面内存在垂直剪应力,在水平面内存在水平剪应力。根据哈斯特的应力测量资料,芬兰斯堪的纳维亚半岛与大西洋和挪威海相接触地带,以及太平洋与美洲大陆之间的接触地带都存在非水平应力场。哈斯特还认为非水平应力场和很高的垂直天然剪应力出现在地壳不稳定地区,以及正在发生垂直运动的地区。故可推知,目前存在非水平应力场的地区,很可能是现今正在发生垂直运动的不稳定地区。

第四节 天然地应力的量测原理与方法

1.地应力测量基本原理

测量原始地应力就是确定存在于拟开挖岩体及其周围区域的未受扰动的三维应力状态，这种测量通常是通过一点的测量来完成的。岩体中一点的三维应力状态可选定坐标系中的 6 个分量($\sigma_x, \sigma_y, \sigma_z, \tau_{xy}, \tau_{yz}, \tau_{xz}$)来表示。这种坐标系是可根据需要选择的，但一般取地球坐标系作为测量坐标系，由 6 个分量可以求得 3 个主应力的大小和方向。在实际测量中，每一点所涉及的岩石大小可能从几立方厘米到几千立方米，这取决于采用何种测量方法。但不管是多大尺寸，对于整个岩体而言，仍可视为一点。虽然也有一些测定大范围岩体中应力的方法，如超声波等地球物理方法，但这些方法很不准确，因而远没有"点"测量方法普及。由于地应力状态的复杂性和多变性，要比较准确地测定某一地区的地应力，就必须进行足够数量的"点"测量，在此基础上，才能借助数值分析和数理统计、灰色建模、人工智能等方法，进一步描绘出该地区的全部地应力场状态。

2.地应力测量方法

量测岩体应力的目的是为了了解岩体中的应力的大小和方向，从而为分析岩体工程的受力状态以及为支护岩体加固提供依据，同时，也可用来预报岩体失稳破坏和岩爆的发生。量测岩体应力可以分为岩体初始地应力量测和工程应力分布量测，前者是为了测定岩体初始地应力场，后者是为了测定岩体开挖后引起的应力重分布状况，从岩体应力现场量测技术来讲，这两者并无原则区别。

为了进行初始地应力测量，通常需要预先开挖一些洞室以便人和设备进入测点，然而，只要洞室一开挖，洞室周围岩体中的应力状态就受到了扰动。一种方法是在洞室表面进行应力测量，然后在计算原始应力状态时，再把洞室开挖引起的扰动计算进去，由于在通常情况紧靠洞室表面岩体都会受到不同程度的破坏，使它们与未受扰动的岩体的物理力学性质大不相同；同时洞室开挖对原始应力场的扰动也是十分复杂的，不可能进行精确的分析和计算。所以这类方法得出的初始应力状态往往是不准确的，甚至是完全错误的。另一种方法是从洞室表面向岩体打小孔，直至初始应力区。地应力的测量是在小孔中进行的，由于小孔对地应力的状态的扰动是可以忽略不计的，这就保证了地应力的测量是在初始应力区中进行的，目前，普遍采用的应力解除法和水压致裂法均属此类方法。

近半个世纪来，特别是近 40 年来，随着地应力测量工作的不断开展，各种测量方法和测量仪器也不断发展起来，就世界范围而言，目前各种主要测量方法有数十种之多，而测量仪器则有数百种之多。但根据国内外多数人的观点，依据测量基本原理的不同，可将测方法分为直接测量法和间接测量法两大类。

直接测量法是由测量仪器直接测量和记录各种应力量，如补偿应力、恢复应力、平衡应力，并由这些应力量和原岩应力的相互关系，通过计算获得原岩应力值。在计算过程中并不涉及不同物理量的换算，不需要知道岩石的物理力学性质和应力应变关系。水压致裂法、声发射法和应力恢复法均属直接测量法。其中，水压致裂法在目前的应用最为广泛，声发射法次之。

间接测量法不是直接测量应力量,而是借助某些传感元件或某些介质,测量和记录岩体中某些与应力有关的间接物理量的变化,如岩体中的变形或应变,岩体的密度、渗透性、吸水性、电阻、电容的变化,弹性波传播速度的变化等,然后由测得的间接物理量的变化,通过已知的公式计算岩体中的应力值。因此,在间接测量法中,为了计算应力值,首先必须确定岩体的某些物理力学性质以及所测物理量和应力的相互关系。套孔应力解除法和其他的应力或应变解除法以及地球物理法等是间接法中较常用的,其中套孔应力解除法是目前国内外最普遍采用的发展较为成熟的一种地应力测方法。

本书中我们介绍水压致裂法、应力解除法、应力恢复法、声发射法等地应力量测方法。

一、水压致裂法

1. 水压致裂法原理

水压致裂法在 20 世纪 50 年代被广泛应用于油田生产,通过在钻井中制造人工的裂隙来提高石油的产量。哈伯特(M. K. Hubbert)和威利斯(D. G. Willis)在实践中发现了水压致裂裂隙和原岩应力之间的关系。这一发现又被费尔赫斯特(C. Fairhurst)和海姆森(B. C. Haimson)用于岩体初始应力测量。

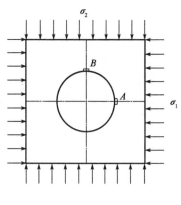

图 6-5 钻孔周边应力

从弹性力学理论可知,如图 6-5 所示,当一个位于无限体中的钻孔受到无穷远处二维应力场(σ_1,σ_2)的作用时,离开钻孔端部一定距离的部位处于平面应变状态。在这些部位,钻孔周边的应力为:

$$\sigma_\theta = \sigma_1 + \sigma_2 - 2(\sigma_1 - \sigma_2)\cos2\theta \tag{6-2}$$

$$\sigma_r = 0 \tag{6-3}$$

式中:σ_θ、σ_r——钻孔周边的切向应力和径向应力;

θ——周边一点与 σ_1 轴的夹角。

由式(6-2)可知,当 $\theta = 0°$ 时,σ_θ 取得极小值,即

$$\sigma_\theta = 3\sigma_2 - \sigma_1 \tag{6-4}$$

由图 6-6 所示,当水压超过 $3\sigma_2 - \sigma_1$ 与岩石抗拉强度 σ_t 之和后,在 $\theta = 0°$ 时,即 σ_1 所在方位将发生孔壁开裂。钻孔壁发生初始开裂时的水压为 P_i,有

$$P_i = 3\sigma_2 - \sigma_1 + \sigma_t \tag{6-5}$$

继续向封隔段注入高压水使裂隙进一步扩展,当裂隙深度达到 3 倍钻孔直径时,此处已接近原岩初始应力状态,停止加压,保持压力恒定,该恒定压力即为 P_s,由图 6-5 可知,P_s 应和初始应力 σ_2 相平衡,即:

$$P_s = \sigma_2 \tag{6-6}$$

根据式(6-5)和式(6-6),只要测出封隔段岩石抗拉强度 σ_t,可由 P_i 和 P_s 求出 σ_1 和 σ_2。

在初始裂隙产生后,先将水压卸除,使裂隙闭合,然后重新向封隔段加压,使裂隙打开,裂隙重开的压力为 P_r,封隔段处岩体静止裂隙水压力为 P_0,则:

$$p_r = 3\sigma_2 - \sigma_1 - p_0 \tag{6-7}$$

由式(6-6)和式(6-7)求 σ_1 和 σ_2 就无须知道岩石的抗拉强度。因此,由水压致裂法测量岩体初始应力可不涉及岩体的物理力学性质,而可由测量和记录的压力值来决定。

2. 水压致裂法测量步骤

水压致裂法是通过液压泵向钻孔内拟定测量深度处加液压将孔壁压裂,测定压裂过程中的各特征点压力及开裂方位,以此计算测点附近岩体中初始应力大小和方向。图 6-6 为水压致裂法测量系统示意图。

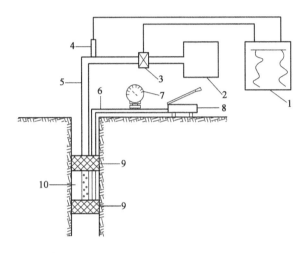

图 6-6 水压致裂法测量系统示意图

1-记录仪;2-高压泵;3-流量计;4-压力计;5-高压钢管;6-高压胶管;7-压力表;8-泵;9-封隔器;10-压裂段

测量步骤如下:

(1)打钻孔到准备测量应力的部位,并将钻孔中待加压段用封隔器密封起来,钻孔直径与所选用封隔器的直径相一致,封隔器的直径有 38mm、51mm、76mm、91mm、110mm,130mm 等。封隔器是两个膨胀橡胶塞,可用液体,也可用气体进行充压。橡胶塞之间的封堵段长度为 0.5 ~ 1.0m。

(2)向两个封隔器的隔离段注射高压水,不断加大水压,至孔壁出现开裂,获得初始开裂压力 P_i。

(3)停止增压,关闭高压泵,压力迅速下降,裂隙停止扩展,并趋于闭合,当压力降到使裂隙处于临界闭合状态时的平衡压力,此时的应力称为关闭压力,记为 P_s,最后卸压,使裂隙完全闭合。

(4)重新向密封段注射高压水,使裂隙重新打开并记下裂隙重开时的压力 P_r 和随后的恒定关闭压力 P_s。这种卸压—重新加压的过程重复 2 ~ 3 次,以提高测试数据的准确性。

上述步骤(2)、(3)、(4)记录了压力—时间关系和流量—时间关系,见图 6-7。

(5)将封隔器完全泄压,连同压管等全部设备从孔中取出。

(6)测量水压致裂法裂隙和钻孔试验天然节理、裂隙位置、方向和大小,可以采用井下摄影机、井下电视、井下光学望远镜或印模器。前三种方法代价昂贵,操作复杂,而印模器则比较实用、简单。印模器的结构和形状与封隔器相似。在其外部包裹一层可塑性橡皮或者相似材料,将印模器和压管一起送入水压致裂部位,然后将印模器加压膨胀,以便使钻孔上的所有节理均印在印模器上。印模器有定向系统,以确定裂隙的方位,一般情况下,水压致裂裂隙为一组相对的纵向裂隙,很容易辨认出来。

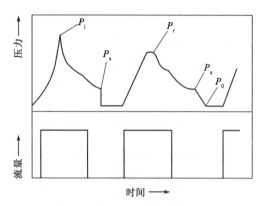

图 6-7 水压致裂法试验压力—时间、流量—时间曲线图

3. 水压致裂法应用

水压致裂法是测量岩体深部应力的新方法,目前测深已达 5000m 以上。这种方法不需要套取岩芯,也不需要精密的电子仪器;测试方法简单;孔壁受力范围广,避免了地质条件不均匀的影响。但测试精度不高,仅可用于区域内应力场的估算。

水压致裂测量结果只能确定垂直于钻孔平面内的最大主应力和最小主应力的大小和方向,所以从原理上讲,它是一种二维应力测量方法。若要确定测点的三维应力状态,必须打交汇于一点的三个钻孔,这相当困难。一般情况下,假定钻孔方向为一个主应力方向,例如,将钻孔打在垂直方向,并认为垂直应力是一个主应力,其大小等于单位面积上覆岩层的重量,则由单孔水压致裂结果也可以确定三维应力场。

水压致裂法认为初始开裂发生在钻孔壁切向应力最小的部位,亦即平行于最大主应力的方向,这是基于岩石为连续、均质和各向同性的假设。如果孔壁本来就有天然节理裂隙存在,那么初始裂痕很可能发生在这些部位,而并非切向应力最小的部位,因而,水压致裂法比较适合用于完整岩石。

二、应力解除法

设地下岩体内有一边长为 x、y、z 的单元体,若将它与原岩体分离,相当于解除单元体上的外力,则单元体的尺寸分别增大到 $x + \Delta x$,$y + \Delta y$,$z + \Delta z$,或者说恢复到受初始应力前的尺寸,则恢复应变分别为:$\varepsilon_x = \dfrac{\Delta x}{x}$,$\varepsilon_y = \dfrac{\Delta y}{y}$,$\varepsilon_z = \dfrac{\Delta z}{z}$。如果通过测试得到 ε_x、ε_y 和 ε_z,又已知岩体的弹性模量 E 和泊松比 μ,根据虎克定律可算出解除前的初始应力。应力解除法也需假设岩体是均质、连续、完全弹性体。

应力解除法的具体方法有很多种,按测试变形或应变的方法不同,可分为孔底应力解除法、孔壁应变法和孔径变形法。

1. 孔底应力解除法

把应力解除法用到钻孔孔底就称为孔底应力解除法。这种方法是先在围岩中钻孔,在孔底平面上粘贴应变传感器,然后用套钻使孔底岩芯与母岩分开,进行卸载,观测卸载前后的应变,间接求出岩体中的应力。

孔底应变传感器主体是一个橡胶质的圆柱体,其端部粘贴着三支电阻应变片,相互间隔

45°,组成一个直角应变花。橡胶圆柱外面有一个硬塑料制的外壳,应变片的导线通过插头连接到应变测量仪器上。其结构见图6-8。

具体测试步骤如下(图6-9):

(1)用 $\phi76mm$ 金刚石空心钻头钻孔至预定深度,取出岩芯。

(2)钻杆上改装磨平钻头将孔底磨平、打光,冲洗钻孔,用热风吹干,再用丙酮擦洗孔底。

(3)将环氧树脂黏结剂涂到孔底和应变传感器探头上,用安装器将传感器粘贴在孔底。经过20h,等黏结剂固化后,测取初始应变读数,拆除安装工具。

(4)用空心金刚石套孔钻头钻进,深度为岩芯直径的2倍,并取出岩芯。

(5)测量解除后的应变值,测定岩石的弹性模量。

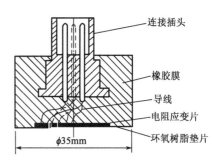

图6-8 孔底应变传感器

连接插头
橡胶膜
导线
电阻应变片
环氧树脂垫片

利用孔底应力解除法求岩体应力须经两个步骤:一是由孔底应变计算出孔底平面应力;二是利用孔底应力与岩体应力之间的关系计算出岩体应力分量。受孔底应力集中影响,计算出的应力值要高于岩体中的实际应力值,所以要根据实验研究和有限元分析对孔底应力加以校正。

单一钻孔孔底应力解除法,只有在钻孔轴线与岩体的一个主应力方向平行的情况下,才能测得另外两个主应力的大小和方向。若要测量三维状态下岩体中任意一点的应力状态,至少要用空间方位不同并交于一点的三个钻孔,分别进行孔底应力解除测量,三个钻孔可以相互斜交,也可以相互正交。

孔底应力解除法是一种比较可靠的应力测量方法。由于采取岩芯较短,因此,适应性强,可用于完整岩体及较破碎岩体中。但在用三个钻孔测一点的应力状态时,孔底很难处在一个共面上,而影响测量结果。

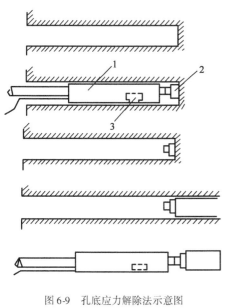

图6-9 孔底应力解除法示意图
1-安装器;2-探头;3-温度补偿器

2.孔壁应变法

孔壁应变法是在钻孔壁上粘贴三向应变计,通过测量应力解除前后的应变,来推算岩体应力,利用单一钻孔可获得一点的空间应力分量。

三向应变计由 $\phi36mm$ 橡胶栓、电阻应变花、电镀插针、楔子等组成,见图6-10。楔子在橡胶栓内移动可使三个悬臂张开,将应变花贴到孔壁上。

具体测试步骤如下(图6-11):

(1)用 $\phi90mm$ 金刚石空心钻头钻一个大孔,至预定深度,再用磨平钻头将孔底磨平。

(2)用 $\phi36mm$ 金刚石钻头在大孔中心钻一个450mm长的小孔;清洗孔壁并吹干,在小孔中部涂上适量的黏结剂。

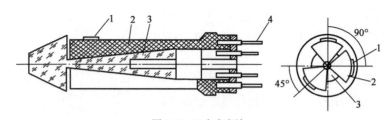

图 6-10　三向应变计
1-电阻应变片;2-橡胶栓;3-楔子;4-电镀插针

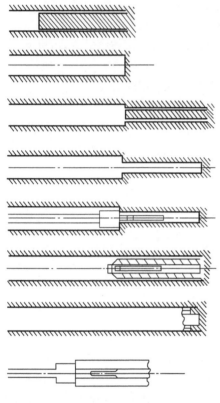

图 6-11　孔壁应变法示意图

（3）将三向应变计装到安装器上,送入小孔中,用推楔杆推动楔子使应变计的三个悬臂张开,将应变花贴到孔壁上;待黏结剂固化后,测取初读数,取出安装器,用封孔栓堵塞小孔。

（4）用 ϕ90mm 空心套钻进行应力解除。

（5）取出岩芯,拔出封孔栓,测量应力解除后的应变值。

孔壁应力解除过程中的测量工作,是进行应力测量的关键。应力解除过程可用应变过程曲线来表示,见图 6-12。它反映了随着解除深度增加,测得应力释放及孔壁应力集中影响的复杂变化过程,是判断量测成功与否和检验测量数据可靠性的重要依据。图 6-12 上曲线 1 为沿孔壁环向且近于岩体最大主应力方向的解除应变,曲线 2 为沿孔壁环向但近于岩体小主应力方向的解除应变,曲线 3 为沿钻孔轴向的解除应变。

采用孔壁应变法时,只需打一个钻孔就可以测出一点的应力状态,测试工作量小,精度高。经研究得知,为避免应力集中影响,解除深度不应小于 45cm。因此,这种方法适用于整体性好的岩体中,但应变计的防潮要求严格,目前尚不适用于有地下水的场合。

3.孔径变形法

孔径变形法是在岩体小钻孔中埋入变形计,测量应力解除前后的孔径变化量,来确定岩体应力的方法。

孔径变形法所用的变形计有电阻式、电感式和钢弦式等多种,以前者居多。图 6-13 为 ϕ36-Ⅱ型钢环式孔径变形计,钢环装在钢环架上,每个环与一个触头接触,各触头互成 45°角,其间距为 1cm,全部零件组装成一体,使用前需进行标定。当钻孔孔径发生变形时,孔壁压迫触头,触头挤压钢环,使粘贴其上的应变片数值发生变化。只要测出应变量,换算出孔壁变形大小,就可

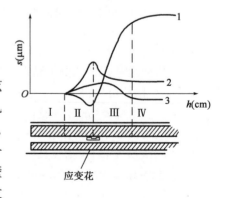

图 6-12　解除过程曲线示意图

以转求岩体应力。

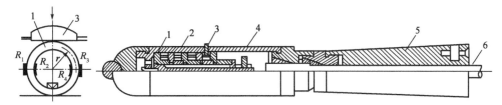

图 6-13 钢环式孔径变形计

1-弹性钢环；2-钢环架；3-触头；4-外壳；5-定位器；6-电缆

测试步骤基本上与孔壁应变法相同。先钻 $\phi127mm$ 的大孔，后钻 $\phi36mm$ 的同心小孔。用安装杆将变形计送入孔，适当调整触头的压缩量（钢环上有初始应变），然后接上应变片电缆并与应变仪连接，再用 $\phi127mm$ 钻头套钻；边解除应力，边读取应变，直到应力全部解除完毕。

为了确定岩体的空间应力状态，至少要用汇交于一点的三个钻孔，分别进行孔径变形法的应力解除。

孔径变形法的测试元件具有零点稳定性好，直线性、重复性和防水性好，适应性强，操作简便，能测量解除应变的全过程，还可以重复使用。但此法采取的应力解除岩芯仍较长，一般不能小于 28cm，因此，不宜在较破碎的岩层中应用。在岩石弹性模量较低、钻孔围岩出现塑性变形的情况下，采用径变形法要比孔底和孔壁应变法效果好。

三、应力恢复法

应力恢复法是用来直接测定岩体应力大小的一种测试方法，目前，此法仅用于岩体表层，当已知某岩体中的主应力方向时，采用此方法较为方便。

如图 6-14 所示，当洞室某侧墙上的表层围岩应力的主应力 σ_1、σ_2 的方向分别为垂直与水平方向时，就可用应力恢复法测得 σ_1 的大小。在侧墙上沿测点 O，在水平方向（垂直所测的应力方向）开一个解除槽，则在槽上下附近围岩的应力得到部分解除，应力状态重新分布。在槽的中垂线 OA 上的应力状态，根据 H. N. 穆斯海里什维里理论，可把槽看作一条缝，得到：

$$\sigma_{1x} = 2\sigma_1 \frac{\rho^4 - 4\rho^2 - 1}{(\rho^2 + 1)^3} + \sigma_2 \tag{6-8}$$

$$\sigma_{1y} = \sigma_1 \frac{\rho^6 - 3\rho^4 + 3\rho^2 - 1}{(\rho^2 + 1)^3} \tag{6-9}$$

式中：σ_{1x}、σ_{1y}——OA 线上某点 B 的应力分量；

ρ——B 点离槽中心 O 的距离的倒数。

当在槽中埋设压力枕，并由压力枕对槽加压，若施加压力为 P，则在 OA 线上 B 点产生的应力分量为：

$$\sigma_{2x} = -2p \frac{\rho^4 - 4\rho^2 - 1}{(\rho^2 + 1)^3} \tag{6-10}$$

$$\sigma_{2y} = 2P \frac{3\rho^4 + 1}{(\rho^2 + 1)^3} \tag{6-11}$$

当压力枕所施加的应力 $P = \sigma_1$ 时，这时 B 点的总应力分量为：

$$\sigma_x = \sigma_{1x} + \sigma_{2x} = \sigma_2 \qquad (6\text{-}12)$$

$$\sigma_y = \sigma_{1y} + \sigma_{2y} = \sigma_1 \qquad (6\text{-}13)$$

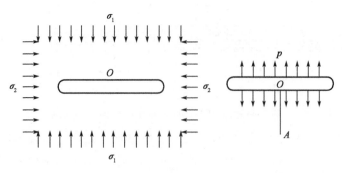

图 6-14　主应力 σ_1、σ_2 分布

可见,当压力枕所施加的力 $P = \sigma_1$ 时,则岩体中的应力状态已完全恢复,所求的应力 σ_1 即由 P 值而得知。

具体测试步骤如下(图 6-15):

(1)在选定的试验点上,沿解除槽的中垂线上安装好测量元件。测量元件可以是千分表、钢弦应变计或电阻应变片等,若开槽长度为 B,则应变计中心一般距槽 $B/3$,槽的方向与预定所需测定的应力方向垂直,槽的尺寸根据所使用的压力枕大小而定,槽的深度要求大于 $B/2$。

(2)记录应变计的初始读数。

(3)开凿解除槽,岩体产生变形 ε_{0e} 并记录应变计上的读数。

(4)在开挖好的解除槽中埋设压力枕,并用水泥砂浆充填空隙。

(5)待充填水泥浆达到一定强度以后,即将压力枕连接油泵,通过压力枕对岩体施压。随着压力枕所施加力的增加,岩体变形逐步恢复。逐点记录压力 P 与恢复变形(应变)的关系。

(6)假设岩体为理想弹性体时,则当应变计恢复到初始读数时,此时压力枕对岩体所施加的压力 P 即为所求岩体的主应力。

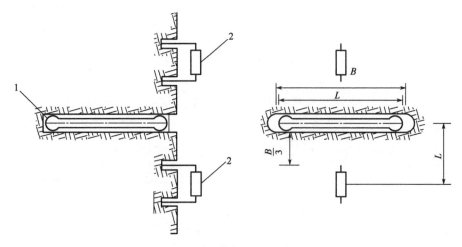

图 6-15　应力恢复法布置示意图

1-压力枕;2-应变计

若岩体为弹塑性体,则可由试验中得到的应力应变曲线确定岩体应力。如图 6-16 所示,

ODE 为压力枕加荷曲线,图中 D 点对应的 ε_{0e} 为可恢复的弹性应变;继续加压到 E 点,可得全应变 ε_1;由压力枕逐步卸荷,得卸荷曲线 EF,并得 $\varepsilon_1 = GF + FO = \varepsilon_{1e} + \varepsilon_{1p}$。这样,就可以求得产生全应变 ε_1 所相应的弹性应变 ε_{1e} 与残余塑性应变 ε_{1p} 的值。为了求得 ε_{0e} 对应的全应变量,可以作一条水平线 KN 与压力枕的 OE 和 EF 线相交,并使 $MN = \varepsilon_{0e}$,则此 KM 就为残余塑性应变 ε_{0p},相应的全应变量为 $\varepsilon_0 = \varepsilon_{0e} + \varepsilon_{0p} = KM + MN$。由 ε_0 值就可在 OE 线上求得与 C 点相应的 P 值,此即所求的 σ_1 值。

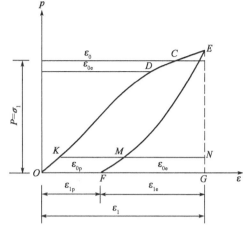

图 6-16　应力应变曲线求岩体应力

四、声发射法

1. 测试原理

材料在受到外荷载作用时,其内部储存的应变能快速释放产生弹性波,发生声响,称为声发射。1950 年,德国人凯撒(J. Kaiser)发现多晶金属的应力从其历史最高水平释放后,再重新加载,当应力未达到先前最大应力值时,很少有声发射产生,而当应力达到和超过历史最高水平后,则大量产生声发射,这一现象叫作凯撒效应。从很少产生声发射到大量产生声发射的转折点称为凯撒点,该点对应的应力即为材料先前受到的最大应力。后来,许多人通过试验证明,许多岩石如花岗岩、大理岩、石英岩、砂岩、安山岩、辉长岩、闪长岩、片麻岩、辉绿岩、灰岩、砾岩等也具有显著的凯撒效应。

凯撒效应为测量岩石应力提供了一个途径,即如果从原岩中取回定向的岩石试件,通过对加工的不同方向的岩石试件进行声发射试验,测定凯撒点,即可找出每个试件以前所受的最大应力,并进而求出取样点的原始(历史)三维应力状态。

2. 测试步骤

（1）试件制备

从现场钻孔提取岩石试样,试样在原环境状态下的方向必须确定。将试样加工成圆柱体试件,径高比为 1 : 3 ~ 1 : 2。为了确定测点三维应力状态,必须在该点的岩样中沿 6 个不同方向制备试件,假如该点局部坐标系为 $OXYZ$,则三个方向选为坐标轴方向,另三个方向选为 OXY、OYZ、OZX 平面内的轴角平分线方向。为了获得测试数据的统计规律,每个方向的试件为 15 ~ 25 块。

为了消除由于试件端部与压力试验机上、下压头之间摩擦所产生的噪声和试件端部应力集中,试件两端浇铸由环氧树脂或其他复合材料制成的端帽。

（2）声发射测试

将试件放在单压缩试验机上加压,并同时监测加压过程中从试件中产生的声发射现象。图 6-17 是一组典型的监测系统框图。在该系统中,两个压电换能器(声发射接受探头)固定在试件上、下部,用来将岩石试件在受压过程中产生的弹性波转换成电信号。该信号经放大、鉴别之后送入定区检测单元,定区检测是检测两个探头之间的特定区域里的声发射信号,区域外的信号被认为是噪声而不被接受。定区检测单元输出的信号送入计数控制单元,计数控制单元将规定的采样时间间隔内的声发射模拟量和数字量(事件数和振铃数)分别送到记录仪或显示器绘图、显示或打印。

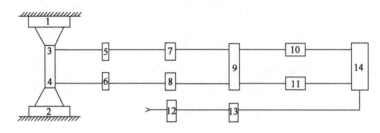

图 6-17　声波发射监测系统框图

1、2-上、下压头;3、4-换能器;5、6-前量放大器;7、8-输入监测单元;9-定区检测单元;10、11-计数控制单元;12-压机油路压力传感器;13-压力电信号转换仪器;14-记录仪

　　凯撒效应一般发生在加载的初期,故加载系统应选用小吨位的应力控制系统,并保持加载速率恒定,尽可能避免用人工控制加载速率。如用手动加载,则应采用声发射事件数或振铃总数曲线判定凯撒点,而不应根据声发射事件速率曲线判定凯撒点。这是因为声发射速率和加载速率有关,在加载初期,人工操作很难保证加载速率恒定,在声发射事件速率曲线上可能出现多个峰值,难于判定真正的凯撒点。

　　(3)计算地应力

　　由声发射监测所获得的应力—声发射事件数(速率)曲线(参见图6-18),即可确定每次试验的凯撒点,并进而确定该试件轴线方向先前受到的最大应力值。15 ~ 25 个试件获得一个方向的统计结果,6 个方向的应力值即可确定取样点的历史最大三维应力大小和方向。

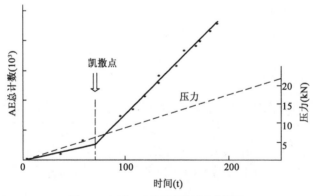

图 6-18　压力—声发射事件试验曲线图

　　根据凯撒效应的定义,用声发射法测得的是取样点的先存最大应力,而非现今地应力。但是也有一些人对此持相反意见,并提出了"视凯撒效应"的概念。认为声发射可获得两个凯撒点,一个对应于引起岩石饱和残余应变的应力,它与现今应力场一致,比历史最高应力值低,因此称为视凯撒点。在视凯撒点之后,还可获得另一个真正的凯撒点,它对应于历史最高应力。

　　由于声发射与弹性波传播有关,所以高强度的脆性岩石有较明显的声发射凯撒效应出现,而多孔隙低强度及塑性岩体的凯撒效应不明显,所以不能用声发射法测定软弱疏松岩体中的应力。

第五节 高地应力地区主要岩体力学问题

一、研究高地应力问题的必要性

（1）地应力是研究岩体力学不可缺少的一部分。岩体力学与其他力学学科最根本的区别在于岩体中具有初始地应力。所有岩体工程现象都与地应力的大小有关，因此，研究高地应力问题本身就是岩体力学的基本任务之一。

（2）岩体的本构关系、破坏准则以及岩体中应力传播规律都随地应力大小的变化而变化。例如，在低地应力和低偏压情况下，岩体的脆断特性表现明显，受节理面制约而表现的各向异性和非连续性也很明显，岩体破坏时，峰值强度与残余强度之间相差较大。在高地应力条件下，岩体的脆性表现不太明显，而塑性表现明显，节理面的存在所引起的各向异性也会明显减弱，表现出连续介质的特性，而且会呈现出高地应力的特殊现象，有必要进行深入研究。

（3）随着我国中、西部的开发，尤其是采矿、交通和水电行业的工程建设，在高地应力地区出现特殊的地压现象，给岩体工程稳定问题提出了新课题。由于缺乏研究，对于高地应力地区出现的岩体力学问题缺少有力的对策和措施，工程建设的发展需要研究高地应力问题。

二、高地应力判别准则和高地应力现象

1. 高地应力判别准则

高地应力是一个相对的概念。由于不同岩石具有不同的弹性模量，岩石的储能性能也不同。一般来说，地区初始地应力大小与该地区岩体的变形特性有关，岩质坚硬，则储存弹性能多，地应力也大。高地应力是相对于围岩强度而言的，也就是说，当围岩内部的围岩强度 R_c 与最大地应力 σ_{max} 的比值（称为围岩强度比）达到某一水平时，才能称为高地应力或极高地应力。

目前，在地下工程的设计施工中，都将围岩强度比作为判断围岩稳定性的重要指标。有的还作为围岩分级的重要指标。从这个角度讲，应该认识到埋深大不一定就存在高地力问题，而埋深小但围岩强度很低的情况，如大变形的出现，也可能是高地应力的问题。表 6-3 是国内外一些以围岩强度比为指标的地应力分级标准。

以围岩强度比为指标的地应力分级标准   表 6-3

各类地应力分级标准	极高地应力	高地应力	一般地应力
法国隧道协会	<2	2~4	>4
《工程岩体分级标准》（GB 50218—2014）	<4	4~7	>7
日本新奥法指南（1996 年）	<4	4~6	>6
日本仲野分级方法	<2	2~4	>4

围岩强度比与围岩开挖后的破坏现象有关，特别是与岩爆、大变形有关。前者是在坚硬完整岩体中可能发生的现象，后者是在软弱或土质地层可能发生的现象。表 6-4 是《工程岩体分级标准》（GB 50218—2014）中有关高地应力和极高地应力的描述。

高和极高地应力岩体在开挖中出现的主要现象 表6-4

应力情况	主要现象	$\dfrac{R_c}{\sigma_{max}}$
极高地应力	硬质岩:岩芯常有饼化现象;开挖过程中时有岩爆发生,有岩块弹出,洞室岩体发生剥离,新生裂缝多,围岩易失稳,成洞性差;基坑有剥离现象,成形性差。 软质岩:开挖工程中洞壁岩体有剥离,位移极为显著,甚至发生大位移,持续时间长,不易成洞;基坑发生显著隆起或剥离,不易成形	<4
高地应力	硬质岩:岩芯时有饼化现象;开挖过程中可能出现岩爆,洞壁岩体有剥离和掉块现象,新生裂缝较多,围岩易失稳,成洞性较差;基坑时有剥离现象,成形性一般尚好。 软质岩:开挖工程中洞壁岩体位移显著,持续时间长,成洞性差。基坑有隆起现象,成形性较差	4~7

2. 高地应力现象

(1)岩芯饼化现象。在中等强度以下的岩体中进行勘探时,常可见到岩芯饼化现象。饼化岩芯中间厚0.5~3cm,四周薄,断口新鲜。饼的厚度随岩芯直径和地应力的增大而增大,饼化程度越高,说明岩体变形越厉害,越易产生岩爆。美国 L. Obert 和 D. E. Stophenson(1965年)用试验验证的方法同样获得了饼状岩芯,由此认定饼状岩芯是高地应力产物。从岩石破裂成因来分析,岩芯饼化是剪胀破裂产物。除此以外,还能发现钻孔缩径现象。

(2)岩爆与软岩大变形。在岩性坚硬完整或较完整的高地应力地区开挖隧洞或探洞的过程中时有岩爆发生。软岩大变形一般是指软弱围岩在工程力的作用下或者高地应力软岩在埋深较大时发生显著变形的现象。

(3)探洞和地下隧洞的洞壁产生剥离。在中等强度以下的岩体中开挖探洞或隧洞,在洞壁岩体中产生剥离现象,有时裂缝一直延伸到岩体浅层,锤击时有破哑声。在软质岩体中洞体则产生较大的变形,位移显著,持续时间长,洞径明显缩小。

(4)岩质基坑底部隆起、剥离以及回弹错动现象。在坚硬岩体表面开挖基坑或槽,在开挖过程中会产生坑底突然隆起、断裂,并伴有响声;在岩体中,如有软弱夹层,则会在基坑斜坡上出现回弹错动现象(图6-19)。

(5)野外原位测试测得的岩体物理力学指标比试验室岩块试验结果高。由于高地应力存在,致使岩体的声波速度、弹性模量等参数增高,结果比实验室无应力状态岩块测得的参数高。野外原位变形测试曲线的形状也会变化,表现为在 σ 轴上有截距(图6-20)。

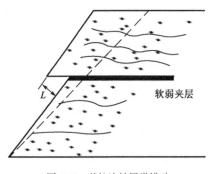

图6-19 基坑边坡回弹错动

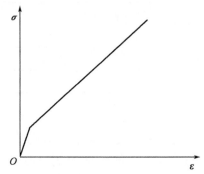

图6-20 高地应力条件下岩体变形曲线

三、岩爆及其防治措施

围岩处于高应力场条件下所产生的岩片(块)飞射抛撒,以及洞壁片状剥落等现象叫岩爆。岩体内开挖地下厂房、隧道、矿山地下巷道、采场等地下工程,引起挖空区围岩应力重分布,当应力集中到一定程度后就有可能产生岩爆。在地下工程开挖过程中,岩爆是围岩各种失稳现象中反映最强烈的一种,是地下施工的一大地质灾害。由于它的突发性,在地下工程中对施工人员和施工设备威胁最严重。如果处理不当,就会给施工安全、岩体及建筑物的稳定带来很多问题,甚至会造成重大工程事故。

据不完全统计,从 1949 年到 1985 年 5 月,在我国 32 个重要煤矿中,曾发生至少 1842 起煤爆和岩爆,发生地点一般在 200～1000m 深处,且发生部位往往地质构造复杂、煤层突然变化或水平煤层突然弯曲变成陡倾。在一些严重的岩爆发生区,曾有数以吨计的岩块、岩片和岩板抛出。我国水电工程的一些地下洞室中也曾发生过岩爆,地点大多在高地应力地带的结晶岩和灰岩中,或位于河谷近地表处。另外,在高地应力区开挖隧道,如果岩层比较完整、坚硬时,也常发生岩爆现象。

由于岩爆是极为复杂的动力现象,至今对地下工程中岩爆的形成条件及机理还没有形成统一的认识。有的学者认为岩爆是受剪破裂,也有的学者根据自己的观察和试验结果得出张拉破裂的结论,还有一种观点把产生岩爆的岩体破坏过程分为劈裂成板条、剪(折)断成块、块片弹射三个阶段。

从一些国家的规程和研究成果来看,判断岩爆发生的判据大同小异。《工程岩体分级标准》(GB 50218—2014)采用的判据是与表 6-3 和表 6-4 高地应力的判断和描述相一致,即当围岩强度比 R_c/σ_{max} >7 时,无岩爆;当 R_c/σ_{max} = 4～7 时,可能会发生轻微岩爆或中等岩爆;当 R_c/σ_{max} <4 时,可能会发生严重岩爆。

1. 岩爆类型

岩爆的特征可从多个角度去描述,目前主要是根据现场调查所得到的岩爆特征,考虑岩爆危害方式、危害程度以及对其防治对策等因素,将其分为破裂松脱型、爆裂弹射型、爆炸抛射型三种类型。

(1)破裂松脱型

围岩成块状、板状、鳞片状,爆裂声响微弱,弹射距离很小,岩壁上形成破裂坑,破裂坑的深度主要受围岩应力和强度控制。

(2)爆裂弹射型

岩片弹射及岩粉喷射,爆裂声响如同枪声,弹射岩片体积一般不超过 0.33m³,直径为 5～10cm。洞室开凿后,一般出现片状岩石弹射、崩落或成笋皮状的薄片剥落,岩片的弹射距离一般为 2～5m。岩块多为中间厚,周边薄的菱形岩片。

(3)爆炸抛射型

岩爆发生时巨石抛射,其声响如同炮弹爆炸,抛射岩块的体积为数立方米到数十立方米,弹射距离为几米到十几米。

岩爆的规模基本上可以分为三类,即小规模岩爆、中等规模岩爆和大规模岩爆。小规模岩爆是指在岩壁浅层部分(厚度小于 25cm)岩石发生破坏,破坏区域仍然是弹性的,掉落质量通常在 1t 以下。中等规模岩爆指岩壁形成厚度 0.25～0.75m 环状松弛区域的破坏,洞室本身仍然是稳定的;大规模岩爆指超过 0.75m 以上的岩体显著突出,很大的岩块弹射出来。

2. 岩爆产生条件

(1)地下工程开挖、洞室空间的形成是诱发岩爆的几何条件。产生岩爆的原因很多,其中主要原因是由于在岩体中开挖洞室,改变了岩体赋存的空间环境,最直观的结果是为岩体产生岩爆提供了释放能量的空间条件。

(2)围岩应力重分布将导致围岩累积大量弹性变形能,这是诱发岩爆的动力条件。地下开挖岩体或其他机械扰动改变了岩体的初始应力场,引起挖空区周围的岩体应力重新分布和应力集中,围岩应力有时会达到岩块的单轴抗压强度,甚至会超过它几倍。

(3)岩体承受极限应力产生初始破裂后剩余弹性变形能的集中释放量将决定岩爆的弹射程度。从岩性和结构特征分析岩体的变形和破坏方式,最终要看岩体在宏观大破裂之前还储存有多少剩余弹性变形能。当岩体由初期逐渐积累弹性变形能,到伴随岩体变形和微破裂开始产生、发展,使岩体储存弹性变形能的方式转入边积累边消耗,再过渡到岩体破裂程度加大,导致积累弹性变形能条件完全消失,弹性变形能全部消耗掉。至此,围岩出现局部或大范围解体,无弹射现象,仅属于静态下的脆性破坏。该类岩石矿物颗粒致密度低、坚硬程度比较弱、微裂隙发育程度较高。当岩石矿物结构质密度、坚硬度较高,且在微裂隙不发育的情况下,岩体在变形破坏过程中所储存的弹性变形能不仅能满足岩体变形和破裂所消耗的能量,满足变形破坏过程中发生热能、声能的要求,而且还有足够的剩余能量转换为动能,使逐渐被剥离的岩块(片)瞬间脱离母岩弹射出去。这是岩体产生岩爆弹射极为重要的一个条件。

(4)岩爆通过何种方式出现,这取决于围岩的岩性、岩体结构特征、弹性变形能的积累和释放时间的长短。当岩体自身的条件相同,围岩应力集中速度越快,积累弹性变形能越多,瞬间释放的弹性变形能也越多,岩体产生岩爆程度就越强烈。

3. 岩爆的防治

通过大量的工程实践及经验的积累,目前已有许多行之有效的治理岩爆的措施,归纳起来有加固围岩、增加防护措施、完善施工方法、改善围岩应力条件以及改变围岩性质等。

(1)围岩加固措施

该方法是指对已开挖洞室周边的加固以及对掌子面前方的超前加固,如喷射混凝土、小导管(或管棚)超前支护等,这些措施一是可以改善掌子面本身以及 1~2 倍洞室直径范围内围岩的应力状态;二是具有防护作用,可防止弹射、塌落等。

(2)改善围岩应力条件

可从设计与施工的角度采用下述几种办法:

①在选择隧道及其他地下结构物的位置时应使其长轴方向与最大主应力方向平行,这样可以减少洞室周边围岩的切向应力。

②在设计时选择合理的开挖断面形状,以改善围岩的应力状态。

③在施工过程中,爆破开挖采用短进尺、多循环,也可以改善围岩应力状态,这一点已被大量的实践所证实。

④应力解除法,即在围岩内部造成一个破碎带,形成一个低弹性区,从而使掌子面及洞室周边应力降低,使高应力转移到围岩深部。为达到这一目的,可以打超前钻孔或在超前钻孔中进行松动爆破,这种防治岩爆的方法也称为超应力解除法。

⑤喷水或注水。喷水可使岩体软化,刚度减小,变形增大,岩体中积蓄的能量可缓缓释放出来,从而减少因高应力引起的破坏现象。如在掌子面和洞壁喷撒水,一定程度上可以降低表层围岩的强度。采用超前钻孔向岩体高压均匀注水,除超前钻孔可以提前释放弹性应变能外,高压注水的楔劈作用可以软化、降低岩体的强度,而且高压注水可产生新的张裂隙并使原有裂隙继续扩展,从而可降低岩体储存弹性应变能的能力。

(3)施工安全措施

主要是躲避及清除浮石两种。岩爆一般在爆破后 1h 左右比较激烈,以后则逐渐趋于缓和;爆破多数发生在 1~2 倍洞室直径的范围以内,所以躲避也是一种行之有效的方法。每次爆破循环之后,施工人员躲避在安全处,待激烈的岩爆平息之后再进行施工。在拱顶部位由于岩爆所产生的松动石块必须清除,以保证施工的安全。对于破裂松脱型岩爆,弹射危害不大,可采用清除浮石的方法来保证施工安全。

四、软岩大变形及其防治措施

软岩是一种特定环境下的具有显著塑性变形的复杂岩体。随着各种岩土工程项目的不断进展,尤其大埋深隧道的开挖,软岩的大变形问题越发地突出和严重,直接影响到生产安全。由于隧道埋深的增加,地质环境不断恶化,导致地应力增大,在浅部表现为普通坚硬的岩石,在深部可能表现出软岩的特征,即大变形、大地压、难支护等特征。

隧道开挖后,地应力将重新分布。由于软岩强度低,对工程扰动极其敏感,在受拉或受压条件下将产生塑性区,使围岩和支护发生变形。一旦施工方法和工程措施不当,将极易发生初期支护变形侵限或者隧道塌方等工程灾害。后期运营过程中出现大变形及支护开裂时将导致处理极其困难。

从隧道开挖后的围岩变形看,在软弱围岩中开挖,经常出现以下力学现象:拱顶崩塌、掌子面失稳、底鼓现象严重、长时间的持续变形或变形不收敛、初期支护严重变形、在富水条件下出现异常涌水、围岩流失等。

在软弱围岩地质条件下,其变形的最终结果是造成掌子面崩塌、拱部坍塌以及各种异常现象。

1.软岩大变形的类型

根据软岩大变形典型实例分析和大变形机制研究成果的归纳总结,可以按照不同的受控条件对大变形进行分类。软岩大变形可分为应力型、材料型和结构型变形三大类型。

(1)应力型

由于岩体强度过低,在高应力作用下发生剪切破坏,进而失稳发生整体大变形,称为应力型软岩大变形,应力型软岩大变形具备明显的优势部位和方向。

(2)材料型

由于岩体中含有黏土矿物,如高岭石、蒙脱石、云母等矿物,遇水发生化学反应,产生体积膨胀,进而产生大变形称为材料型软岩大变形,材料型软岩大变形无明显的优势部位和方向。

(3)结构型

由于岩体结构面强度较弱,在地下空间开挖后,岩体沿结构面如层理、节理等发生滑移、松动产生的大变形称为结构型软岩大变形,结构性大变形一般沿岩体结构面发生,一般具有突发性。

2. 软岩隧道产生大变形的原因

根据国内外隧道施工的实践总结,软岩隧道大变形主要表现在以下几个方面:

(1)挤压性围岩的挤压变形。

(2)膨胀性围岩的膨胀变形。

(3)断层破碎带的松弛变形。

(4)高地应力条件下软弱围岩的大变形等。

软岩隧道发生大变形共同的特征是:断面缩小、拱脚下沉、拱顶上抬、拱腰裂开、地基鼓起等。软岩隧道发生大变形的原因主要有以下几个方面:

(1)地应力场对隧道变形的影响。高地应力是隧道发生大变形的主要前提条件。

(2)围岩强度对隧道变形的影响。各种岩体抗压强度不同,开挖后围岩变形程度差异较大,根据岩体变形破坏理论,当围岩压力超过岩体的抗压强度时,岩体将发生变形破坏。开挖后围岩易发生流塑性变形,因此,软弱围岩是隧道发生大变形的物质因素。

(3)地下水对隧道变形的影响。地下水的存在和运动会对岩体颗粒产生静力和动力作用,水体对岩体造成损伤,导致岩体强度降低,孔隙率增大,同时千枚岩、泥质板岩等岩体遇水易软化,强度大大降低,围岩自稳能力变差。

(4)岩体结构面与隧道轴线夹角的影响。当岩体结构与隧道轴线小角度相交时,岩体容易发生破坏从而引发大变形。

(5)初期支护刚度和二次衬砌施作时间对隧道变形的影响。

(6)施工方法对隧道变形的影响。

综上所述,高地应力、地下水发育、软弱围岩是软岩隧道大变形的内在因素,支护不合理和施工方法不能完全适应现场需要是加剧软岩隧道大变形的外部促发因素。

3. 软岩大变形的防治

对于防止高地应力条件下软岩隧道大变形问题的出现,国内外的施工经验主要有:

(1)加强掌子面稳定,包括掌子面喷混凝土和施作锚杆、施作超前支护,预留核心土。

(2)控制底鼓和加强基脚,包括向底部地层注浆、向两侧打底部锚杆、加底板或加筋肋、设底部横撑或临时仰拱。

(3)防止断面挤入,包括增打加长锚杆、缩短台阶长度、下半断面和仰拱同时施工、设纵向伸缩缝、采用可缩性支撑。

(4)防止衬砌开裂,包括采用湿喷钢纤维混凝土、采用加强钢筋、设纵向伸缩缝等。

(5)加强监控量测工作,包括监测初始位移速度、预测最终变形、建立控制标准值。

(6)加强地质预报工作,包括预报掌子面前方的地质状态、建立地质数据库并及时反馈、进行岩石特性测试等。

【思考题与习题】

1. 何为岩体初始应力? 岩体初始应力主要是由什么引起的?

2. 影响初始应力场的因素一般有哪些?

3.地壳浅部岩体初始应力的分布有哪些基本规律?

4.岩体初始应力量测方法有哪些? 各自的原理、量测步骤、适用条件是什么?

5.高地应力现象有哪些? 其判别准则是什么?

6.岩爆和软岩大变形的类型和发生条件是什么? 工程上如何防治岩爆和软岩大变形?

7.已知5000m 深处某岩体侧压力系数 $\lambda = 0.80$,泊松比 $\mu = 0.25$。在岩体被剥蚀掉2000m 后侧压力系数为多少?

第 七 章

岩体力学在洞室工程中的应用

【学习要点】

1. 深埋圆形洞室弹性二次应力分布特征。掌握侧压力系数 $\lambda = 1$ 和 $\lambda \neq 1$ 时,深埋圆形洞室的二次应力分布状态特征,了解侧压力系数不同时二次应力的计算方法。

2. 深埋圆形洞室弹塑性分布的围岩应力状态。掌握隧道塑性区应力、半径和位移的计算方法,掌握弹塑性分布状态下弹性区的应力、位移计算方法。

3. 了解围岩压力的概念,围岩压力的分类及影响围岩压力的因素。掌握围岩压力中松动压力的计算方法。了解围岩的塑形形变压力计算。

4. 理解新奥法的基本原理。掌握新奥法的原理要点及支护结构与围岩之间的应力、位移变化关系。

第一节 概 述

地下洞室是岩体工程中建造最多的地下构筑物,如公路和铁路隧道、地下厂房等。如何解决在建造地下洞室时所遇到的各种岩体力学问题,包括岩体的二次应力分布、围岩压力的计算、节理等不连续面对围岩二次应力状态和围岩压力的影响以及开挖洞室后围岩的稳定性评价等问题,将直接影响地下洞室的设计和施工工作。如同其他学科一样,岩体力学在洞室工程中的应用也经历了一个发展的过程。本章就各时期各阶段具有代表性的内容,包括应用极广的新奥法等逐一介绍。

在掌握了岩体的力学性质、岩体的初始应力状态后,如何分析经人工开挖后洞室的二次应力状态是本章着重解决的问题之一。

由于人工开挖使岩体的应力状态发生了变化,而这部分被改变了应力状态的岩体称作围岩。围岩范围理论上应该是一个无穷大的区域,但在实际中,它的大小与岩体的自身特性和地应力的状态有关。围岩的二次应力状态就是指经开挖后岩体在无支护条件下,经应力调整后达到新平衡的应力状态。顾名思义,若将初始应力看作是一次应力状态,那么,二次应力状态也就不难理解了。可见,分析围岩的二次应力状态,必须掌握两个条件:一是岩体自身的力学性质,包括它的变形特性和强度特性;二是岩体的初始应力状态。由大量的工程实践中所观察到的结果和应用弹、塑性理论分析可知,围岩的二次应力状态分布的主要特征可分为以下两种:

第一种是围岩的二次应力呈弹性分布。岩体经人工开挖之后,洞壁的部分应力被释放,使洞室周围的岩体进行应力重新调整。由于岩体自身强度比较高或者作用于岩体的初始应力比较低,使得洞室周边的应力状态都在弹性应力的范围内。因此,这样的围岩二次应力状态被称作弹性分布。这种类型的洞室,从理论上说,可保持长期的自我稳定,可不必进行支护。

第二种是围岩的二次应力状态呈弹、塑性分布。与上述的弹性分布不同,由于作用在岩体的初始应力较大或岩体自身的强度比较低,洞室开挖后,洞周的部分岩体应力超出了岩体的屈服应力,使岩体进入了塑性状态。随着与洞壁的距离增大,最小主应力也将随之增大,进而提高了岩体的强度,并促使岩体的应力状态转为弹性状态。因此,这种弹、塑性应力并存的状态被称为岩体二次应力的弹、塑性分布。处在弹、塑性分布中的洞室,必须进行支护,否则洞周的岩体将产生失稳,影响洞室的正常使用。

分析上述两种不同的应力分布状态,主要采用弹、塑性理论的方法。然而,当利用弹、塑性理论分析洞室岩体的二次应力状态时,必将遇到有关岩体介质的假设条件问题。岩体中存在着许多规模不等的不连续面。但是,除了规模较大的断层以及软弱夹层以外,这些不连续面的分布可近似地认为是随机的,它对岩体的影响从整体上分析并不是很大。因此,在进行二次应力分布时,大都仍将岩体看成是均质的、各向同性体,这是满足弹塑性力学中对介质的基本假设条件。然而,对于特殊的、局部的岩体不连续面,由于其规模大或产状不利或强度极低等原因,应该将其作为特殊的问题,采用专门的方法(如剪裂区计算等)进行稳定性评价。

第二节 深埋圆形洞室弹性分布的二次应力状态

一、侧压力系数 $\lambda = 1$ 时,深埋圆形洞室的二次应力状态

1. 基本假设

在深埋岩体中,开挖一圆形洞室,可利用弹性力学的理论分析该洞室二次应力的弹性分布状态。对于岩体这一介质而言,除了要满足弹性力学中的基本假设条件以外,就侧压力系数 $\lambda = 1$ 的条件下,深埋圆形洞室的二次应力分析,还必须作一些补充的假设条件:

（1）计算单元为一无自重的单元体，不计由于洞室开挖而产生的重力变化，并将岩体的自重作为作用在无穷远处的初始应力状态。

（2）岩体的初始应力状态在不作特殊说明的情况下，仅考虑岩体的自重应力；且侧压力系数按弹性力学中 $\lambda = \mu/(1-\mu)$ 计算，本节为 $\lambda = 1$。

（3）为了分析方便，先按平面应力问题，即在无限大的板中，开挖一圆形洞室作为计算模型，分析开挖后岩体的二次应力状态。但是，地下隧道的计算通常应该简化为平面应变问题。根据弹性理论中的相关公式，可将平面应力问题计算结果转换为平面应变问题。

2. 岩体内的应力和位移

由于是圆形洞室，且作用在岩体上的荷载也是均匀的。因此，作为岩体内的应力状态，可采用极坐标的方法表示。通过坐标转换，其表达式如下：

$$\left.\begin{array}{c} \sigma_\theta = \dfrac{\sigma_x + \sigma_y}{2} + \dfrac{\sigma_x - \sigma_y}{2}\cos 2\theta \\[2mm] \sigma_r = \dfrac{\sigma_x + \sigma_y}{2} - \dfrac{\sigma_x - \sigma_y}{2}\cos 2\theta \\[2mm] \tau_{r\theta} = \dfrac{\sigma_x - \sigma_y}{2}\sin 2\theta \end{array}\right\} \tag{7-1}$$

式中：σ_θ、σ_r——极坐标下的切向应力和径向应力；

$\tau_{r\theta}$——剪应力。

在 $\lambda = 1$ 的条件下，岩体表示为受等压的应力条件。这时，$\sigma_x = \sigma_y = \sigma_\theta = \sigma_r$；$\tau_{r\theta} = 0$。

3. 基本方程

根据计算模式可知，深埋圆形洞室不仅结构对称，由于 $\lambda = 1$ 使得荷载也对称。因此，根据其受力和位移的特征，在计算模式中截取微元环中的一段作为计算单元体，其半径为 r、微元体的厚度为 dr、宽度为 $rd\theta$，该微元的受力状态如图 7-1 所示。根据这微单元体的受力状态，分析岩体开挖半径为 r 的洞室后，单元体应力的变化、应力与应变以及应变与位移之间的关系。通常先根据微单元体的受力状态建立单元体的静力平衡方程，再利用微单元体向洞内的位移建立几何方程，并通过广义虎克定律，建立应力与应变关系的物理方程，最终求解用应变表示（或应力表示）的微分方程；在求得该微分方程的通解之后，再利用洞室开挖后应力的边界条件确定其积分常数，求出最终的位移、应力、应变的表示式。

（1）静力平衡方程

根据图 7-1 所示的受力状态，微单元体受力应该在其径向和切向保持平衡。首先利用对径向轴的投影（径向方向投影），取得静力平衡方程如下：

$$\sum F_r = 0$$

$$(\sigma_r + d\sigma)(dr + r)d\theta - \sigma_r r d\theta - 2\sigma_\theta \sin\frac{d\theta}{2}dr = 0 \tag{a}$$

在上式中，忽略高阶无穷小量，又令 $\sin(d\theta/2) \approx d\theta/2$，则上式经整理后，可写成下式：

$$\sigma_r dr - \sigma_\theta dr + r d\sigma_r = 0 \tag{b}$$

或写成微分方程的表现形式为：

$$\sigma_\theta = \sigma_r + r\frac{d\sigma_r}{dr} \tag{7-2}$$

（2）几何方程

几何方程是表示微元环变形之后，位移与应变之间的关系。微单元体的位移状态如图 7-2 所示。当在深埋岩体中开挖一圆形洞室，由于在等压作用状态下，微元环只向内产生径向位移 u，而微元环的切向位移为零。同时，由于微元体产生径向位移 u，将改变微元环的周长，而产生切向应变，其周长的改变量为 $2\pi r - 2\pi(r-u) = 2\pi u$。由此可得，岩体的径向应变 ε_θ 和切向应变 ε_r 的表达式如下：

$$\left.\begin{aligned} \varepsilon_\theta &= \frac{2\pi u}{2\pi r} = \frac{u}{r} \\ \varepsilon_r &= \frac{\mathrm{d}u}{\mathrm{d}r} \end{aligned}\right\} \tag{7-3}$$

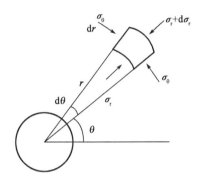

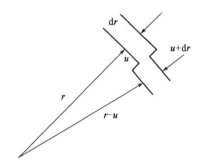

图 7-1 微单元体的受力状态　　　　图 7-2 微单元体的位移示意图

（3）物理方程

物理方程是根据物体的应力应变之间的关系建立起来的方程。在弹性力学中，常用广义虎克定律表示两者之间的关系，其表达式为（平面应力问题）：

$$\left.\begin{aligned} \varepsilon_\theta &= \frac{1}{E}(\sigma_\theta - \mu\sigma_r) \\ \varepsilon_r &= \frac{1}{E}(\sigma_r - \mu\sigma_\theta) \end{aligned}\right\} \tag{7-4}$$

或者将应力表示为应变的函数：

$$\left.\begin{aligned} \sigma_\theta &= \frac{E}{1-\mu^2}(\varepsilon_\theta + \mu\varepsilon_r) \\ \sigma_r &= \frac{E}{1-\mu^2}(\varepsilon_r + \mu\varepsilon_\theta) \end{aligned}\right\} \tag{7-5}$$

（4）位移、应力、应变的求解

有了三个基本方程，就可以求解微分方程了。这里采用位移法，即将应力全部用位移表示。求解微分方程位移解，然后通过位移推出应力和应变的表达式。用位移表示的应力公式为：

$$\left.\begin{aligned} \sigma_\theta &= \frac{E}{1-\mu^2}\left(\frac{u}{r} + \mu\frac{\mathrm{d}u}{\mathrm{d}r}\right) \\ \sigma_r &= \frac{E}{1-\mu^2}\left(\frac{\mathrm{d}u}{\mathrm{d}r} + \mu\frac{u}{r}\right) \end{aligned}\right\} \tag{7-6}$$

对平衡微分方程所得的式(7-2),利用微分方程的求导法则可简化成下式:

$$\sigma_\theta = \sigma_r + r \frac{\mathrm{d}u}{\mathrm{d}r} = \frac{\mathrm{d}(r\sigma_r)}{\mathrm{d}r} \tag{7-7}$$

将用位移表示的应力公式(7-6)带入公式(7-7)得:

$$\frac{E}{1-\mu^2}\left(\frac{u}{r} + \mu\frac{\mathrm{d}u}{\mathrm{d}r}\right) = \frac{E}{1-\mu^2}\left(\frac{\mathrm{d}u}{\mathrm{d}r} + \mu\frac{\mathrm{d}u}{\mathrm{d}r} + r\frac{\mathrm{d}^2u}{\mathrm{d}r^2}\right) \tag{7-8}$$

整理后得:

$$r^2\frac{\mathrm{d}^2u}{\mathrm{d}r^2} + r\frac{\mathrm{d}u}{\mathrm{d}r} - u = 0 \tag{7-9}$$

上式为欧拉方程。求解欧拉方程通常设置一个中间变量,来简化微分方程,设 $t = \ln r$,则式(7-9)可简化成:

$$\frac{\mathrm{d}^2u}{\mathrm{d}t^2} - u = 0 \tag{7-10}$$

求得其通解为:

$$u = C_1 e^t + C_2 e^{-t} \tag{7-11}$$

将其还原为原来的变量,其式为:

$$u = C_1 r + C_2\frac{1}{r} \tag{7-12}$$

这是深埋圆形洞室的位移解。公式中有两个积分常数可利用边界条件求得。根据深埋圆形洞室计算的假设条件和开挖后的特征,当开挖半径为 r_a 时,其边界条件如下:

当 $r = r_a$ 时,$\sigma_r = 0$(洞壁的径向应力为零)。

当 $r \to \infty$ 时,$\sigma_r = p_0$(在无穷远处的径向应力等于岩体的初始应力 p_0)。

由于边界条件是用应力表示,因此,应利用位移表示的应力公式求出积分常数。将位移解式(7-12)代入公式(7-3)得:

$$\left.\begin{aligned}\frac{\mathrm{d}u}{\mathrm{d}r} &= \frac{\mathrm{d}\left(C_1 r + C_2\dfrac{1}{r}\right)}{\mathrm{d}r} = C_1 - C_2\frac{1}{r} \\[2mm] \frac{u}{r} &= C_1 + C_2\frac{1}{r^2}\end{aligned}\right\} \tag{7-13}$$

将式(7-13)代入公式(7-6)得:

$$\left.\begin{aligned}\sigma_r &= \frac{E}{1-\mu^2}\left[(1+\mu)C_1 - (1-\mu)\frac{C_2}{r^2}\right] \\[2mm] \sigma_\theta &= \frac{E}{1-\mu^2}\left[(1+\mu)C_1 + (1-\mu)\frac{C_2}{r^2}\right]\end{aligned}\right\} \tag{7-14}$$

将边界条件代入公式(7-14),求得积分常数:

$$\left.\begin{aligned}C_1 &= \frac{1-\mu}{E}p_0 \\[2mm] C_2 &= \frac{1+\mu}{E}p_0 r_a^2\end{aligned}\right\} \tag{7-15}$$

将积分常数代入式(7-12)、式(7-13)和式(7-14),可得深埋圆形洞室的应力、应变和位移解:

$$\left.\begin{array}{l} \sigma_r = p_0 \left(1 - \dfrac{r_a^2}{r^2} \right) \\[3mm] \sigma_\theta = p_0 \left(1 + \dfrac{r_a^2}{r^2} \right) \\[3mm] u = \dfrac{p_0}{E} \left[(1-\mu)r + (1+\mu)\dfrac{r_a^2}{r} \right] \\[3mm] \varepsilon_r = \dfrac{p_0}{E} \left[(1-\mu)r - (1+\mu)\dfrac{r_a^2}{r^2} \right] \\[3mm] \varepsilon_\theta = \dfrac{p_0}{E} \left[(1-\mu)r + (1+\mu)\dfrac{r_a^2}{r^2} \right] \end{array}\right\} \quad (7\text{-}16)$$

式(7-16)为深埋圆形洞室侧压力系数 $\lambda=1$ 时,在无支护状态下,以平面应力为计算模式所求得的围岩二次应力以及与其相对应的位移、应变随洞轴线的距离 r 的变化公式。

根据实际的情况可知,圆形洞室洞轴线方向上的长度远远大于洞室断面的另外两个方向,应属平面应变状态。平面应力问题和平面应变问题的计算公式可以互相转换,只要将平面应力计算公式中的 E 用 $E/(1-\mu^2)$,μ 用 $\mu/(1-\mu)$ 代替,则该计算公式能转换成平面应变问题的计算公式。采用上述方法,式(7-16)可变为:

$$\left.\begin{array}{l} \sigma_r = p_0 \left(1 - \dfrac{r_a^2}{r^2} \right) \\[3mm] \sigma_\theta = p_0 \left(1 + \dfrac{r_a^2}{r^2} \right) \\[3mm] u = \dfrac{(1+\mu)p_0}{E} \left[(1-\mu)r + (1+\mu)\dfrac{r_a^2}{r} \right] \\[3mm] \varepsilon_r = \dfrac{(1+\mu)p_0}{E} \left[(1-\mu)r - (1+\mu)\dfrac{r_a^2}{r^2} \right] \\[3mm] \varepsilon_\theta = \dfrac{(1+\mu)p_0}{E} \left[(1-\mu)r + (1+\mu)\dfrac{r_a^2}{r^2} \right] \end{array}\right\} \quad (7\text{-}17)$$

以上为平面应变状态下,$\lambda=1$ 时,圆形洞室的二次应力以及相对应的应变、位移计算公式。

4. 圆形洞室二次应力、应变和位移的变化特性

利用式(7-17)可计算 $\lambda=1$ 时以 p_0 为初始应力状态,以 r_a 为半径的圆形洞室,当岩体的二次应力处在弹性范围时,围岩中任意一点距离为 r(到圆形洞室的洞轴线)的应力、应变和位移。为了了解围岩的应力、应变和位移的分布,有必要对其各种特性及分布规律作进一步分析。

(1)洞周的二次应力分布特征

根据式(7-17)中的第一、第二式可知:开挖圆形洞室后,其应力状态可用一组极为简单的公式表示。该公式具有以下特点:

随着距离 r 的变化 σ_r、σ_θ 的分布如图 7-3 所示。σ_θ 随着 r 的增大而减小,σ_r 却随之而增大。若取定任意一距离,将两应力相加得 $\sigma_r + \sigma_\theta = 2p_0$。这是在 $\lambda=1$ 的条件下,围岩的二次应力为弹性应力分布的一个比较特殊的结论。此外,由应力计算公式可知,围岩的二次应力状态,与岩体的弹性常数 E、μ 无关,也与径向夹角 θ 无关,在一个圆环上的应力是相等的。而应

力大小与洞室半径和径向距离的比值以及初始应力值 p_0 的大小有关。

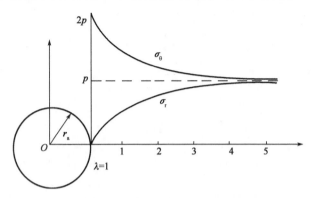

图 7-3　圆形洞室的二次应力分布特征

（2）洞室的径向位移

由于圆形洞室形状和荷载对称，使得洞室的切向位移为零。而径向位移 u 的表达式是由两部分组成，一部分是与开挖洞室的半径有关，而另一部分则与洞室半径无关。圆形洞室的二次应力分布特征见图 7-3。

若令 $r_a = 0$（其物理意义表示洞室尚未开挖），则由式（7-17）可得洞室位移为：

$$u_0 = \frac{(1+\mu)p_0}{E}\big[\,(1-2\mu)r\,\big] \tag{7-18}$$

根据 $r_a = 0$ 的物理意义可知，这部分位移是由于初始应力 p_0 的作用下，在未开挖前已完成的位移。由于这部分位移在开挖前早已完成，因此，工程中并不关心这位移的大小。而与工程直接有关的是开挖后所产生的实际位移 Δu，可用下式求得：

$$\Delta u = u - u_0 = \frac{(1+\mu)p_0}{E}\cdot\frac{r_a^2}{r} \tag{7-19}$$

在岩体中开挖圆形洞室时，在应力调整过程中围岩所产生的位移增量 Δu，不仅取决于岩体的弹性常数 E、μ，还与岩体的初始应力 p_0 以及洞室半径 r_a 和分析点距洞轴线距离 r 有关。

（3）洞周的应变

圆形洞室周边岩体的应变特性与位移特性很接近，也是由两部分组成，一部分为开挖前由于初始应力所产生的应变，公式中不包含 r_a 这一项，它表示了在开挖前已经完成的应变。由公式可知，径向应变和切向应变是相等的，其表达式如下：

$$\varepsilon_{r0} = \varepsilon_{\theta0} = \frac{(1+\mu)(1-2\mu)p_0}{E} \tag{7-20}$$

两个方向的应变相等，表明岩体在初始应力作用下，将始终产生体积压缩。另一部分由于开挖而产生的应变，即

$$\left.\begin{aligned}\Delta\varepsilon_r &= \varepsilon_r - \varepsilon_{r0} = -\frac{(1+\mu)p_0}{E}\cdot\frac{r_a^2}{r^2}\\[2mm]\Delta\varepsilon_\theta &= \varepsilon_\theta - \varepsilon_{\theta0} = \frac{(1+\mu)p_0}{E}\cdot\frac{r_a^2}{r^2}\end{aligned}\right\} \tag{7-21}$$

由式（7-21）可知，切向应变与径向应变的绝对值相等，符号相反，切向应变是压应变，径向应变是拉应变，表明在 $\lambda = 1$ 二次应力为弹性分布的条件下，岩体的体积不发生变化的

特点。

（4）洞壁的稳定性评价

洞壁的稳定性可以用下式进行评价：

$$\sigma_\theta \leqslant [\sigma_c] \tag{7-22}$$

式中：$[\sigma_c]$——岩体允许单轴抗压强度。

根据洞壁的应力分布可知，当 $r = r_a$ 时，$\sigma_\theta = 2p_0$；$\sigma_r = 0$。显然，洞壁岩体的应力可看成单向压缩状态（对于平面问题而言）。当洞壁的切向应力 σ_θ 满足上式，则洞壁的岩体是稳定的。因此，可用以上判据简单地评价岩体的稳定性。

二、侧压力系数 $\lambda \neq 1$ 时围岩应力状态

薄板中心圆孔对应力的影响见图 7-4。

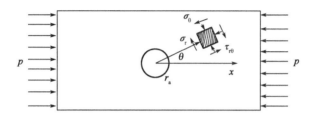

图 7-4　薄板中心圆孔对应力的影响

$$\left.\begin{aligned}
\sigma_r &= \frac{p}{2}\left[\left(1 - \frac{r_a^2}{r^2}\right) + \left(1 - 4\frac{r_a^2}{r^2} + 3\frac{r_a^2}{r^4}\right)\cos2\theta\right] \\
\sigma_\theta &= \frac{p}{2}\left[\left(1 - \frac{r_a^2}{r^2}\right) - \left(1 + 3\frac{r_a^2}{r^4}\right)\cos2\theta\right] \\
\tau_{r\theta} &= -\frac{p}{2}\left(1 + 2\frac{r_a^2}{r^2} - 3\frac{r_a^4}{r^4}\right)\sin2\theta
\end{aligned}\right\} \tag{7-23}$$

$$\left.\begin{aligned}
\sigma_r^h &= \frac{\sigma_h}{2}\left[\left(1 - \frac{r_a^2}{r^2}\right) + \left(1 - 4\frac{r_a^2}{r^2} + 3\frac{r_a^4}{r^4}\right)\cos2\theta\right] \\
\sigma_\theta^h &= \frac{\sigma_h}{2}\left[\left(1 + \frac{r_a^2}{r^2}\right) - \left(1 + 3\frac{r_a^4}{r^4}\right)\cos2\theta\right] \\
\tau_{\tau\theta}^h &= -\frac{\sigma_h}{2}\left(1 + 2\frac{r_a^2}{r^2} - 3\frac{r_a^4}{r^4}\right)\sin2\theta
\end{aligned}\right\} \tag{7-24}$$

由垂直向应力 σ_v 引起的围岩应力可由 θ 转 90° 求得，即：

$$\theta' = \theta + 90°, 2\theta' = 180° + 2\theta, \cos2\theta' = -\cos2\theta, \sin2\theta' = -\sin2\theta$$

所以：

$$\left.\begin{aligned}
\sigma_r^v &= \frac{\sigma_v}{2}\left[\left(1 - \frac{r_a^2}{r^2}\right) - \left(1 - 4\frac{r_a^2}{r^2} + 3\frac{r_a^4}{r^4}\right)\cos2\theta\right] \\
\sigma_\theta^v &= \frac{\sigma_v}{2}\left[\left(1 + \frac{r_a^2}{r^2}\right) + \left(1 + 3\frac{r_a^4}{r^4}\right)\cos2\theta\right] \\
\tau_{r\theta}^v &= \frac{\sigma_v}{2}\left(1 + 2\frac{r_a^2}{r^2} - 3\frac{r_a^4}{r^4}\right)\sin2\theta
\end{aligned}\right\} \tag{7-25}$$

对 $\lambda \neq 1$ 时围岩应力,可由 σ_{h}、σ_{v} 得到围岩应力叠加求得,即:

$$\left.\begin{array}{l} \sigma_{\text{r}} = \sigma_{\text{r}}^h + \sigma_{\text{r}}^v \\ \sigma_{\theta} = \sigma_{\theta}^h + \sigma_{\theta}^v \\ \tau_{\text{r0}} = \tau_{\text{r0}}^h + \tau_{\text{r0}}^v \end{array}\right\} \tag{7-26}$$

$$\left.\begin{array}{l} \sigma_{\text{r}} = \dfrac{\sigma_{\text{h}} + \sigma_{\text{v}}}{2}\left(1 - \dfrac{r_{\text{a}}^2}{r^2}\right) + \dfrac{\sigma_{\text{h}} - \sigma_{\text{v}}}{2}\left(1 - 4\dfrac{r_{\text{a}}^2}{r^2} + 3\dfrac{r_{\text{a}}^4}{r^4}\right)\cos2\theta \\[3mm] \sigma_{\theta} = \dfrac{\sigma_{\text{h}} + \sigma_{\text{v}}}{2}\left(1 + \dfrac{r_{\text{a}}^2}{r^2}\right) - \dfrac{\sigma_{\text{h}} - \sigma_{\text{v}}}{2}\left(1 + 3\dfrac{r_{\text{a}}^4}{r^4}\right)\cos2\theta \\[3mm] \tau_{\text{r}\theta} = -\dfrac{\sigma_{\text{h}} - \sigma_{\text{r}}}{2}\left(1 + 2\dfrac{r_{\text{a}}^2}{r^2} - 3\dfrac{r_{\text{a}}^4}{r^4}\right)\sin2\theta \end{array}\right\} \tag{7-27}$$

因 $\lambda = \dfrac{\sigma_{\text{h}}}{\sigma_{\text{r}}}$,若令 $\sigma_{\text{v}} = p_0$,则 $\sigma_{\text{h}} = \lambda p_0$,这时,

$$\left.\begin{array}{l} \sigma_{\text{r}} = \dfrac{p_0}{2}\left[(1 + \lambda)\left(1 - \dfrac{r_{\text{a}}^2}{r^2}\right) - (1 - \lambda)\left(1 - 4\dfrac{r_{\text{a}}^2}{r^2} + 3\dfrac{r_{\text{a}}^2}{r^2}\right)\cos2\theta\right] \\[3mm] \sigma_{\theta} = \dfrac{p_0}{2}\left[(1 + \lambda)\left(1 + \dfrac{r_{\text{a}}^2}{r^2}\right) - (1 - \lambda)\left(1 + 3\dfrac{r_{\text{a}}^2}{r^2}\right)\cos2\theta\right] \\[3mm] \tau_{\text{r}\theta} = -\dfrac{p_0}{2}(1 - \lambda)\left(1 + 2\dfrac{r_{\text{a}}^2}{r^2} - 3\dfrac{r_{\text{a}}^2}{r^2}\right)\sin2\theta \end{array}\right\} \tag{7-28}$$

(1)位移增量

工程开挖引起的位移增量可用类似 $\lambda = 1$ 方法求出:

$$\Delta u = u - u_0 \quad \Delta v = v - v_0$$

$$\left.\begin{array}{l} \Delta u = \dfrac{(1 + \mu)p_0}{2E} \cdot \dfrac{r_{\text{a}}^2}{r^2}\left\{(1 + \lambda) + (1 - \lambda)\left[2(1 - 2\mu) + \dfrac{r_{\text{a}}^2}{r^2}\right]\cos2\theta\right\} \\[3mm] \Delta v = \dfrac{(1 + \mu)p_0}{2E} \cdot \dfrac{r_{\text{a}}^2}{r^2}\left\{(1 - \lambda)\left[2(1 - 2\mu) + \dfrac{r_{\text{a}}^2}{r^2}\right]\sin2\theta\right\} \end{array}\right\} \tag{7-29}$$

(2)洞室周边应力

洞室周边,处于单向应力状态,最容易破坏。将 $r = r_{\text{a}}$ 代入(7-28)得洞室周边应力:

$$\left.\begin{array}{l} \sigma_{\text{r}} = 0 \\ \sigma_{\theta} = p_0\left[(1 + 2\cos2\theta) + \lambda(1 - 2\cos2\theta)\right] \\ \tau_{\text{r}\theta} = 0 \end{array}\right\} \tag{7-30}$$

可见洞室周边只有切向应力,写成如下形式:

$$\sigma_{\theta} = (K_z + \lambda K_x)p_{\theta} = Kp_0 \tag{7-31}$$

式中:K——围岩总应力集中系数;

K_z、K_x——垂直和水平应力集中系数。

洞室周边应力集中系数与 λ 及 θ 角有关,现将几个特殊 θ 角的数值及不同的 λ 代入 K 的表达式,结果如表7-1所示,绘图于图7-5。

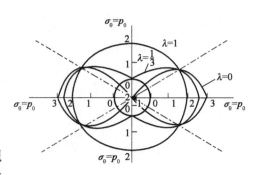

图7-5 洞壁应力 σ_{θ} 总应力集中系数变化图

K $\diagdown$ λ θ	0	1/4	1/3	1/2	1	2	3	4
0°	3	11/4	8/3	5/2	2	1	0	−1
30°	2	2	2	2	2	2	2	2
90°	−1	−1/4	0	1/2	2	5	8	11

特殊 θ 角的数值及不同 λ 的 K 值　　表 7-1

对 θ 角：洞顶（$\theta = 90°$），当 $\lambda < \dfrac{1}{3}$ 时，出现拉应力；洞侧壁（$\theta = 0°$），当 $\lambda > 3$ 时，出现拉应力。

对 λ 值：当 $\lambda < 1$ 时，洞侧壁应力集中程度比洞顶大；当 $\lambda > 1$ 时，洞顶应力集中程度比洞侧壁大。

（3）洞室周边位移

将 $r = r_a$ 代入式（7-29），得到由于开挖引起的洞室周边位移为：

$$
\left.
\begin{aligned}
\Delta u &= \frac{1 + \mu}{2E} p_0 r_a \big[(1 + \lambda) - (1 - \lambda)(3 - 4\mu)\cos 2\theta \big] \\
\Delta v &= \frac{1 + \mu}{2E} p_0 r_a \big[(1 - \lambda)(3 - 4\mu)\cos 2\theta \big]
\end{aligned}
\right\}
\tag{7-32}
$$

影响洞壁位移的因素很多，有岩体性质、初始应力、开挖半径、位移与径向夹角等。径向位移比切向位移稍大些，因此，径向位移对围岩稳定性起主导作用，且径向位移便于测量与控制。

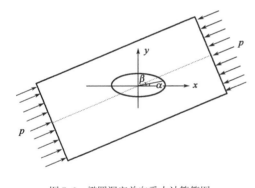

图 7-6　椭圆洞室单向受力计算简图

三、深埋椭圆洞室的围岩应力状态

1. 计算模型

椭圆洞室单向受力计算简图如图 7-6 所示。

当 $r = r_a$ 时，洞壁的应力为：

$$
\left.
\begin{aligned}
\sigma_\theta &= \frac{(1 + K)^2 \sin^2(\theta + \beta) - \sin^2\beta - K^2 \cos\beta}{\sin^2\theta + K^2 \cos^2\theta} p_0 \\
\sigma_r &= 0 \\
\tau_{r\theta} &= 0
\end{aligned}
\right\}
\tag{7-33}
$$

式中：K——高跨比（b/a）；

θ——洞壁任意一点 M 到洞轴线的连线与 x 轴的夹角；

β——单向外荷载作用线与 x 轴的夹角；

p_0——初始应力。

2. 洞壁应力计算公式

将岩体所受初始应力分解成 $\beta = 0°$（$p_h = \lambda p_0$）和 $\beta = 90°$（$p_v = p_0$）两种应力状态，采用式（7-28）分别计算洞壁的应力，将求得的结果叠加后，即可得椭圆洞室在 $\lambda \neq 1$ 的条件下洞壁的围岩应力，即：

$$
\left.
\begin{aligned}
\sigma_{\theta} &= \frac{(1+K)^2\cos^2\theta - 1 + \lambda\left[(1+K)^2\sin^2\theta - K^2\right]}{\sin^2\theta + K^2\cos^2\theta}p_0 \\
\sigma_{r} &= 0 \\
\tau_{r\theta} &= 0
\end{aligned}
\right\}
\tag{7-34}
$$

3. 洞壁应力分布特点

(1)最大压应力点为 $(a,0)$、$(-a,0)$ 两侧壁中点,即 $\theta = 0°$ 或 $180°$,$\sigma_{\theta} = \sigma_{\theta\max}$。

(2)可能出现拉应力的顶、底板中点,(a,b)、$(0,-b)$,即 $\theta = 90°$ 或 $270°$ 可能出现拉应力,即 $\sigma_{\theta} < 0$。

若 $a < b$,最大压应力的点为:$\theta = 90°$;最大拉应力的点为:$\theta = 0°$。

选择 3 个关键点($\theta = 0°,45°,90°$)代入(7-34)式得 3 个关键点在不同侧压力系数下的应力,见表 7-2。

洞壁 σ_{θ} 应力变化特征 表 7-2

关键点	$\lambda = 0$	$\lambda = 1$	λ
$\theta = 0°$	$\dfrac{2+K}{K}p_0$	$\dfrac{2p_0}{K}$	$\dfrac{2+K(1-\lambda)}{K}p_0$
$\theta = 45°$	$\dfrac{K^2+2K-1}{1+K^2}p_0$	$\dfrac{4K}{1+K^2}p_0$	$\dfrac{K^2+2K-1=\lambda(1+2K-K^2)}{1+K^2}p_0$
$\theta = 90°$	$-p_0$	$2Kp_0$	$[\lambda(1+2K)-1]p_0$

4. 最佳轴比(谐洞)

最有利于巷道围岩稳定的巷道断面尺寸,可用它的高跨比 $K = b/a$ 表征(轴比),称为最佳轴比或谐洞。最佳轴比应满足如下三个条件:

(1)巷道周边应力应对称均匀分布。

(2)巷道周边不出现拉应力,均为压应力。

(3)应力值是各种截面中的最小值。

当 $K = b/a = 1/\lambda$ 时,满足此条件,故 $K = 1/\lambda$ 为最佳轴比。

将 $K = 1/\lambda$ 代入(7-29)时有:$\sigma_{\theta} = (1+\lambda)p_0$,可见与 θ 无关。

当 $\lambda \neq 1$ 时,σ_{θ} 亦为均匀的压应力。

当 $\lambda = 1$ 时,$K = 1$,可见圆形最佳洞形。

洞侧壁 $\theta = 0°$,$\sigma_{\theta} = [(1+2a/b)-\lambda]p_0$ 时,可见 $\lambda > (1+2a/b)$ 洞侧壁中点出现拉应力。

洞顶 $\theta = 90°$,$\sigma_{\theta} = [(1+2a/b)\lambda-1]p_0$,而 $\lambda < a/(a+2b)$ 时,洞顶中点出现拉应力。

四、深埋矩形洞室的围岩应力状态

计算矩形洞室洞壁的应力时,孔边应力分布:

$$
\begin{aligned}
\sigma_r &= \tau_{r\theta} = 0 \\
\sigma_{\theta} &= (K_z + \lambda K_x)p_0
\end{aligned}
\tag{7-35}
$$

式中:K_x、K_z——水平、垂直方向的应力集中系数,见表 7-3。

当 $\lambda = 1$ 时,由表 7-3 可见,矩形洞室周边均为正应力。

矩形洞室洞壁应力集中系数　　　　　　　　　　　　　　表 7-3

$\theta(°)$	$a:b=5$		$a:b=3.2$		$a:b=1.8$		$a:b=1$	
	$\beta=0$	$\beta=\frac{\pi}{2}$	$\beta=0$	$\beta=\frac{\pi}{2}$	$\beta=0$	$\beta=\frac{\pi}{2}$	$\beta=0$	$\beta=\frac{\pi}{2}$
0	−0.768	2.420	−0.770	2.152	−0.8336	2.0300	−0.808	1.472
10	—	—	−0.807	2.520	−0.8354	2.1794		
20	−0.152	8.050	−0.686	4.257	−0.7573	2.6996		
25	2.692	7.030	—	6.207	−0.5989	5.2609		
30	2.812	1.344	2.610	5.512	−0.0413	3.7041		
35	—	—	3.181	—	1.1599	3.8725	−0.268	3.366
40	1.558	−0.644	2.392	−0.193	2.7628	2.7236	0.980	3.860
45					3.3517	0.8205	3.000	3.000
50					2.9538	−0.3248	3.860	0.980
55					—	—	3.366	−0.268
60					1.9836	−0.8751		
65					—	—		
70					1.4852	−0.8674		
80					1.2636	−0.8197		
90	1.192	−0.940	1.342	−0.980	1.1999	−0.8011	1.472	0.808

注:a、b 分别为矩形洞室的宽度和高度。

从图 7-7 可知,矩形洞室的角点上的应力远远大于其他部位的应力值。当 $\lambda=1$ 时,矩形洞室的周边均为正应力,而图中的虚线则是按 $\lambda=\mu/(1-\mu)$ 计算而得的结果,此时顶板将出现拉应力。

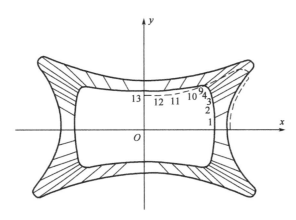

图 7-7　矩形洞室($a:b=1.8$)周边应力分布图

第三节　深埋圆形洞室弹塑性分布的二次应力状态

一、塑性区内的应力状态

岩体开挖破坏了原有岩体自身的应力平衡,促使岩体进行应力调整。经重新分布的应力往往由于初始应力的作用或者岩体强度的降低,会出现洞壁应力超出岩体屈服强度的现象,这时接近洞壁的部分岩体将进入塑性状态。由于随着距洞轴中心的距离 r 的增大径向应力也将增大,因此二次应力状态逐渐向弹性状态过渡,使得二次应力分布出现弹、塑性并存的应力特点。

本节讨论介绍 $\lambda = 1$ 条件下的应力状态。由于在圆形洞室中这是个轴对称问题,且应力与 θ 角无关,使得弹、塑性区都成为一个圆环状,分析其应力分布比较简单。有关其他条件(包括 $\lambda \neq 1$ 以及各种洞截面形状)的应力分析比较复杂,本节不作进一步讨论。

当洞壁的二次应力超出岩体的屈服应力,则洞壁岩体将产生塑性区。就岩石的力学特性而言,多数的岩石属脆性材料,其屈服应力的大小不太容易求得。因此,通常近似地采用莫尔—库伦直线强度判据作为进入塑性状态的条件。根据第二章的公式(2-39)可知,该起塑条件为:

$$\sigma_1 = \xi\sigma_3 + \sigma_c \tag{7-36}$$

根据 $\lambda = 1$ 时的受力特征,可认为切向应力 σ_θ 为最大主应力,而径向应力 σ_r 为最小主应力,因此,岩体的起塑条件可改写成下式:

$$\sigma_\theta = \xi\sigma_r + \sigma_c \tag{7-37}$$

式中,$\xi = \dfrac{1 + \sin\varphi}{1 - \sin\varphi}$,$\sigma_c = \dfrac{2c\cos\varphi}{1 - \sin\varphi}$。

根据弹塑性力学原理,除了塑性区内的应力应满足起塑条件外,其静力平衡方程、几何方程都可保持不变。

静力平衡方程式为:

$$\sigma_{\theta p} = \frac{\mathrm{d}(r\sigma_{rp})}{\mathrm{d}r} \tag{7-38}$$

为了与弹性区的应力有所区别,上式在表示应力符号的脚标中加上 p 以示为塑性区的应力。将岩体的起塑条件代入式(7-38),则得:

$$\sigma_{\theta p} = \frac{\sigma_{\theta p} - \sigma_c}{\xi} + \frac{r\mathrm{d}\sigma_{\theta p}}{\xi\mathrm{d}r}$$

$$\frac{\mathrm{d}\sigma_{\theta p}}{\mathrm{d}r} - \frac{\xi - 1}{r}\sigma_{\theta p} = \frac{\sigma_c}{r} \tag{7-39}$$

解此微分方程:

$$\left. \begin{aligned} \sigma_{\theta p} &= e^{\int \frac{\xi-1}{r}\mathrm{d}r}\left[\int e^{-\int \frac{\xi-1}{r}\mathrm{d}r}\frac{\sigma_c}{r}\mathrm{d}r + C\right] \\ &= r^{\xi-1}\left[\frac{\sigma_c r^{-\xi+1}}{-\xi+1} + C\right] = \frac{\sigma_c}{-\xi+1} + Cr^{\xi-1} \\ \sigma_{rp} &= \frac{1}{\xi}\left[\frac{\xi\sigma_c}{-\xi+1} + Cr^{\xi-1}\right] \end{aligned} \right\} \tag{7-40}$$

利用边界条件,求出积分常数:

$$r = r_a \Rightarrow \sigma_{rp} = 0$$

$$C = \frac{\xi\sigma_c}{\xi-1}\left(\frac{1}{r_a}\right)^{\xi-1} \tag{7-41}$$

将积分常数代入式(7-40),即可得塑性区内的应力计算公式:

$$\left.\begin{array}{l} \sigma_{\theta p} = \dfrac{\sigma_c}{\xi - 1}\left[\xi\left(\dfrac{r}{r_a}\right)^{\xi - 1} - 1\right] \\[3mm] \sigma_{rp} = \dfrac{\sigma_c}{\xi - 1}\left[\left(\dfrac{r}{r_a}\right)^{\xi - 1} - 1\right] \end{array}\right\}$$ (7-42)

塑性区内的应力随 r 的变化如图 7-8 所示,其中切向塑性应力 $\sigma_{\theta p}$ 和径向塑性应力 σ_{rp} 都随 r 的增大而增大;根据塑性判据,在塑性区内的应力都应满足 $\sigma_{\theta p} = \xi\sigma_{rp} + \sigma_c$ 的强度条件。图 7-8 中的两个莫尔圆与强度线相切,表示了塑性区内任意一点应力状态都满足岩体的强度条件的这一特性。在进行塑性区内的应力计算时,可利用该条件简化计算或校核计算结果的正确性。

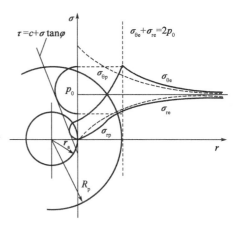

图 7-8 弹塑性应力分布图

二、塑性区半径 R_p

由上述分析可知,随着 r 的增大,径向应力 σ_{rp} 也将随之增大。根据三向应力作用下岩体的强度特性可知,岩体的强度将随围压 σ_{rp} 的增加而提高,由此使岩体中的应力逐渐向弹性应力状态过渡。因此,在岩体内必定存在着某一点的应力为弹塑性应力的交界点,即该点的应力既满足塑性应力的条件又满足弹性应力的条件。通常将此弹塑性分界点到洞轴线的距离称作为塑性圈半径 R_p。根据以上所叙述条件:$r = R_p$;$\sigma_{\theta p} = \sigma_{\theta e}$;$\sigma_{rp} = \sigma_{re}$。将 $\lambda = 1$ 时的塑性区内的应力计算公式,代入当 $\lambda = 1$ 时弹性应力应满足的条件:$\sigma_{\theta p} + \sigma_{rp} = 2p_0$,可得:

$$\frac{\sigma_c}{\xi - 1}\left[\xi\left(\frac{R_p}{r_a}\right)^{\xi - 1} - 1\right] + \frac{\sigma_c}{\xi - 1}\left[\left(\frac{R_p}{r_a}\right)^{\xi - 1} - 1\right] = 2p_0$$ (7-43)

简化后得塑性区半径 R_p 的计算公式为:

$$R_p = r_a\left[\frac{2p_0(\xi - 1) + 2\sigma_c}{\sigma_c(\xi + 1)}\right]^{\frac{1}{\xi - 1}}$$ (7-44)

由上式可知,塑性圈半径不仅与岩体自身的强度有关,而且还受到初始应力 p_0、洞室的半径 r_a 的影响。

三、塑性区与弹性区交界面上的应力

将塑性圈半径 R_p 的表达式(7-44)代入塑性区内应力的计算公式(7-42),即可求得塑性圈边界上的应力,经整理后其表达式为:

$$\left.\begin{array}{l} \sigma_{rp} = \dfrac{1}{\xi + 1}(2p_0 - \sigma_c) \\[3mm] \sigma_{\theta p} = \dfrac{1}{\xi + 1}(2\xi p_0 + \sigma_c) \end{array}\right\}$$ (7-45)

式(7-45)是式(7-42)一个特定的值,由于它作用在塑性圈的边界上,因此,其大小将影响弹性区内应力和位移分布。

四、塑性区的位移

由于塑性区的应力和应变为非线性关系,因此采用广义虎克定理并不能正确地表现塑性区内的应力应变关系。用平均应力与平均应变之间的关系,乘以一表示两者所具有的非线性关系的塑性模数,并假设在塑性区内体积应变为零,最终可求得塑性区内的径向位移,这是计算塑性区位移最常用的方法之一。

根据弹塑性力学可知,在三维状态下的平均应力 σ 和平均应变 ε 为:

$$\left.\begin{aligned} \sigma &= \frac{1}{3}(\sigma_r + \sigma_\theta + \sigma_z) \\ \varepsilon &= \frac{1}{3}(\varepsilon_r + \varepsilon_\theta + \varepsilon_z) \end{aligned}\right\} \tag{7-46}$$

利用广义虎克定理,将三式相加得:

$$\varepsilon_r + \varepsilon_\theta + \varepsilon_z = \frac{1}{E}\left[\sigma_r - \mu(\sigma_\theta + \sigma_z)\right] + \frac{1}{E}\left[\sigma_\theta - \mu(\sigma_z + \sigma_r)\right] + \frac{1}{E}\left[\sigma_z - \mu(\sigma_r + \sigma_\theta)\right]$$

$$= \frac{1 - 2\mu}{E}(\sigma_r + \sigma_\theta + \sigma_z)$$

$$\varepsilon = \frac{1 - 2\mu}{E}\sigma \tag{7-47}$$

又

$$\varepsilon_r - \varepsilon = \frac{1}{E}\left[\sigma_r - \mu(\sigma_\theta + \sigma_z) - \frac{1 - 2\mu}{E}\sigma\right] = \frac{1 + \mu}{E}(\sigma_r - \sigma) \tag{7-48}$$

同理可得:

$$\left.\begin{aligned} \varepsilon_r &= \frac{1 + \mu}{E}(\sigma_r - \sigma) + \varepsilon \\ \varepsilon_\theta &= \frac{1 + \mu}{E}(\sigma_\theta - \sigma) + \varepsilon \\ \varepsilon_z &= \frac{1 + \mu}{E}(\sigma_z - \sigma) + \varepsilon \end{aligned}\right\} \tag{7-49}$$

根据前述的假设条件,塑性区内的应力—应变关系可在上式的基础上乘以一塑性模数 ψ 来表示。在弹性区中,$\psi = 1$,并设塑性区中的平均变形模量为 E_0,横向变形模量为 μ_0,剪切模量为 G_0,体积不变($\varepsilon = 0$)。由于 $\lambda = 1$,且为轴对称问题,则塑性区内平面应变的应力—应变关系:$\sigma_z = \sigma$;$\varepsilon_z = 0$。那么,$\sigma = (\sigma_r + \sigma_\theta)$。则平面应变时的应力应变关系为:

$$\left.\begin{aligned} \varepsilon_r &= \frac{\psi(1 + \mu)}{E}(\sigma_r - \sigma_\theta) \\ \varepsilon_\theta &= \frac{\psi(1 + \mu)}{E}(\sigma_\theta - \sigma_r) \end{aligned}\right\} \tag{7-50}$$

由于在塑性状态下,位移与应变仍保持弹性关系,即:

$$\varepsilon_r = \frac{\mathrm{d}u}{\mathrm{d}r}, \varepsilon_\theta = \frac{u}{r}$$

对上述的第二式求导:

$$\frac{\mathrm{d}\varepsilon_0}{\mathrm{d}r} = \frac{\mathrm{d}\left(\dfrac{u}{r}\right)}{r} = -\frac{2u}{r^2} = -\frac{2\varepsilon_\theta}{r} \tag{7-51}$$

上式为一可分离变量的微分方程,经积分后可求得带有积分常数的切向应变为:

$$\varepsilon_\theta = \frac{C}{r^2} \tag{7-52}$$

将上式代入公式(7-50),并根据题意将公式中的弹性常数 E,μ 改为塑性区中的 E_0,μ_0 加以整理后即可得计算塑性模数的表达式:

$$\psi = \frac{E_0 C}{(1 + \mu_0)(\sigma_\theta - \sigma_r)r^2} \tag{7-53}$$

再利用边界条件: $r = R_p; \psi = 1$,可按上式确定积分常数:

$$C = \frac{(1 + \mu_0)}{E_0} R_p^2 (\sigma_\theta - \sigma_r)_{r = R_p} \tag{7-54}$$

式中, $(\sigma_\theta - \sigma_r)_{r = R_p}$ 表示在塑性区边界上的 $\sigma_\theta - \sigma_r$ 值。若将公式(7-54)代入式(7-53),则塑性模数的表达式为:

$$\psi = \frac{(\sigma_\theta - \sigma_r)_{r = R_p}}{(\sigma_\theta - \sigma_r)} \frac{R_p^2}{r^2} \tag{7-55}$$

由塑性区边界上的应力计算公式(7-45)可得:

$$(\sigma_\theta - \sigma_r)_{r = R_p} = \frac{1}{\xi + 1}(2\xi p_0 + \sigma_c) - \frac{1}{\xi + 1}(2 p_0 - \sigma_c) = \frac{2}{\xi + 1}\left[(\xi - 1)p_0 + \sigma_c\right] \tag{7-56}$$

将式(7-56)代入公式(7-55),即可求得塑性模数的计算公式:

$$\psi = \frac{p_0(\xi - 1) + \sigma_c}{(\xi + 1)(\sigma_\theta - \sigma_r)} \cdot \frac{2R_p^2}{r^2} \tag{7-57}$$

由径向位移的几何方程和塑性应力—应变关系式(7-50)可知:

$$u = r\varepsilon_\theta = r \frac{\psi(1 + \mu_0)}{E_0}(\sigma_\theta - \sigma_r) = \frac{p_0(\xi - 1) + \sigma_c}{(\xi + 1)} \cdot \frac{2R_p^2}{r} \frac{(1 + \mu_0)}{E_0} \tag{7-58}$$

式(7-58)即为在塑性区内的径向位移表达式。由公式(7-58)可知,径向位移与岩体的强度参数 ξ、塑性区内的变形常数 E_0 和 μ_0、初始应力 p_0、塑性区半径 R_p 以及任意一点的距离 r 等因素有关。

五、弹性区的应力和位移

根据围岩二次应力塑性状态下,塑性区内的应力、位移和塑性圈半径等的计算公式,塑性区内的应力分布特征:随着离洞轴线距离 r 的增大,径向和切向应力都在逐渐增大。由于径向应力的增大,提高了岩体的承载能力,使岩体内的应力逐渐向弹性状态过渡,当 $r > R_p$ 时,岩体内的应力处在弹性状态。此时,弹性区内的应力、位移可引用前节所讨论的弹性分布的微分方程进行计算。但是,由于塑性区的存在,使得在塑性区半径处的径向应力必定会对弹性区内的应力、位移产生影响。因此,在讨论弹性区内的应力、位移问题时,必须考虑塑性区的存在对弹性区的影响。通常的做法是将塑性区边界上的径向应力作为外力对弹性区作用,以此代替塑性区的存在,并将其看成开挖半径为 R_p 的洞室的计算模式,分析弹性区内的应力、位移状态。即在前述的微分方程中,改变其边界条件,求解最终的结果。此时,计算模式的边界条件如下:

$$\left. \begin{array}{l} r = R_p, \sigma_{re} = \sigma_{rp} = \sigma_{R_0} \\ r \to \infty, \sigma_{re} = p_0 \end{array} \right\} \tag{7-59}$$

将上式代入式(7-14)求得积分常数：

$$r = R_p, \sigma_{r\theta} = \sigma_{R_0}; \sigma_{re} = \frac{E}{1-\mu^2}\left[(1+\mu)c_1 - (1-\mu)\frac{c_2}{R_p^2}\right] = \sigma_{R_0}$$

$$r \to \infty, \sigma_{re} = p_0; \sigma_{re} = \frac{E}{1-\mu^2}(1+\mu)c_1 = p_0$$

$$\left.\begin{array}{l} c_1 = \dfrac{1-\mu}{E}p_0 \\[3mm] c_2 = \dfrac{1-\mu}{E}(p_0 - \sigma_{R_0})R_p^2 \end{array}\right\} \quad (7\text{-}60)$$

将所求得的积分常数代入原微分方程的解,即可求得弹塑性分布状态下弹性区的应力、位移计算公式：

$$\left.\begin{array}{l} \sigma_{re} = p_0\left(1 - \dfrac{R_p^2}{r^2}\right) + \sigma_{R_0}\dfrac{R_p^2}{r^2} \\[3mm] \sigma_{\theta e} = p_0\left(1 + \dfrac{R_p^2}{r^2}\right) - \sigma_{R_0}\dfrac{R_p^2}{r^2} \\[3mm] u = \dfrac{p_0}{E}\left[(1-\mu)r + (1+\mu)\right] - \dfrac{1+\mu}{E}\sigma_{R_0}\dfrac{R_p^2}{r} \end{array}\right\} \quad (7\text{-}61)$$

同样,上式表示的是平面应力的计算公式,因此,应将位移公式转换成平面应变条件下的计算公式：

$$\left.\begin{array}{l} \sigma_{re} = p_0\left(1 - \dfrac{R_p^2}{r^2}\right) + \sigma_{R_0}\dfrac{R_p^2}{r^2} \\[3mm] \sigma_{\theta e} = p_0\left(1 + \dfrac{R_p^2}{r^2}\right) - \sigma_{R_0}\dfrac{R_p^2}{r^2} \\[3mm] u = \dfrac{p_0(1+\mu)}{E}\left[(1-2\mu)r + \dfrac{R_p^2}{r}\right] - \dfrac{1+\mu}{E}\sigma_{R_0}\dfrac{R_p^2}{r} \end{array}\right\} \quad (7\text{-}62)$$

从上述公式可见,弹塑性分布状态下的弹性应力、位移表达式与纯弹性分布的表达式很接近,多了一项由于塑性区边界上径向应力 σ_{R_0} 作用所给予的增量。因此,其应力、位移、应变的分布规律也大致相同。就位移而言,与前述相同,工程上只关心的是由于开挖所产生的位移增量,即：

$$\Delta u = u - u_0 = \frac{1+\mu}{E}\left[p_0 - \sigma_{R_0}\right]\frac{R_p^2}{r} \quad (7\text{-}63)$$

从公式中可以发现,位移增量变小了。很明显,是由于塑性圈的存在限制了弹性区的变形所致。

六、小结

(1)当开挖后,洞壁的切向应力 $\sigma_\theta = 2p_0 \geqslant \sigma_c$ 时,洞周的岩体将产生塑性区。

(2)在 $\lambda = 1$ 的条件下,塑性区是一个圆环,塑性区内的应力 $\sigma_{\theta p}$ 和 σ_{rp} 将随 r 的增大而增大,且塑性区内的应力满足所假设的起塑条件：$\sigma_{\theta p} = \sigma_{rp}\xi + \sigma_c$。当 $r = R_p$ 时,围岩处在塑性区的边界上,而塑性区边界上的径向应力将影响弹性区的应力、位移、应变的计算。

（3）当 $r > R_p$ 时，围岩的应力将进入弹性区。由于塑性区的存在，将限制弹性区内的应力、位移、应变的变化。因此，与无塑性区的弹性二次应力状态相比较，各计算式中增加了由于塑性区边界上的径向应力作用所引起的增量，而分布规律与纯弹性分布大致相同；仍可用 $\sigma_\theta + \sigma_r = 2p_0$ 来校核计算结果的正确性。

第四节　围岩压力

一、围岩压力的基本概念

前几节介绍的围岩二次应力状态，无论是洞壁的二次应力小于岩体强度的弹性状态，还是洞壁的二次应力都超出了岩体的强度呈弹塑性状态，都是在无支护的前提下进行讨论的，可以说，这是一种比较理想的状态。在实际工程中，很少有不作支护就使用的洞室工程。而在进行支护设计时，作用在支护上的荷载是设计中必不可少的参数。这就引出了围岩压力这一概念。对于围岩压力的认识类似于对岩体的认识，也经历了一个逐渐发展、不断完善的过程。最初，人们将围岩压力看成是一个很简单的概念，认为支护是一种构筑物，而岩体的围岩压力则是荷载，二者是相互独立的系统。在这样一种理念下，围岩压力的概念表示为开挖后岩体作用在支护上的压力（也被称作狭义的围岩压力）。随着人们对岩体认识的不断提高，尤其是通过现场量测试验，大量的成果积累，发现实际工程情况并非如此。实践告诉我们，岩体本身就是支护结构的一部分，它将承担部分二次应力的作用。支护结构应该与岩体是一个整体，两者应成为一个系统，来共同承担由于开挖而引起的二次应力作用。因此，对围岩压力的定义又可理解为：围岩二次应力的全部作用（广义的围岩压力）。在这广义的围岩压力概念中，最具特色的是支护与围岩的共同作用。洞室开挖后，岩体的应力调整、向洞内位移的变化也说明了围岩与支护一起，发挥各自所具有的强度特性，共同参与了这一应力重分布的整个过程。因此，共同作用的围岩压力理论，促进了隧道工程建设，使其向更合理、更经济的方向发展。

二、水平洞室围岩的主要破坏形式

开挖洞室后围岩产生应力重分布，使得围岩部分区域应力增高。如果围岩的二次应力状态小于岩体的强度，则围岩只产生弹性变形或微小的塑性变形，岩体不发生破坏，也就是说，围岩自身作为支护结构能够承受地层压力，这种状态称为洞室稳定状态。反之，当围岩的二次应力状态超过岩体的强度，则围岩产生较大的塑性变形或发生脆性破坏，这种状态称为洞室不稳定状态。这时，如果在无支护的情况下围岩将不断地变形，并发生破碎塌落现象；在有支护的情况下围岩将以一定的压力挤压支护结构。由此可见，围岩处于稳定状态或不稳定状态，都是围岩应力和岩体强度之间矛盾表现的不同形式而已。

岩体被开挖后，破坏了原有的平衡状态，在地应力的作用下，产生破坏的基本形式有断裂破坏和剪切破坏。断裂破坏主要由拉应力所引起，且破坏前变形很小，所以表现出脆性破坏。剪切破坏主要由剪应力所引起，但同时在剪切破坏面上还有法向应力，且破坏前有较大的位移，故表现出塑性滑移破坏。

岩体发生何种破坏形式，理论上可通过莫尔强度包络线来判断。先由试验结果做出莫尔强度包络线(图7-9),然后根据岩体中的极限应力状态在同一图中绘出应力圆,若极限应力圆与曲线1-1阴影部分相交,则岩体出现由于拉应力作用的断裂破坏;若极限应力圆与曲线2-2相交,则岩体出现剪切破坏;若极限应力圆处在曲线2-2以内,并不与它相交,则岩体不发生破坏。

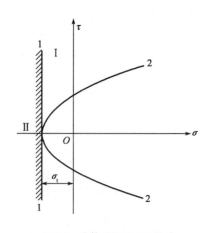

图7-9 岩体破坏形式的判别
Ⅰ-剪切破坏区;Ⅱ-拉裂破坏区;σ_t-岩体抗拉强度

由于天然岩体经历了长期构造运动,发育有各种定向的和非定向的软弱结构面,而岩体的强度、变形和破坏又主要受这些软弱结构面所控制,所以研究围岩的变形和破坏,决不能离开各类岩体的具体情况。从实际工程中调查表明,水平洞室围岩的破坏形式可归纳为如下几种基本形态:

(1)洞室围岩整体稳定,存在局部岩块掉落现象。

在坚硬且完整性较好的岩体中开挖洞室,因为岩体的强度较高,所以,成洞后的二次应力状态往往低于岩体强度。但是由于结构面的切割可能形成不利的组合,或在施工中,爆破作用致使产生岩块掉落现象。这种掉块现象大都是局部的,规模不会很大,一般不会造成洞室丧失稳定性。

(2)洞室围岩发生脆性断裂破坏。

围岩的拉断破坏一般出现在洞室顶部,因顶部岩石容易出现拉应力。在松散、破碎的岩层中,可能由于顶部拉裂而发生严重冒顶现象,直至最后形成一个相应的拱形而暂时稳定下来(图7-10)。在坚硬岩层中,如果层理、节理裂隙切割具有不利的组合,这将使洞室拱顶部分岩体破裂。例如,岩层产状平缓,中厚层与薄层相间,顶板处薄层极易塌落,形成叠板状[图7-11a)];又例如,岩层虽为中厚层,但夹有软弱薄层,且洞轴线与主构造线的走向接近平行或小角度斜交,洞室顶部塌落成尖顶状[图7-11b)、c)]。

洞室侧壁出现断裂破坏要比顶部少见,因为洞壁一般处于受压状态。在松散破碎岩层中,侧壁可能垮塌成斜面(图7-10)。在坚硬岩层中,当岩层产状较平缓时,一般侧壁不易垮塌[图7-11a)、b)];当岩层为急倾斜时,一般沿倾斜的上方容易垮塌[图7-11c)];高边墙可能塌落的范围,取决于节理裂隙的空间分布、密度及充填胶结物等情况[图7-11d)]。

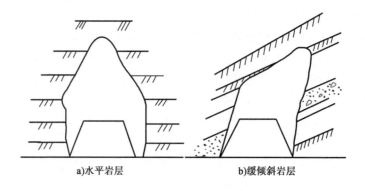

a)水平岩层　　　　　　　　b)缓倾斜岩层

图7-10 松散岩层中的冒顶现象

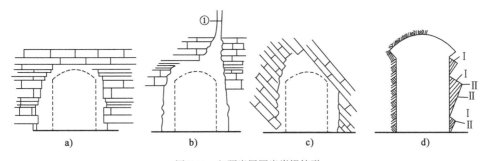

图 7-11　坚硬岩层围岩崩塌情形
①-沿节理发育的溶槽,泥质充填;Ⅰ,Ⅱ-节理裂隙

（3）围岩塑性剪切破坏。

现场观测和理论研究都证明,在较大的初始应力作用下,完整岩体中的洞室围岩往往会产生塑性剪切破坏。为了阐明塑性区形成的机理,我们以圆形洞室侧压力系数 $\lambda = 1$ 的情形加以说明。挖洞后围岩产生应力重分布,在洞壁附近,径向应力 σ_r 迅速降低,而切向应力 σ_θ 迅速增高,如果岩体强度较低,则该应力状态的莫尔应力圆与强度包络线相切,达到极限平衡状态,如图 7-12c）所示。此后,切向应力 σ_θ 就继续增大,高应力区向围岩深处发展,达到极限平衡的范围也随之增大。通常将这极限平衡区称作围岩的塑性区。由图 7-12 中可见,在塑性区域内与最大主应力成 $45° - \varphi/2$ 角度的方向上逐渐发生塑性滑移,并形成两组与最大主应力迹线成 $45° - \varphi/2$ 角度的滑移面[图 7-12b）]。当 $\lambda = 1$ 时,圆形洞室周围的塑性区域成环状分布,最大主应力迹线也是环状的同心圆,因而滑移线为对数螺线[图 7-12a）]。

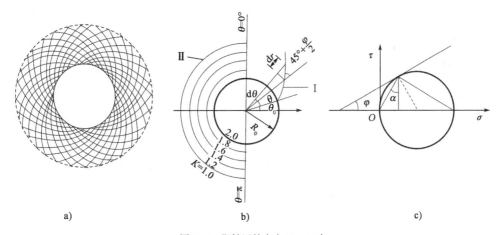

图 7-12　塑性区的产生（$\lambda = 1$ 时）

从图 7-12 可见,最大主应力作用面与剪切破裂面夹角为 $45° - \varphi/2$。如图 7-12b）所示,设圆形洞室边界上一点的极坐标 (γ_0, θ_0),滑移线上任意一点 $M(r, \theta_0 + \theta)$,由此可得:

$$\mathrm{d}r = r\mathrm{d}\theta\tan\left(45° - \frac{\varphi}{2}\right)$$

$$\frac{\mathrm{d}r}{r} = \tan\left(45° - \frac{\varphi}{2}\right)\mathrm{d}\theta$$

$$\int_{r_0}^{r} \frac{\mathrm{d}r}{r} = \tan\left(45° - \frac{\varphi}{2}\right)\int_{\theta_0}^{\theta} \mathrm{d}\theta$$

$$\ln r - \ln r_0 = (\theta - \theta_0) \tan\left(45° - \frac{\varphi}{2}\right)$$

$$r = r_0 e^{\left[(\theta - \theta_0)\tan\left(45° - \frac{\varphi}{2}\right)\right]} \tag{7-64}$$

由公式(7-64)可见,这是一组对数螺旋线,它与另一组相同的对数螺旋线正交,如图7-12a)所示,最终形成最大可能滑移块体。

三、围岩压力分类

根据产生围岩压力的机理不同,可将围岩压力分为四种:松动压力、形变压力、冲击压力、膨胀压力。

1. 松动压力

松动的岩体或者施工爆破所破坏的岩体等在自重的作用下,掉落在洞室上的压力称为松动压力。实际上,松动压力就是部分岩石的重量直接作用在支护结构上的压力,所以松动压力本质上应视作松动荷载。因此洞顶上的松动压力特别大,而两侧稍小,底部一般没有。

产生松动压力的原因有地质因素和施工因素两方面。在松散、破碎的岩层中开挖洞室,如果不作支护,洞顶岩体可能会塌落,最终形成拱形而稳定下来,如图7-10所示。拱形与支护结构之间岩石的重量就是作用在支护结构上的松动压力。在坚硬岩层中,如果层理、节理裂隙切割具有不利的组合,这将使部分岩体嵌裂形成松动压力(图7-11)。

施工过程对松动压力的发展也有决定性的影响。爆破是引起岩层松动的主要原因,松动区的大小受钻孔布置、炸药种类和装药量所控制。在破碎岩层中,松动压力的大小决定于临时支护的种类。洞室施工中采用临时木支撑,表现出明显的缺点。实际上,安装木支撑时就不可能与未受扰动的地层保持贴紧,这个空隙不久会由于岩体的变形而填塞;此外,木材本身容易变形,尤其当压力与木材纤维垂直时变形更大;同时,立柱压入地下会进一步造成木支撑的下沉。由此可见,临时木支撑可以使松动压力增大。采用喷射混凝土作为临时支护措施具有突出的优点,因为成洞后及时进行支护,能够约束围岩的变形,控制围岩进一步松动和破坏。除此之外,地下水的影响、空气中的潮气以及温度差作用等,都会促使松动压力的增加。

2. 形变压力

松动压力是以重力的形式作用在洞室支护上的压力。而形变压力则完全不同,重力并不是造成围岩压力的主要原因。岩体在重力和构造应力的作用下,由于洞室的开挖将产生围岩二次应力状态,这才是产生形变压力的真正原因。当岩体开挖后,围岩进行应力调整,并逐渐向洞内产生变形,当支护后,支护将限制岩体产生向内的变形而产生压力。因此,所谓的形变压力是岩体作用在支护上的力,由于支护阻止了岩体的变形而产生的,形变压力与支护抗力是一对相互作用力。由于二次应力状态超过岩体的强度极限时,洞室周围将产生塑性区,此时,支护阻止了岩体塑性区所产生的塑性变形,而形成了塑性形变压力。显然,如果地层最初处于弹性状态,成洞后的二次应力状态仍然保持弹性状态,那么围岩是稳定的,而且洞内不需要有支护结构,于是地层压力现象不显现出来。但是有时为了工程使用上的要求,也会进行衬砌,此时衬砌会限制一定量的围岩弹性变形,由此而产生弹性的形变压力。因此,为了正确理解形变压力,必须克服过去将地层压力只作为荷载理解的传统观念。形变压力的分布情况,取决于侧压力系数 λ 的大小。当 λ = 1 或围岩处于潜塑状态时,围岩压力主要来自于四周的均布压力;当 $\lambda > 1$ 时,主要是由于水平构造应力所引起的,围岩压力主要来自于洞室的两侧;当 $\lambda < 1$ 时这主要是由于垂直构造应力所引起的,围岩压力主要来自于拱顶至拱肩及仰拱等部位。

3. 冲击压力

岩爆是地层压力中的一种特殊现象,有时称为冲击地压。当岩石内部积聚了很大的弹性应变能,一旦遇到机械的扰动时,突然猛烈地释放出来,形成岩爆现象。随着巨大的响声,岩片以极快的速度向洞内飞散开来,飞出的岩片成透镜状或叶片状,其边缘像刀刃一样锐利。因此,岩爆就是岩石被挤压到超过其弹性限度,岩体内积聚的能量突然释放所造成的岩石破坏现象。岩爆会造成矿井或坑道的破坏,并严重威胁着生命财产安全。

依据能量原理,受压试件中积聚在单位体积内的应变能为 $U = \sigma^2 / 2E$。由此可见,弹性应变能的大小和压应力的二次方成正比,而与弹性模量 E 成反比。因此一般说来,在较深地层中,且岩体比较坚硬完整时,如花岗岩、片麻岩、斑岩、闪长岩、辉绿岩、石灰岩、硬煤等,容易发生岩爆现象;但在很软弱岩石中,当弹性变形能还不太大时便使岩石产生流动,而不能储存很大的应变能,故较少发生岩爆现象。例如,某地下电站岩爆发生在花岗岩中,埋深 250m;某铁路隧道岩爆发生在较坚硬脆性的石灰岩中,埋深 1000m 左右。根据某些统计,大多数岩爆发生在工作面附近。因此,可以用风钻打一定数量的超前钻孔,使洞壁围岩应力部分释放,避免岩爆现象发生。

4. 膨胀压力

由于洞室膨胀而产生的压力就是膨胀压力。在黏土质页岩或凝灰岩之类的岩体中开挖洞室,无论在地层的深部或浅部,洞室四周的围岩往往产生很大变形,围岩向洞内鼓胀,但不失其整体性,因而表现为顶板悬垂、两帮突出以及底板隆起,这就是膨胀现象。膨胀现象中最常见的是底鼓。例如,在泥质或煤质页岩中开挖的巷道,经常由于膨胀现象压坏支架,甚至使用各种方式加强的支架也发生破坏现象(图 7-13)。

关于膨胀压力产生的原因,目前认为主要是由于岩石本身的物理力学特性和地下水的影响。实际资料表明,发生膨胀的岩石,绝大多数是含有黏土质且具有较大塑性的岩土介质,这种岩石的骨料一般很细小(0.005mm 以下),呈鳞片状。在骨料之间满布相互连通的毛细孔隙。因而具有很大的吸水能力。当吸水以后,由于鳞片间毛细管的弯液面作用,使鳞片间距离变化或者位置改变,结果表现为体积膨胀。开挖巷道产生的应力重分布,对岩石的原状结构有很大扰动,并且由于自由面的形成,改变了巷道附近地下水的运动规律,在压力差作用下,使地下水更容易向巷道空间渗透和运动。上述因素都增加了地下水的影响,因而巷道围岩就更容易造成膨胀现象。

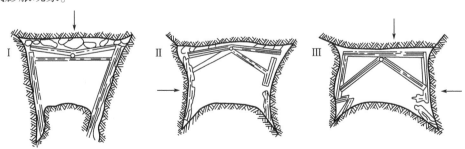

图 7-13 页岩地层中坑道的膨胀现象

因此,在这种塑性较大的岩体中开挖洞室时,应特别注意地下水的因素,做好排水措施,同时要做到:快速开挖,及时支撑,及时衬砌,使岩体性质及应力状态不致过多变化。如有超挖,回填块石及砂砾石,然后浇灌衬砌,必要时设置仰拱。

关于冲击压力和膨胀压力,目前研究的很不够,尚无法进行理论计算,故本章主要讨论围岩压力中的松动压力和塑性形变压力。

四、影响围岩压力的因素

通过以上关于围岩变形和破坏的分析可以看出,影响洞室稳定性及围岩压力的因素很多,归纳起来,可分为地质因素和工程因素两方面。地质因素系自然属性,反映洞室围岩稳定的内在联系;工程因素则是改变洞室稳定状态的外部条件。合理地利用内在的和外部的因素,并借助于正确的工程措施,可影响和控制地质条件的变化和发展。

1. 地质方面的因素

由于岩体是由各类结构面切割而成的岩块所组成的组合体,岩体的稳定性和强度往往由软弱结构面所控制。因此,影响洞室稳定性及围岩压力的地质因素可归纳成以下几点:

(1)岩体的完整性或破碎程度。对于围岩压力来说,岩体的完整性又比岩体的坚固性重要得多。

(2)各类结构面,特别是软弱结构面的产状、分布特性和力学性质,包括结构面的充填情况、充填物的性质等,都将会影响围岩压力的大小及分布特性。

(3)地下水的活动状况。

(4)对于软弱岩层,其岩性、强度值也是一项重要的因素。

在坚硬完整的岩层中,洞室围岩一般处于弹性状态,仅有弹性变形或不大的塑性变形,且变形在开挖过程中已经完成,因此,这种地层中不会出现塑性形变压力。支护的作用仅仅是为了防止围岩掉块和风化。

裂隙发育、弱面结合不良及岩性软弱的岩层,围岩都会出现较大的塑性区,因而需要支护,这时支护结构上会出现较大的塑性形变压力或松动压力。岩石地层处于初始潜塑状态时支护结构上会出现极大的塑性形变压力。

2. 工程方面的因素

影响洞室稳定性及围岩压力的工程方面的主要因素有洞室的形状和尺寸、支护结构的形式和刚度、洞室埋置深度及施工中的技术措施等。

(1)洞室的形状和尺寸

洞室的形状和洞室大小,包括洞室的平面、立体形式、高跨比、矢跨比及洞室幅员尺寸等。由于洞形与围岩应力分布有着密切关系,因而与围岩压力也有关系。通常认为圆形或椭圆形洞室产生的围岩压力较小,而矩形或梯形则较大,因为对于矩形或梯形洞室顶部容易出现拉应力,而在两边转角处又有较大的应力集中。但究竟何种洞形较好,应视地质情况而定。例如,如果初始应力为均匀压力,圆形最好;若初始应力主要为自重应力,且来自顶部方向,高拱形较好;若初始应力由地质构造和自重应力组成,且来自水平方向的两侧时,宜采用平拱形。此外,从弹性理论分析的结果来看,围岩应力与洞形有关,而与其几何尺寸无关,也就是说,洞室形状不变,跨度大小与围岩应力分布无关。但实际上,洞室形状不变,随着跨度增大围岩压力也会发生变化,而且影响较大。特别是大跨度洞室,容易发生局部塌落和不对称地压,其支护结构受力状态是很不利的。

（2）支护结构的形式和刚度

在不同的围岩压力下,支护具有不同的作用。例如,在松动压力作用下,支护主要是承受松动或塌落岩体的自重,起着承载结构的作用;在塑性形变压力下,支护主要用来限制围岩变形,起着维持围岩稳定的作用。在通常情况下,支护同时具有上述两种作用。目前采用的支护有两种形式:一种称为外部支护,一种称为内承支护(自承支护)。外部支护就是通常的衬砌,它承受松动或塌落岩体自重所产生的荷载,在密实回填的情况下,也能起到维持围岩稳定的作用。内承支护或自承支护是通过化学或水泥灌浆、锚杆、喷混凝土等方式加固围岩,利用增强围岩的自承能力,从而增强围岩的稳定性。

支护形式、支护刚度和支护时间(开挖后围岩暴露时间的长短)对围岩压力都有一定影响。洞室开挖后随着径向变形的产生,围岩应力产生重分布,同时,随着塑性区的扩大,围岩所要求的支护反力也随之减小。所以,采取喷混凝土支护或柔性支护结构能充分利用围岩自承能力,使岩压力减小。但是,支护的柔性不能太大,因为当塑性区扩展到一定程度出现塑性破裂时,岩体的 c、φ 值相应降低,引起围岩松动,这时,塑性形变压力就转化为松动压力,且可能达到很大的数值。还须指出,支护刚度不仅与材料和截面尺寸有关,而且还与支护的形式有关。实践表明,封闭型的支护比非封闭型的支护具有更大的刚度。对于可能出现底鼓现象的洞室,尤宜采用封闭型支护。

（3）洞室的埋置深度或覆盖层厚度

洞室的埋置深度对围岩压力有着显著的影响。对于浅埋洞室,围岩压力随着深度的增加而增加,且水平向的初始应力较大,相对而言对洞室稳定性有一定的帮助。对于深埋洞室,由于埋深直接关系到侧压力系数的大小,特别是埋深很大时,还可能出现潜塑性状态,因此,埋置深度将影响围岩应力的大小。

（4）施工中的技术措施

施工中的技术措施得当与否,对洞室的稳定性及围岩压力的大小都有很大的影响。例如,爆破造成围岩松动和破碎的程度,洞室的开挖顺序和方法,支护的及时性、围岩暴露时间的长短,岩体超欠挖等情况,设计的洞形、幅员尺寸改变的情况等均对围岩压力有很大的影响。除上述影响因素外,还有一些其他的影响因素,例如,洞室的几何轴线与主构造线或软弱结构面的组合关系、相邻洞室的间距、时间因素等对围岩压力也有影响。

综上所述,影响围岩压力的因素很多,但当前的一些围岩压力理论,常常忽略了许多影响因素,有时甚至是一些重要因素,致使计算结果与实际出入较大。因此,只有正确、全面地分析这些影响因素,并分清主次,才能正确得出围岩压力的大小及其分布规律。

第五节　围岩的松动压力计算

节理密集和非常破碎的岩体通常被认为是松散岩体。松散介质的力学性能可看成无黏结力的松散地层。因此,在该地层中开挖洞室后,围岩压力主要表现为松动压力。围岩压力的松散体理论是在长期观察地下洞室开挖后的破坏特性基础上而建立的。浅埋的地下洞室,开挖后洞室顶部岩体往往会产生较大的沉降,有的岩体甚至会出现塌落、冒顶等现象。基于这样一种破坏形式,建立了以应力传递、上覆岩柱重量等计算方法。而在深埋的岩体中,开挖后往往会发生洞室顶部岩体的塌落,促使顶部岩体进行应力调整,最终形成一个自然平衡拱使得平衡拱上部的岩体保持了稳定,而作用在支护上的荷载即为平衡拱内的岩体自重。本节根据松散岩体的特殊性质介绍上述基本思想的围岩松动压力的计算方法。

一、浅埋洞室的围岩松动压力计算

1.岩柱法

岩柱法计算浅埋洞室松散岩体的围岩压力的基本思想是,由于洞室的开挖,洞室顶部的松散岩体将产生很大的沉降甚至塌落,因此考虑从地面到洞室顶部的岩体自重,扣除部分摩擦阻力后,作用在洞室顶部的压力即为围岩压力。

(1)岩柱法的基本假设条件

①松散岩体的黏聚力 c 为零。

②松散岩体的计算模式如图 7-14 所示。产生松动压力的机理为:洞室开挖后上覆岩体向下位移,同时洞室两侧的岩体会出现两个破裂面,该破裂面与洞室侧壁的夹角为 $45° - \varphi/2$,作用在洞室顶部的围岩压力为可能向下位移的最大块体的自重,并克服了两侧岩体的摩擦力后所剩余的力。

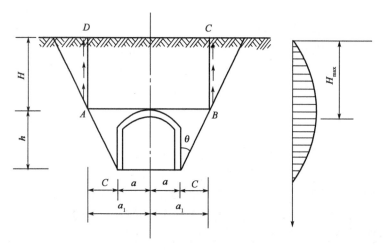

图 7-14 岩柱法确定围岩压力的计算简图

(2)岩柱法围岩压力的计算

根据岩柱法计算浅埋松散岩体围岩压力的假设条件,应先确定岩体 $ABCD$ 所受摩擦力和岩体的自重。从计算简图可得:洞顶可能产生向下位移的最大块体为 $ABCD$ 所构成的岩体;而要克服的是 AD、BC 两个面的摩阻力;由于摩擦力的大小与作用在岩体上的水平荷载成正比,因此,若在洞室上覆岩体中取一厚度为 dl 的微元条,洞室的埋深为 l,微元体宽度为 $2a_1$。设作用在微元条两端的力有正应力 $d\sigma_n$ 和摩擦力 dT。根据莫尔—库仑强度理论或摩擦原理,$d\sigma_n$ 和 dT,可分别按下式求得:

$$\sigma_n = \gamma l \tan^2 \left(45° - \frac{\varphi}{2} \right)$$

$$dT = \sigma_n \tan\varphi dl$$

从地面到洞室顶部岩体中总的摩擦力为：

$$F = 2\int_0^H dT = 2\int_0^H \sigma_n \tan\varphi dl = 2\int_0^H \gamma l \tan^2\left(45° - \frac{\varphi}{2}\right)\tan\varphi dl$$

$$= rH^2 \tan^2\left(45° - \frac{\varphi}{2}\right)\tan\varphi$$

从地面到洞室顶部最大可能向下位移的块体自重为：

$$Q = 2a_1 \gamma H$$

式中，H 为洞室的埋深，a_1 由图 7-14 中的几何关系可得：

$$a_1 = a + h\tan\left(45° - \frac{\varphi}{2}\right)$$

根据岩柱法计算的假设条件，作用在洞室顶部的围岩压力为：

$$q = \frac{Q - F}{2a_1} = \frac{2a_1\gamma H - \gamma H^2 \tan^2\left(45° - \frac{\varphi}{2}\right)}{2a_1}\tan\varphi$$

$$= rH\left(1 - \frac{HK}{2a_1}\right) \tag{7-65}$$

其中

$$K = \tan^2\left(45° - \frac{\varphi}{2}\right)\tan\varphi$$

作用在洞室侧向的围岩压力可根据莫尔—库仑强度公式求得。由于岩柱法中假设松散岩体的 $c = 0$，故 $\sigma_c = 2c\cos\varphi/(1 - \sin\varphi) = 0$。作用在洞室顶部的围岩压力为最大主应力，而侧向围岩压力为最小主应力。根据两者的关系，洞顶侧向围岩压力(e_1)和洞底侧向围岩压力(e_2)可按下式求得：

$$\left.\begin{array}{l} e_1 = q\tan^2\left(45° - \frac{\varphi}{2}\right) \\ e_2 = e_1 + \gamma h\tan^2\left(45° - \frac{\varphi}{2}\right) \end{array}\right\} \tag{7-66}$$

式中：h——洞室的高度。

（3）岩柱法计算围岩压力的特征

利用岩柱法计算围岩压力，概念明确，计算方便。但经分析发现，该公式具有一定的限制条件。

由公式(7-65)可知，围岩压力的计算公式是洞室埋深的二次函数。当令 $dp/dH = 0$ 时，可得 $H = a_1/K$，又 $d^2q/dH^2 = -K\gamma/a_1 < 0$。根据极值判别原理，$q$ 随 H 的变化存在着极大值，其值为 $H_{max} = a_1/K$。当埋深大于 H_{max} 时，洞顶的围岩压力 q 将减小，这与岩柱法计算围岩压力的假设条件相矛盾。因此，在应用该公式时，对于埋深则要求限制在 $H_{max} = a_1/K$ 以内的条件下进行。另外，岩柱法计算围岩压力的公式中，K 的大小也将造成很大的影响，而 K 在很大的程度上又取决于松散岩体的内摩擦角 φ。若令 $dK/dq = 0$，则可得 $\varphi = 30°$。根据试算法可知，$\varphi = 30°$为极大值。在此基础上再讨论 φ 对围岩压力 q 的影响。当 $\varphi < 30°$时，随 φ 角的增大其 K 值也将增大，那么，此时的 q 值将减少。这一现象属正常，φ 角代表了松散岩体的强度。岩体自身的强度增大，依据岩柱法的假设条件，岩体的自重要克服较大的摩擦力，其围岩压力应该

降低。当 $\varphi > 30°$ 时,φ 角的增大促使 K 值减小,而此时的 q 值反而增大。这显然与假设条件以及实际情况相悖。因此,应用岩柱法计算围岩压力,应将 $H < H_{max}$、$\varphi < 30°$ 作为其限制条件。

2. 泰沙基围岩压力计算方法

泰沙基(Terzaghi)围岩压力计算方法,是采用应力传递法计算浅埋松散岩体的松动压力的方法。其计算简图与岩柱法相同(图 7-15)。在进行公式推导时,分析微单元体的应力受力状态,并利用静力平衡方程,求出计算松散岩体的围岩压力表达式。

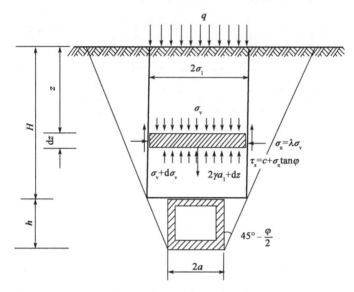

图 7-15　泰沙基垂直地层压力计算简图

(1)泰沙基围岩压力计算的基本假设

①认为岩体是松散体,但存在着一定的黏结力,其强度服从莫尔—库仑强度理论。即:

$$\tau = c + \sigma_n \tan\varphi$$

②洞室开挖后,所产生的洞室顶部的围岩压力机理与岩柱法相同。

③计算简图如图 7-15 所示。

(2)泰沙基围岩压力公式

根据计算简图如图 7-15 所示,在洞室的顶部岩体中取一微元体,并利用静力平衡方程,可得:

$$2a_1(\sigma_v + d\sigma_v) - 2a_1\sigma_v + 2\tau_s dz - 2a_1\gamma dz = 0 \tag{7-67}$$

式中:σ_v——作用在微元体上部的围岩压力;

　　τ_s——作用在微元体两侧的剪应力。该剪应力可按莫尔—库仑强度公式求得,即 $\tau_s = c + \sigma_n\tan\varphi$;

　　σ_n——作用在微元体两侧的正应力,根据侧压力系数的概念,按 $\sigma_n = \lambda\sigma_v$ 确定;

　　z——微元体上覆岩体的厚度;

　　dz——所取微元体的厚度;

　　γ——岩体的重度。

整理式(7-67),得:

$$d\sigma_v = \frac{1}{a_1}(a_1\gamma - c - \lambda\sigma_v\tan\varphi)dz$$

对上式进行凑微分,并改变表达式的形式为:

$$\frac{d(a_1\gamma - c - \lambda\sigma_v\tan\varphi)}{a_1\gamma - c - \lambda\sigma_v\tan\varphi} = -\frac{\lambda\tan\varphi}{a_1}dz$$

解上述微分方程得:

$$a_1\gamma - c - \lambda\sigma_v\tan\varphi = Ce^{-\frac{\lambda\tan\varphi}{a}} \tag{7-68}$$

根据边界条件可知 $z = H$, $\sigma_v = q$(作用在地面的均布荷载),则其积分常数为:

$$C = a_1\gamma - c - \lambda q\tan\varphi$$

令 $z = H$,并将积分常数代入公式(7-68),得作用在洞顶的围岩压力公式:

$$p_v = \sigma_v\bigg|_{z=H} = \frac{a_1\gamma - c}{\lambda\tan\varphi}\left[1 - e^{-\frac{\lambda\tan\varphi}{a_1}H}\right] + qe^{-\frac{\lambda\tan\varphi}{a_1}H} \tag{7-69}$$

作用在侧壁的围岩压力仍然假设为一梯形,而梯形上部、下部的围岩压力可按下式计算:

$$\left.\begin{array}{l} e_1 = q\tan^2\left(45° - \dfrac{\varphi}{2}\right) \\[3mm] e_2 = e_1 + \gamma h\tan^2\left(45° - \dfrac{\varphi}{2}\right) \end{array}\right\} \tag{7-70}$$

上述公式中 λ 为岩体的侧压力系数,一般取 $\lambda = 1$。

由公式(7-69)可知,当 $H\to\infty$ 时,$p_v = (\gamma a_1 - c)/(\lambda\tan\varphi)$,在一般的情况下,当 $H > 50\text{m}$ 时,指数项的数值为0.1%左右,该项对围岩压力的影响已可忽略不计。

3. 浅埋山坡处洞室的松动围岩压力计算

当洞室处在如图7-16所示的情况时,围岩压力将产生偏压。此时,计算围岩压力的方法常采取与岩柱法相同的原理。考虑岩柱两侧摩擦力的作用,作用在衬砌上的垂直压力等于岩柱 ABB_0A_0 的重量减去两侧破裂面(AB 和 B_0A_0)上的摩擦力的剩余值。

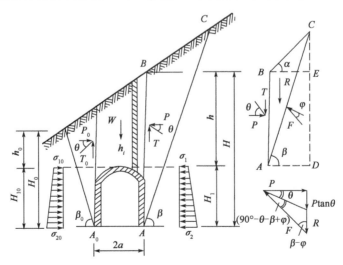

图 7-16　山坡处洞室围岩压力的计算简图

岩柱右侧面上的摩擦力,可由岩柱侧面 AB 和滑动面 AC 所形成的岩体,在力的平衡条件下求得。设 θ 为岩柱右侧面的摩擦角, φ 为岩体的内摩擦角, β 为滑动面与水平面的夹角, α 为地面的坡角。根据该计算简图上作用力的平衡条件,可做出力多边形。岩柱 ABC 的重量为:

$$R = \frac{\gamma}{2} H \overline{AB} \tag{a}$$

其中

$$\overline{AB} = \frac{\overline{CD}}{\tan\beta} = \frac{\overline{CE}}{\tan\alpha}$$

$$H = \overline{CD} - \overline{CE} = \overline{AD}(\tan\beta - \tan\alpha) \tag{b}$$

将式(a)代入(b)得:

$$R = \frac{\gamma H^2}{2} \cdot \frac{1}{\tan\beta - \tan\alpha} \tag{c}$$

在力三角形中,根据正弦定律得:

$$\frac{\dfrac{P}{\cos\theta}}{\sin(\beta - \varphi)} = \frac{R}{\sin(90° - \theta - \beta + \varphi)}$$

$$P = \frac{R\sin(\beta - \varphi)\cos\theta}{\sin(90° - \theta - \beta + \varphi)} \tag{d}$$

将上式的分子和分母同乘以 $\cos(\beta - \varphi)$,并将式(c)代入式(d),简化后可得下式:

$$P = \frac{\gamma H^2}{2} \cdot \frac{1}{\tan\beta - \tan\alpha} \cdot \frac{\tan\beta - \tan\alpha}{1 + \tan\beta(\tan\varphi - \tan\theta)} = \frac{1}{2}\gamma H^2\lambda \tag{e}$$

在式(e)中,岩柱滑动面与水平面的夹角 β 为未知的参数,它可根据求 P 的极大值求得:

$$\frac{\mathrm{d}P}{\mathrm{d}\beta} = 0$$

$$\frac{\mathrm{d}P}{\mathrm{d}\beta} = \frac{1}{2}\gamma H^2\sec^2\beta\left\{\left[1 + \tan\beta(\tan\varphi - \tan\theta) + \tan\varphi\tan\theta\right](\tan\varphi - \tan\alpha) - \right.$$

$$\left.(\tan\beta - \tan\varphi)(\tan\beta - \tan\alpha)(\tan\varphi - \tan\theta)\right\} = 0$$

$$\tan\beta = \tan\varphi + \sqrt{\frac{(1 + \tan^2\varphi)(\tan\varphi - \tan\alpha)}{\tan\varphi - \tan\theta}} \tag{f}$$

同理,可得 A_0B_0 面上 P_0、θ_0、$\tan\beta_0$ 的表达式。衬砌上承受的总荷载 Q 为:

$$Q = W - P\tan\theta - P_0\tan\theta \tag{g}$$

将式(e)代入上式,并化简后得:

$$Q = W\left[1 - \frac{\tan\theta}{2} \cdot \frac{H^2\lambda + H_0^2\lambda_0}{W}\right] \tag{h}$$

衬砌上承受的荷载强度可表示为:

$$q_i = \gamma h_i\left[1 - \frac{\gamma\tan\theta}{2} \cdot \frac{H^2\lambda + H_0^2\lambda_0}{W}\right] \tag{7-71}$$

式中的参数按下式求得:

$$\lambda = \frac{1}{\tan\beta - \tan\alpha} \cdot \frac{\tan\beta - \tan\varphi}{1 + \tan\beta(\tan\varphi - \tan\theta) - \tan\varphi\tan\theta}$$

$$\lambda_0 = \frac{1}{\tan\beta_0 - \tan\alpha} \cdot \frac{\tan\beta_0 - \tan\varphi}{1 + \tan\beta_0(\tan\varphi - \tan\theta) + \tan\varphi\tan\theta}$$

$$\tan\beta = \tan\varphi + \sqrt{\frac{(1 + \tan^2\varphi)(\tan\varphi - \tan\alpha)}{\tan\varphi - \tan\theta}}$$

$$\tan\beta_0 = \tan\varphi + \sqrt{\frac{(1 + \tan^2\varphi)(\tan\varphi + \tan\alpha)}{\tan\varphi - \tan\theta}}$$

式中: γ——岩体的重度;

h_i——计算点衬砌以上岩柱的高度;

W——洞室顶部岩柱的总质量, $W = a\gamma(h + h_0)$;

$\lambda \, \lambda_0$——侧压力系数;

$\beta \, \beta_0$——滑动面与水平面所夹之角;

α——地表的坡面坡度;

φ——岩体的内摩擦角;

θ——岩柱两侧的摩擦角,对于岩石, $\theta = (0.7 \sim 0.8)\varphi$;对于土, $\theta = (0.3 \sim 0.5)\varphi$,对于淤泥、流沙等松软土, $\theta = 0$。

衬砌侧墙上的水平侧压力可按下式计算:

$$\left.\begin{array}{l} \sigma_1 = \lambda h\gamma, \sigma_2 = \gamma(h + H_1)\lambda \\ \sigma_{10} = \gamma h_0 \lambda_0, \sigma_{20} = \gamma(h_0 + H_{10})\lambda_0 \end{array}\right\} \tag{7-72}$$

水平侧压力的分布图形为梯形(图 7-16)。

还须指出,式(7-71)只适用于采用矿山法施工的隧洞。若隧洞采用明挖法施工,则按式(7-71)计算所得的荷载值将比实际的偏小。这时,须采用不考虑岩柱摩擦力的方法来计算衬砌上的荷载。

二、深埋洞室的松散体围岩压力计算

在深埋洞室的松动围岩压力计算中,最常用的是普氏理论,这是由俄国学者普罗托奇雅阔诺夫(M. M. Пртдвяконв)在 1907 年提出的。普氏经过长期观察发现,深埋洞室开挖之后,由于节理的切割,洞顶的岩体产生塌落,当塌落到一定程度之后,上部岩体会形成一个自然平衡拱,而作用在洞顶的围岩压力是自然平衡拱内岩体的自重。根据这样一种机理确定深埋松散岩体的围岩压力。

1. 普氏理论的基本假设

普氏在深埋洞室岩体形成自然平衡拱机理的基础上计算岩体的围岩压力,做了如下的假设:

(1)岩体由于结构面的切割,开挖后形成松散岩体,但仍有一定的黏结力。

(2)洞室开挖后,洞顶部分岩体塌落,最终上部岩体将形成一自然平衡拱,作用在洞顶的围岩压力仅是自然平衡拱内的岩体自重。

(3)普氏理论计算围岩压力的计算简图如图 7-17 所示。在洞室的侧壁处,将产生两个破裂面,破裂面与侧壁的夹角为 $45° - \varphi/2$,并在洞顶的水平面上与自然平衡拱相交,形成可能塌落的最大岩体。

(4)采用坚固系数 f 来表征岩体的强度,其物理意义为 $f = \tau/\sigma = c/\sigma + \tan\varphi$,表示为一个综合的摩擦因数。实际应用中,普氏采用了一个经验计算公式,可方便地求得这坚固系数 f 值,

即 $f = R_c/10$,公式中 R_c 的单位应取 MPa,f 值是一个无量纲的经验系数。在实际应用中,还要考虑岩体的完整性和地下水的影响。

(5)形成的自然平衡拱的洞顶岩体只能承受压应力,不能承受拉应力。

2. 普氏理论的计算公式

(1)自然平衡拱拱轴线方程的确定

为了求得洞顶的围岩压力,首先必须确定自然平衡拱拱轴线方程的表达式,然后求出洞顶到拱轴线的距离,确定平衡拱内岩体的自重。先假设拱轴线是一条二次曲线,如图 7-18 所示。在拱轴线上任取一点 $M(x,y)$,根据假设拱轴线不能承受拉力的条件,则所有外力对 M 点的弯矩应为零。即:

$$\left.\begin{array}{l} \sum M = 0 \\ Ty - \dfrac{Qx^2}{2} = 0 \end{array}\right\} \tag{7-73}$$

式中:Q——自然平衡拱上部岩体的自重所产生的均布荷载;

T——作用在自然平衡拱拱顶截面处的水平力;

x、y——任意一点 M 的 x、y 坐标。

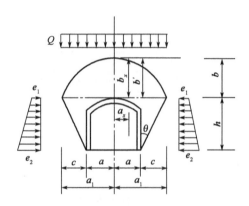

图 7-17　普氏理论的围岩压力计算简图

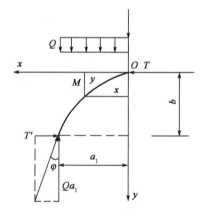

图 7-18　自然平衡拱拱轴线计算简图

上述方程中有两个未知数,还需建立一个方程才能求得其解。由静力平衡方程可知,方程中的水平推力与作用在拱脚的水平推力数值相等、方向相反,即:$T = T'$。由于拱脚很容易产生水平位移,进而改变整个拱的内力分布,因此普氏认为拱脚的水平推力 T' 必须满足下列要求:$T' \le Qa_1 f$,其中 f 为坚固系数,即作用在拱角处的水平推力必须要小于或者等于垂直反力所产生的最大摩擦力,以便保持拱脚的稳定。此外,普氏为了安全,又将这最大摩擦力降低了一半,令 $T' = Qa_1 f/2$,代入公式(7-73)得拱轴线方程为:

$$y = \frac{x^2}{fa_1}$$

显然,拱轴线方程是一条抛物线。根据此公式可求得拱轴线上任意一点的高度。当 $x = a_1$,$y = b$ 时,可得:

$$b = \frac{a_1}{f} \tag{7-74}$$

式中:b——拱的矢高,即为自然平衡拱的最大高度;

a_1——自然平衡拱的计算跨度,按计算简图中的几何关系,由下式求得:

$$a_1 = a + h\tan\left(45° - \frac{\varphi}{2}\right) \tag{7-75}$$

根据上式,可以很方便地求出自然平衡拱内的最大围岩压力值。

(2)围岩压力的计算

普氏认为:在深埋松散岩体中开挖一个洞室,洞顶的围岩将出现自然平衡拱,而围岩压力即为自然平衡拱内的岩体自重。据此,洞顶的最大围岩压力值可按下式进行计算:

$$q = \gamma b = \frac{\gamma a_1}{f} \tag{7-76}$$

根据公式(7-73)可很方便地求得洞室顶部任意一点的围岩压力。在工程中通常为了方便,将最大荷载作为均布荷载作用在洞顶上。按普氏理论计算的围岩压力从数值上说并不是很大,不计洞轴线的变化还是比较合理的。普氏理论侧向的围岩压力,可按下式计算:

$$\left.\begin{aligned} e_1 &= \gamma b\tan^2\left(45° - \frac{\varphi}{2}\right) \\ e_2 &= \gamma(b+h)\tan^2\left(45° - \frac{\varphi}{2}\right) \end{aligned}\right\} \tag{7-77}$$

普氏理论计算围岩压力的公式由于概念清晰,计算方便,成为20世纪50~60年代我国隧道建设中常用的计算方法,但是普氏压力拱理论存在一定的局限性。

郑颖人、邱陈瑜(2016)提出:深埋隧洞的破坏一定发生在拱顶以及围岩压力与隧洞埋深无关的普氏观点并不全面。实际上随着埋深增加,隧洞从拱顶先发生破坏逐渐转移到两侧先发生破坏,虽然拱顶也存在压力拱,但此时对破坏不起主要作用。此外,从稳定安全系数看,也与压力拱理论截然不同,埋深越大,安全系数越小,围岩压力也越大,隧洞更容易发生破坏。埋深增大并不能使隧洞稳定,反而安全性更差。

①并不是所有的深埋隧洞都会形成自稳的压力拱。压力拱是否形成,是否自稳,是否起作用都是有条件的。普氏压力拱只是在矩形和拱顶平缓以及围岩稳定与埋深不大的隧洞上才会形成,拱形隧洞不会形成压力拱。

②压力拱的形成并不能保证隧洞稳定。隧洞能否自稳与围岩强度、洞形、洞跨、埋深等因素有关。当洞跨超过一定限值后,隧洞安全系数小于1,不能形成自稳的压力拱;围岩强度低时,隧洞同样不会形成自稳的压力拱;而当围岩很稳定时,隧洞不可能发生塌落破坏,也不会出现压力拱。

③深埋隧洞的破坏并不是只发生在拱顶,围岩压力并非与埋深无关。随埋深增大围岩压力从拱顶转向两侧,破坏也从拱顶转向两侧。矩形深埋隧洞随着埋深增加,由拱顶破坏转向两侧破坏;拱形深埋隧洞只在两侧破坏;随埋深增加,围岩压力增大,安全系数降低,埋深越大,隧洞越不安全。

普氏理论在应用过程中必须注意几个问题:首先是洞室的埋深。岩体经开挖后能够形成一个自然平衡拱,这是其计算的关键。由许多工程实例说明,若上部岩体的厚度不大(一般认为洞室埋深小于2~3倍的b值时),洞顶不会形成平衡拱,岩体往往会产生冒顶的现象。因此,在应用普氏理论分析围岩压力时,应该注意所开挖的洞室必须具有一定的埋深。其次是坚固系数f值的确定。在实际应用中,除了按经验公式确定值以外,还必须根据施工现场、地下水的渗漏情况、岩体的完整性等,给予适当修正,使坚固系数更全面地反映岩体的力学性能。在 20 世纪 50～60 年代也有人将坚固系数作为岩体分类的一种方法,直接应用于某些规模较小的岩石隧道工程中,为设计提供参数。

三、塑性松动压力的计算

塑性松动压力的计算以围岩二次应力弹塑性分析为基础。该计算方法考虑洞室开挖后,岩体形成塑性圈,而塑性松动压力仅为塑性圈内岩体的自重。

1. 塑性松动压力计算的假设条件

塑性松动压力的计算方法通常被称作卡柯(Caquot)公式,在整个计算过程中做了如下的假设:

(1)当洞室开挖后,洞周的二次应力呈弹塑性分布。在塑性圈充分发展后,塑性圈内的岩体自重为作用在支护上的围岩压力。

(2)在 $\lambda = 1$ 的情况下,取洞顶的单元体为计算单元,分析其受力条件,并考虑洞室围岩压力的最不利状态。

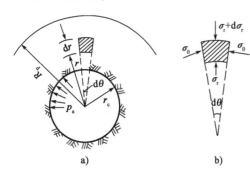

图 7-19　塑性松动压力的计算简图

(3)在塑性圈边界上,岩体不作应力传递,即当 $r = R_p$ 时,$\sigma_{rp} = 0$。

(4)塑性圈内的岩体服从莫尔—库仑强度理论。

2. 塑性松动压力的计算

洞室开挖后,洞室周围的岩体产生塑性区。在塑性区内的洞顶部位取一单元体,单元体的受力情况如图 7-19 所示。根据静力平衡条件可得以下方程:

$$\sum F_r = 0$$

$$(\sigma_r + d\sigma_r)(r + dr)d\theta - r\sigma_r d\theta - 2\sigma_\theta \sin\frac{d\theta}{2}dr + \gamma r d\theta dr = 0$$

略去高阶无穷小量,并令 $\sin(d\theta/2) \approx d\theta/2$,整理后得下式:

$$r d\sigma_r + \sigma_r dr - \sigma_\theta dr + \gamma r dr = 0$$

$$\sigma_\theta - \sigma_r = r\frac{d\sigma_r}{dr} + \gamma r \tag{7-78}$$

式中:γ——塑性区内岩体重力密度。

根据假设条件,塑性区内的应力应满足莫尔—库仑强度理论,改变强度理论表达式可得:

$$\sin\varphi = \frac{\sigma_\theta - \sigma_r}{\sigma_\theta + \sigma_r + 2c\cot\varphi}$$

$$(\sigma_r + c\cot\varphi)\sin\varphi + \sigma_r + c\cot\varphi = \sigma_\theta + c\cot\varphi - (\sigma_\theta + c\cot\varphi)\sin\varphi$$

$$\frac{\sigma_\theta + c\cot\varphi}{\sigma_r + c\cot\varphi} = \frac{1 + \sin\varphi}{1 - \sin\varphi}\xi$$

$$\xi - 1 = \frac{\sigma_\theta - \sigma_r}{\sigma_r - c\cot\varphi}$$

$$\sigma_\theta - \sigma_r = (\xi - 1)(\sigma_r + c\cot\varphi) \tag{7-79}$$

代入公式(7-78),得:

$$\frac{\mathrm{d}(\sigma_r + c\cot\varphi)}{\mathrm{d}r} - \frac{\xi - 1}{r}(\sigma_r + c\cot\varphi) = -\gamma$$

$$(\sigma_r + c\cot\varphi) = e^{\int \frac{\xi-1}{r}\mathrm{d}r}\left[\int e^{-\int \frac{\xi-1}{r}\mathrm{d}r}(-\gamma)\mathrm{d}r + C\right] = \frac{\gamma r}{\xi - 2} + Cr^{\xi-1}$$

$$\sigma_r = \frac{\gamma r}{\xi - 2} + Cr^{\xi-1} - c\cot\varphi$$

由边界条件确定积分常数:

$$r = R_p, \sigma_{rp} = 0$$

$$0 = \frac{R_p\gamma}{\xi - 2} + CR_p^{\xi-1} - c\cot\varphi$$

$$C = \left(c\cot\varphi - \frac{R_p\gamma}{\xi - 2}\right)\left(\frac{1}{R_p}\right)^{\xi-1} = c\cot\varphi\left(\frac{1}{R_p}\right)^{\xi-1} - \frac{\gamma}{\xi - 2}\left(\frac{1}{R_p}\right)^{\xi-2}$$

代入原式,可得岩体内任意一点塑性松动压力的计算公式:

$$\sigma_r = c\cot\varphi\left[\left(\frac{r}{R_p}\right)^{\xi-1} - 1\right] + \frac{r\gamma}{\xi - 2}\left[1 - \left(\frac{r}{R_p}\right)\right] \tag{7-80}$$

此时,令 $r = r_a$,代入公式(7-80),即可得作用在支护上的塑性松动压力 p_a 的表达式(卡柯公式):

$$p_a = c\cot\varphi\left[\left(\frac{r_a}{R_p}\right)^{\xi-1} - 1\right] + \frac{r_a\gamma}{\xi - 2}\left[1 - \left(\frac{r_a}{R_p}\right)^{\xi-2}\right] \tag{7-81}$$

由上式可知,塑性松动压力在很大程度上取决于塑性圈半径的大小,当塑性圈半径为 r_a 时,从其物理意义上说,表示无塑性圈,此时 $p_a = 0$;而随着 R_p 逐渐地增大,p 也将随之增大。纵观公式推导的整个过程可知,卡柯公式是一个近似的计算公式。采用洞顶岩体建立的微单元体进行计算是偏于保守的;假设在塑性圈边界上的应力为零的条件也不尽合理。另外,在实际应用卡柯公式评价塑性松动压力时,塑性圈半径 R_p 通常可按第三节二次应力分析中,有关塑性圈半径 R_p 的计算公式求得。随着工程测试的技术不断提高,利用超声波在岩体中的传播特性,求得塑性圈的半径,再利用公式(7-81)计算塑性松动压力也是常用的方法,且更符合工程的实际情况,计算结果也更趋合理。

第六节　围岩的塑性形变压力计算

塑性形变压力,是指洞室开挖后,洞周的部分岩体二次应力超出了岩体的自身强度,进入了塑性状态,同时,将产生塑性形变。洞室作了支护结构后由于结构物阻止了围岩的塑性变形的发展而产生了作用在支护结构上的力。

在进行围岩二次应力弹塑性分布的分析时,已建立了一套计算 $\lambda = 1$ 时围岩弹塑性应力的公式,这一系列的计算公式是建立在这样的假定条件下:在无支护的情况下,塑性圈将获得充分发展,即塑性圈半径为最大值。因此,在进行塑性形变压力计算时,仍可利用这一系列公式,但须根据塑性形变压力产生的机理,改变一下计算时的边界条件,即可获得理论上的塑性形变压力的计算公式。

一、计算塑性形变压力的芬纳(Fenner)公式

1. 假定条件

根据上述的计算原理,芬纳在计算塑性形变压力时做了如下的假定:

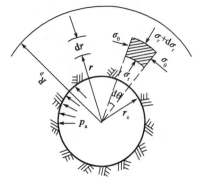

(1)满足 $\lambda = 1$ 时,圆形洞室二次应力弹塑性分布的条件。

(2)在塑性区边界上,围岩的黏结力为零,$R = R_p, c = 0$。

(3)在洞壁有支护作用,并假定支护对围岩的作用力为 p_i,根据作用力与反作用力相等的原理,该力为所求的塑性形变压力。

(4)计算简图见图 7-20。

图 7-20 塑性形变压力的计算简图

2. 芬纳塑性形变压力的公式

由弹塑性二次应力计算时,建立了满足静力平衡条件的微分方程为:

$$\sigma_\theta - \sigma_r = r\frac{d\sigma_r}{dr} \tag{a}$$

在塑性松动压力的计算时曾推得塑性圈内的应力应该满足下式:

$$\sigma_\theta - \sigma_r = (\xi - 1)(c\cot\varphi + \sigma_r) \tag{b}$$

该公式同样适用于塑性形变压力的计算,联立上两式可将微分方程中未知量降低为一个,则可解该微分方程:

$$r\frac{d\sigma_r}{dr} = (\xi - 1)(c\cot\varphi + \sigma_r)$$

$$\frac{d(\sigma_r + c\cot\varphi)}{c\cot\varphi + \sigma_r} = (\xi - 1)\frac{dr}{r}$$

$$\ln(\sigma_r + c\cot\varphi) = (\xi - 1)\ln r + \ln c$$

$$\sigma_r = Cr^{\xi-1} - c\cot\varphi \tag{c}$$

再利用边界条件求解积分常数:

$$r = r_a, \sigma_r = p_i$$

$$C = (p_i + c\cot\varphi)\left(\frac{1}{r_a}\right)^{\xi-1} \tag{d}$$

将积分常数代入公式(c),并利用弹性应力的特征条件以及芬纳公式的假设条件,即可得芬纳计算塑性形变压力的计算公式:

$$\sigma_r = (p_i + c\cot\varphi)\left(\frac{r}{r_a}\right)^{\xi-1} - c\cot\varphi$$

$$r = R_p, \sigma_\theta + \sigma_r = 2p_0;\text{且 } c = 0$$

$$\sigma_\theta = \xi\sigma_r + \frac{2c\cos\varphi}{1-\sin\varphi} \approx \xi\sigma_r$$

$$\sigma_\theta + \sigma_r = 2p_0 \Rightarrow \xi\sigma_r + \sigma_r = 2p_0$$

$$(\xi + 1)\sigma_r = 2p_0; \xi + 1 = \frac{1 + \sin\varphi}{1 - \sin\varphi} + 1 = \frac{2}{1 - \sin\varphi}$$

$$\sigma_\theta + \sigma_r = 2p_0 = \left(\frac{2}{1 - \sin\varphi}\right)\sigma_r$$

$$\sigma_r = p_0(1 - \sin\varphi)$$

$$\sigma_r = (p_i + c\cot\varphi)\left(\frac{r}{r_a}\right)^{\xi-1} - c\cot\varphi$$

$$p_i + c\cot\varphi = \left[p_0(1 - \sin\varphi) + c\cot\varphi\right]\left(\frac{r_a}{R_p}\right)^{\xi-1}$$

$$p_i = \left[p_0(1 - \sin\varphi) + c\cot\varphi\right]\left(\frac{r_a}{R_p}\right)^{\xi-1} - c\cot\varphi \tag{7-82}$$

3. 芬纳塑性形变压力计算公式的特征

根据公式(7-82),芬纳塑性形变压力计算公式主要的影响为:岩体的强度参数;初始应力的大小以及塑性圈半径等。从表达式可知,塑性形变压力与塑性圈半径成反比。即随着塑性圈半径的增大,塑性形变压力是随之减小的。这也很好理解,塑性圈的大小与已经产生的塑性变形成正比,产生的塑形变形越大,则表明岩体中所释放的能量越多,反之能量释放越小。此时,作用在支护上的力通俗地讲是岩体在产生塑性变形过程中还未释放的能量,因此,塑性圈半径越小,则塑性形变压力越大。通常是通过实测所获得的塑性圈半径值,这样能够比较合理地评价岩体的塑性形变压力。此外,芬纳公式是一个近似的计算公式,主要表现在假设条件中,令塑性圈边界上的黏结力为零,这与实际情况有一定的差别。

二、计算塑性形变压力的卡斯特耐尔(Kastner)公式

与芬纳计算塑性形变压力的思路相同,卡斯特耐尔在计算塑性形变压力时,并未添加其他的附加假设条件。因此,只要按前述的围岩二次应力弹塑性分布的结果,改变其边界条件,就可求得塑性形变压力的计算公式。

1. 公式假定条件

(1)满足 $\lambda = 1$ 时圆形洞室二次应力弹塑性分布的假定条件。

(2)洞壁有支护作用,并假定支护对围岩的作用力为 p_i。

(3)计算简图与芬纳公式相同,见图7-20。

2. 卡斯特耐尔计算塑性形变压力的公式

根据计算塑性形变压力的基本思想,可利用塑性区内的应力计算公式求解作用在支护上的力。由前节可知,塑性圈内的应力计算公式为:

$$\left.\begin{aligned} \sigma_{rp} &= \frac{1}{\xi}\left[Cr^{\xi-1} - \frac{\xi\sigma_c}{\xi-1}\right] \\ \sigma_{\theta p} &= Cr^{\xi-1} - \frac{\xi\sigma_c}{\xi-1} \end{aligned}\right\} \tag{a}$$

根据弹塑性分布的情况及围岩压力的条件,可得边界条件,并求得积分常数,结果为:

$$r = r_a \text{ 时 } \sigma_{rp} = p_i$$

$$C = \left[p_{i}\xi + \frac{\xi\sigma_{c}}{\xi-1} \right] \left(\frac{1}{r_{a}} \right)^{\xi-1} \tag{b}$$

代入原方程式(a)可得有支护作用的塑性区内的应力计算公式：

$$\left. \begin{array}{l} \sigma_{rp} = \left(p_{i} + \dfrac{\sigma_{c}}{\xi-1} \right) \left(\dfrac{r}{r_{a}} \right)^{\xi-1} - \dfrac{\sigma_{c}}{\xi-1} \\[3mm] \sigma_{\theta p} = \xi \left(p_{i} + \dfrac{\sigma_{c}}{\xi-1} \right) \left(\dfrac{r}{r_{a}} \right)^{\xi-1} - \dfrac{\sigma_{c}}{\xi-1} \end{array} \right\} \tag{c}$$

上式中有三个未知数,故无法求出 p_i 的具体表达式。与芬纳公式相同,在塑性圈边界的应力应既满足塑性状态下的应力又满足弹性状态下的应力;弹性状态下当 $\lambda = 1$ 时,应满足公式 $\sigma_{\theta} + \sigma_{r} = 2p_0$。根据上述条件即可求出塑性形变压力：

$$r = R_{p}, \sigma_{re} = \sigma_{rp}, \sigma_{\theta e} = \sigma_{\theta p}, \sigma_{\theta p} + \sigma_{rp} = 2p_0$$

$$(\xi+1) \left(p_{i} + \frac{\sigma_{c}}{\xi-1} \right) \left(\frac{R_{p}}{r_{a}} \right)^{\xi-1} - \frac{2\sigma_{c}}{\xi-1} = 2p_0$$

$$\left(p_{i} + \frac{\sigma_{c}}{\xi-1} \right) = \left(\frac{1}{\xi+1} \right) \left(2p_0 + \frac{2\sigma_{c}}{\xi-1} \right) \left(\frac{r_{a}}{R_{p}} \right)^{\xi-1}$$

$$p_{i} = \frac{1}{\xi^{2}-1} \left[2p_0(\xi-1) + 2\sigma_{c} \right] \left(\frac{r_{a}}{R_{p}} \right)^{\xi-1} \frac{\sigma_{c}}{\xi-1} \tag{7-83}$$

上式就是被称为计算塑性形变压力的卡斯特耐尔公式。从公式中所含的参数而言,当洞室开挖后,塑性形变压力的大小不仅取决于塑性圈半径及 R_p 的大小,而且还取决于岩体初始应力状态 p_0。由于塑性形变压力与塑性圈半径成反比,当塑性圈半径增大则塑性形变压力将降低,其原因与芬纳公式相同。应该强调的是,同样只能利用实测的方法先确定塑性圈半径,然后分析塑性形变压力。

第七节　新　奥　法

一、新奥法的基本概念

1. 产生的历史背景

新奥法的全称是新奥地利隧道工程方法,即 New Austrian Tunneling Method(缩写 NATM),是由奥地利学者 L. V. Rabcewiez、L. Muller 等教授创建于 20 世纪 50 年代,在 1963 年正式命名为新奥地利隧道工程方法。它的产生是基于以下背景：

(1)锚杆支护的出现。锚杆支护的采用始于 20 世纪初,到 20 世纪 50 年代后在欧美各地得到广泛应用,并在水电站有压输水隧洞成功地采用了锚杆支护手段。

(2)喷射混凝土机的研制成功。喷射混凝土机在 1947 年研制成功;1948—1953 年喷射混凝土衬砌在奥地利首次用于卡普伦水电站的默尔隧道。锚喷支护技术的开展为创建新奥法提供了有利的条件。

(3)与新奥法开展同时,岩石力学也发展成为一门十分年轻的学科。岩石力学的理论基础为新奥法提供了科学依据。因此可以说,新奥法是在实践基础上发展起来的一种修建隧道工程的新理论与新概念。

2. 新奥法原理的要点

新奥法是一个具体应用岩体动态性质的完整的工程概念,它是建立在科学理论并经过大量实践所证明的基础之上的。该法的创始人之一利奥波德·米勒(Leopld Muller)曾提出了"新奥法22点原则",现归纳起来主要有以下几点:

(1)隧道的整个支护体系中,起主要作用的是围岩本身,岩体是隧道的主要承载单元,它与各种内部加固或外部支撑结构构成统一的整体结构体系。

(2)隧道开挖时,应尽可能减轻对隧道围岩的扰动或尽可能不破坏围岩的强度,使围岩维持原来的三维应力状态,这就有必要对开挖工作面及时施作防护层(如喷射混凝土等),封闭围岩的节理和裂隙以防止围岩的松动和坍塌。

(3)允许围岩有一定的变形,以利安全地发挥围岩的全部强度,使之在隧道周围形成承载环,但这种变形应受到严格控制,以免过度变形导致围岩承载能力降低和丧失或导致地表产生过大的沉陷。

(4)衬砌支护结构的施工一般分成两个步骤完成。洞室开挖后迅速地施作初期支护(外层衬砌),抑制岩体的早期变形,待围岩稳定后,再进行二次衬砌(内层衬砌)。如果外层衬砌很充分,并证实围岩变形趋于稳定,则内层衬砌可视为附加的安全储备。

(5)初期支护应尽量做成柔性支护,以便与围岩紧密接触,协调变形和共同承载。因此,初期支护大多采用喷射混凝土、锚杆和钢筋网的联合支护形式。这种衬砌在力学上被视为易变形的壳体结构,只能承受较小的弯曲应力,以承受剪切应力为主。

(6)要尽可能使结构做得圆顺(如做成圆形或椭圆形的),不产生突出的拐角,以避免产生应力集中现象。同时,尽早使结构闭合(封底),以形成承载环。

(7)在施工过程中,对隧道周边进行位移收敛量测是必不可少的一个重要环节,以此作为合理选择支护结构的形式与尺寸指导下一阶段施工。

(8)对外层衬砌周围岩体的渗水,要通过足够的"排堵措施"予以解决,如在两层衬砌之间设置中间防水层等。

以上几点表明,新奥法要取得预期的效果,必须与其应遵循的原则紧密地联系在一起,尤其是把围岩看作是支护的重要组成部分,并通过监控量测,实行信息化设计和施工,有控制地调节围岩的变形,最大限度地利用围岩自承能力,则是新奥法的核心。

3. 新奥法的施工基本原则

新奥法的基本概念是用薄层支护手段来保持围岩强度,控制围岩变形,以发挥围岩的自承载能力,并通过施工监控量测来指导隧道工程的设计与施工。

(1)少扰动。开挖时尽量减少扰动次数、扰动强度、扰动范围及扰动持续时间。

(2)早支护。开挖后及时作初期锚喷支护,使围岩变形受控。

(3)勤量测。以直观、可靠的量测方法和数据准确评价围岩及支护的稳定状态,或判断其动态发展趋势,以及时调整支护及开挖方法。

(4)紧封闭。采取喷射混凝土等防护措施,避免因围岩长时间暴露导致强度和稳定性降低;适时对围岩封闭支护。

二、支护结构与围岩相互作用的力学分析

下面简要分析修筑支护结构(临时支护、喷锚支护、模筑混凝土衬砌等)后洞室围岩应力的变化状态,这种应力状态又称之三次应力状态。

洞室开挖后的应力状态有两种情况:一种是开挖后的二次应力状态仍然是弹性的,洞室围岩除因爆破、地质状态、施工方法等原因可能引起稍许松弛掉块外,其他情况是稳定的。此时,原则上讲洞室是自稳的,无须支护,即使支护也是防护性的。在这种情况下采用的支护防护多是喷浆或是喷射混凝土。另一种是开挖后,洞室围岩产生塑性区,此时洞室都要采用承载的支护结构。下面重点分析在这种情况下支护结构对洞室围岩应力—位移状态的影响。

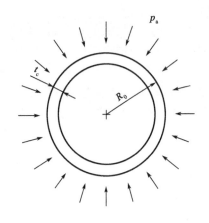

图7-21 圆形隧道支护阻力作用计算图

1. 支护阻力对隧道周边应力分布的影响

洞室修筑衬砌后,相当于在洞室周边施加一阻止坑道围岩变形的阻力,从而也改变了围岩的二次应力状态。支护阻力的大小和方向对围岩的应力状态有很大的影响。为了便于分析,我们假定支护阻力 p_a 是径向的(实际上还有切向的),且沿洞室周边是均匀分布的(图7-21)。下面仍分两种情况来讨论。

(1)在弹性应力状态下

当坑道周边有径向阻力时,应力 σ_r 和 σ_θ 的表达式由两部分组成:

$$\sigma_r = p_0\left(1 - \frac{r_0^2}{r^2}\right) + p_a\frac{r_0^2}{r^2} \qquad (7\text{-}84)$$

$$\sigma_\theta = p_0\left(1 + \frac{r_0^2}{r^2}\right) - p_a\frac{r_0^2}{r^2}$$

$$p_0 = \gamma H_c$$

支护阻力存在,使周边的径向应力增大,而使切向应力减小,实质上是使直接靠近洞室周边的岩体应力状态从单向(或双向的)变为双向的(或三向的)的受力状态,因而提高了岩石的承载力。

(2)在塑性应力状态下

当围岩的二次应力状态已形成塑性区时,塑性区半径 R_0 是随着支护阻力 p_a 的加大而减小,径向阻力对限制围岩塑性区的发展能起重要作用。这是因为支护阻力的存在,使围岩的应力状态由二维变为三维,从而提高了围岩的抗屈服能力。当支护阻力增加到一定程度,就有可能在围岩中不形成塑性区。如果围岩内允许有更大的塑性区,需要的支护阻力就更小。

2. 支护阻力对隧道周边位移分布的影响

隧道应力重分布的结果,也必然伴随着变形的发展。这种变形表现在隧道直径的减少,即隧道壁会产生向洞内的径向位移 u_p,在一定条件下,允许变形(位移)越大,即 u_p 越大,塑性区

范围也越大,而所需的支护阻力也越小。

前已叙及,隧道壁的径向位移 W 是和塑性区范围直接有关的。因此,支护阻力必然和 u_p 有关。

隧道壁的径向位移与支护阻力之间的关系式:

$$u_p \Big|_{r=r_0} = \frac{R_0^2}{2Gr_0}(\gamma H_c \sin\varphi + c\cos\varphi)\left[(1-\sin\varphi)\frac{\gamma H_c + c\cot\varphi}{p_a + c\cot\varphi}\right]^{\frac{1-\sin\varphi}{2\sin\varphi}} \tag{7-85}$$

由此可见,在形成塑性区后,隧道壁径向位移不仅与岩体的物理参数 c、φ、γ,洞室尺寸 r_0 和隧道埋深 H_c 有关,而且还取决于支护阻力 p_a 的大小。

弹塑性状态下支护阻力与洞壁的相对径向位移的关系曲线如图 7-22 虚线所示。从图中可以发现:

(1)在形成塑性区后,无论加多大的支护阻力都不能使围岩的径向位移为零(p_a 无论多大,u_p 不能为零)。

(2)不论支护阻力如何小(甚至不设支护),围岩的变形如何增大,围岩总是可以通过增大塑性区范围来取得自身的稳定而不致坍塌($p_a = 0$,当 u_{max} 可稳定)。

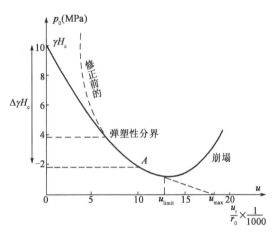

图 7-22　围岩特性曲线

这两点显然与客观实际有出入,如隧道开挖后立即支护并起作用,只要支护阻力为 $p_a = (2\gamma H_c - R_b)/(\xi+1)$,围岩内就可以不出现塑性区,当支护阻力等于围岩的初始应力时,洞壁径向位移就为零;其次,实践证明,任何类别的围岩都有一个极限变形量 u_{limit},超过这个极限值,岩体的 c、φ 值将急剧下降,造成岩体松弛和坍落。而在较软弱的围岩中,这个极限值一般都小于无支护阻力时洞壁的最大计算径向位移量。因此,在洞壁径向位移超过 u_{limit} 后,围岩就将失稳,如果此时进行支护以稳定围岩,其所需的支护阻力必将增大。也就是说,这条曲线到达 u_{limit} 后不应该再继续下降,而是上升。

鉴于上述原因,可以将弹塑性状态的洞壁径向位移与支护阻力的理论曲线作适当修正。

(1)在 $p_a \geq (2\gamma H_c - R_b)/(\xi+1)$ 阶段改用直线,以表示它处于弹性状态,可以用弹性力学中厚壁圆筒的公式来确定支护阻力 p_a 与洞壁径向位移的关系:

$$u^e \Big|_{r=r_0} = \frac{1}{2G}(\gamma H_c - p_a)r_0 \tag{7-86}$$

(2)洞壁径向位移超过 u_{limit} 后改用一个上升的凹曲线表示,说明随着位移的发展,所需的支护阻力将增大。但对于超过极限变形量后所需的支护阻力的真实情况仍然很不清楚,所以这段曲线形态只能任意假定。不过,这并不影响我们对位移与支护结构相互作用的分析。

当然,在 $u_{max} < u_{limit}$ 的情况下,可不必做第(2)项修正。

修正后的 p_a—u_r/r_0 关系曲线在图 7-22 中以实线表示。从图中可以看出,随着 u_r/r_0 的增大,p_a 逐渐减小,超过 u_{limit}/r_0 后 p_a 后又逐渐增大;反之,随着 p_a 的增大,u_r/r_0 也逐渐减小。可以认为这条曲线形象地表达了支护结构与隧道围岩之间的相互作用:在极限位移范围内,围岩允许的位移大了,所需的支护阻力就小,而应力重分布所引起的后果大部分由围岩所承担,如图中的 A 点,围岩承担的部分为 $\Delta\gamma H_c$;围岩允许的位移小了,所需的支护阻力就大,围岩的承载能力则得不到充分发挥。所以这条曲线可以称为"支护需求曲线"或"围岩特性曲线"。

应该指出,上述分析是在理想条件下进行的。例如,假定洞壁各点的径向位移都相同。又如假定支护需求曲线与支护刚度无关等。事实上,即使在标准固结的黏土中,洞壁各点的径向位移相差也很大,也就是说洞壁的每一点都有自己的支护需求曲线。且支护阻力是支护结构与隧道围岩相互作用的产物,而这种相互作用与围岩的力学性质有关,当然也取决于支护结构的刚度,不能认为支护结构只有阻力而无刚度。不过,尽管存在这样一些不准确的地方,但上述的隧道围岩与支护结构相互作用的机理仍是有效的。

3. 支护特性曲线

以上所述是隧道围岩与支护结构共同作用的一方面,及围岩对支护的需求情况。现在分

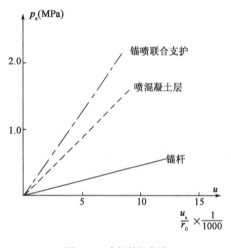

图 7-23　支护特性曲线

析它的另一个方面,即支护结构可以提供的约束能力。任何一种支护结构,如钢拱支撑、锚杆、喷射混凝土、模板灌注混凝土衬砌等,只要有一定的刚度,并和围岩紧密接触,总能对围岩变形提供一定的约束力,即支护阻力。但由于每一种支护形式都有自己的结构特点,因而可能提供的支护阻力大小与分布,以及随支护变形而增加的情况都有很大的不同。

在已知支护结构的刚度后,可画出支护结构提供约束的能力和它的径向位移 u_s/r_0 的关系曲线,如图 7-23 所示。该图说明,支护结构所能提供的支护阻力随支护结构的刚度增大而增大。所以,这条曲线又称为"支护补给曲线",或称为"支护特性曲线"。

三、围岩与支护结构平衡状态的建立

为了进一步理解围岩与支护的共同作用,将围岩位移曲线与支护特性曲线放在同一坐标系统上来考察,由此得到的曲线图称为支护特性曲线与围岩特性曲线关系图,如图 7-24 所示。

从图 7-24 中可以看出:

(1)隧道开挖后,如支护特别快,且支护刚度又很大,没有或很少变形,则在图中 A 点取得平衡,支护需要提供很大支护力 P_{amax},围岩仅负担产生弹性变形 u_0 的压力 $p_a - p_{amax}$,故刚度大的支护是不合理的(不经济)。

(2)如隧道开挖后不加支护,或支护很不及时,也就是容许围岩自由变形。在图中是曲线 DB,这时洞室周边位移达到最大值 u_{max},支护压力 p_a 就很小或接近于零。这在实际中也是不容许的,因为实际上周边位移达到某一位移值(如 u_d)时,围岩就会出现松弛、散落、坍塌的情况。这时,围岩对支护的压力就不是形变压力,而是围岩坍塌下来的岩石重量,即松动压力,此时,已不适于作锚喷支护,只能按传统方法施作模注混凝土衬砌。

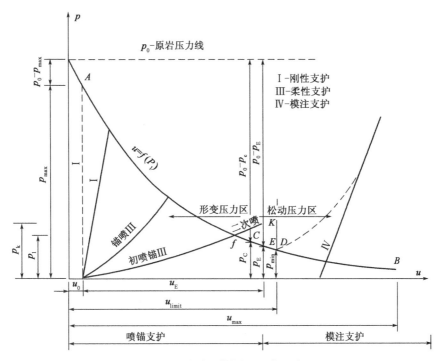

图 7-24 围岩与支护结构的相互作用关系图

(3)较佳的支护工作点应当在 D 点以左,邻近 D 点处,如图中的 E 点。在该点附近即能让围岩产生较大的变形($u_0 + u_E$),较多的分担岩体压力($p_k - p_E$),支护分担的形变压力较小(p_E),又保证围岩不产生松弛、失稳,局部岩石脱落、坍塌现象。合理的支护与施工,就应该掌握在该点附近。实际施工中,一般是分二次进行支护,第一次在洞室开挖后,尽可能及时进行初期支护和封闭,保证周边不产生松弛和坍塌,并让围岩在有控制的条件下变形,通过对围岩变形的监测,掌握洞室周边位移和岩体支护变形情况,待位移和变形基本趋于稳定时,再进行第二次支护(达到图中 C 点的附近),随着围岩和支护的徐变、支护和形变压力将发展到 p_E,支护和围岩在最佳工作点 E 处共同承受围岩形变压力,围岩承受的压力值为 $p_0 - p_E$,支护承受的压力值为 p_E,支护承载力尚有值为 $p_k - p_E$ 的安全余量。

【思考题与习题】

1.何为岩体的二次应力?分析二次应力时采用了哪些假定条件?

2.何为围岩压力?围岩压力有哪些影响因素?

3.如何计算弹性状态下围岩二次应力、位移和应变?它们有哪些规律?

4.如何计算弹塑性状态下圆形洞室围岩二次应力?它们又有哪些规律?

5.计算岩体的松动压力有几种方法?它们是如何计算岩体的松动压力的?

6.计算岩体的塑性形变压力有几种方法?它们又是如何计算岩体的塑性形变压力的?

7.简述新奥法建设隧道的基本思想。

8. 在地下 400m 处,掘进一圆形隧道。断面直径为 10m。覆盖岩层的重度 $\gamma = 25\mathrm{kN/m}^3$, $E = 2.0 \times 10^4 \mathrm{MPa}, \mu = 0.25$。若无构造应力作用,试求:

(1)隧道顶点和侧壁中高的 σ_θ 和 σ_r。

(2)绘出隧道顶板中线和侧壁中高的 $\sigma_\theta - r, \sigma_r - r$ 曲线。

9. 在埋深为 500m 处,开挖一个半径为 8m 的圆形洞室。设地层重度 $\gamma = 25\mathrm{kN/m}^3$,抗剪强度指标为 $\varphi = 30°, c = 0.3\mathrm{MPa}$,试求:

(1)当塑性松动圈外径 $R = 10\mathrm{m}$ 时,用芬纳和卡斯特耐尔公式求解洞室的围岩压力,比较结果并说明理由。

(2)当塑性松动圈外径 $R = 10\mathrm{m}$ 时,用卡柯公式求松动压力。

10. 有一裂隙具闭合性质,且施工能及时支撑。若抗剪强度指标为 $\varphi = 40°, c = 0.06\mathrm{MPa}$,其他条件同第 8 题。求洞室的松动压力(用卡柯公式)。

11. 有一隧道高 12m,宽 10m,埋深 100m。地层重度 $\gamma = 25\mathrm{kN/m}^3$,抗剪强度指标为 $\varphi = 30°, c = 0.04\mathrm{MPa}$,岩石单轴抗压强度 $R_c = \mathrm{MPa}$,试求:

(1)用普氏及泰沙基公式求隧道顶的围岩压力,比较结果并说明理由。

(2)隧道侧壁压力的大小。

第八章
岩体力学在边坡工程中的应用

【学习要点】

1. 掌握边坡岩体的应力分布特征及影响边坡应力分布的因素。

2. 了解岩体边坡变形的基本类型和边坡破坏的基本类型及影响因素。

3. 掌握边坡稳定性分析的几个步骤，了解几种边坡滑动类型的计算方法及其基本原理。

4. 了解边坡工程的监测方法和加固措施。

第一节　概　　述

斜坡(slope)是地表广泛分布的一种地貌形式,指地壳表部一切具有侧向临空面的地质体。它可划分为天然斜坡和人工边坡两种。前者是自然地质作用形成未经人工改造的斜坡,这类斜坡在自然界特别是山区广泛分布,如山坡、沟谷岸坡等;后者经人工开挖或改造形成,如露天采矿边坡、铁路(公路)路堑与路堤边坡等。斜坡基本形态要素包括坡体、坡高、坡角和坡面、坡脚等(图8-1)。

公路及铁路工程滑坡的形成机制主要具有以下共性:

(1)坡体下部切削导致坡体失去支撑。

(2)超载堆积导致下滑力增加。

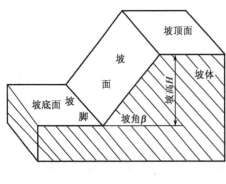

图 8-1　斜坡要素图

（3）边坡自然水文地质条件改变,导致地表径流或地下水汇聚,动水力增加。

（4）地震和极端异常气候等外部因素诱发作用。

斜坡的变形与破坏常给人类工程活动及生命财产带来巨大的危害。2015 年 8 月 12 日凌晨,陕西省山阳县中村镇碾家沟陕西五洲矿业公司生活区突发山体滑坡事故,造成山体塌方 100 万 m³ 左右,15 间职工宿舍、3 间民房被掩埋,大约 40 名人员在事故中失踪。又如,2016 年 9 月 28 日,浙江省丽水市遂昌县苏村（距离遂昌县城 37km）发生一起山体滑坡,滑体主要为风化花岗岩,约 20 幢居民楼被毁,造成 19 人死亡,8 人失踪。

由于斜坡失稳的危害巨大,因此,世界各国都非常重视,我国政府有关部门已将其列入重大地质灾害之一,进行重点研究。

第二节　边坡岩体中的应力分布特征

由于开挖卸载,在近边坡坡面一定范围内的岩体中,发生应力重分布作用。边坡岩体为适应这种重分布应力状态,将发生变形甚至破坏。因此,研究边坡岩体重分布应力特征是进行稳定性分析的基础。

一、应力分布特征

在均质连续的岩体中开挖时,人工边坡内的应力分布可用有限元法及光弹性试验求解。图 8-2、图 8-3 为用弹性有限单元法计算结果给出的主应力及最大剪应力迹线图。由图可知边坡内的应力分布有如下特征:

（1）无论在什么样的天然应力场下,边坡面附近的主应力迹线均明显偏转,表现为最大主应力与坡面近于平行,最小主应力与坡面近于正交,向坡体内逐渐恢复初始应力状态（图 8-2）。

（2）由于应力的重分布,在坡面附近产生应力集中带,不同部位其应力状态是不同的。在坡脚附近,平行坡面的切向应力显著升高,而垂直坡面的径向应力显著降低,由于应力差大,于是就形成了最大剪应力增高带,最易发生剪切破坏。在坡肩附近,在一定条件下坡面径向应力和坡顶切向应力可转化为拉应力,形成一拉应力带。边坡越陡,则此带范围越大,因此,坡肩附近最易发生拉裂破坏。

（3）在坡面上各处的法向应力为零,因此坡面岩体仅处于双向应力状态,向坡内逐渐转为三向应力状态。

（4）由于主应力偏转,坡体内的最大剪应力迹线也发生变化,由原来的直线变为凹向坡面的弧线（图 8-3）。

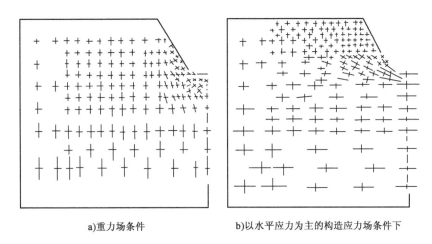

a)重力场条件　　　　　　　　b)以水平应力为主的构造应力场条件下

图 8-2　用弹性有限单元法解出的典型斜坡主应力迹线图(据科茨,1970)

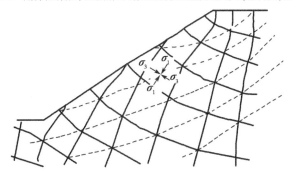

图 8-3　斜坡中最大剪应力迹线与主应力迹线关系示意图
实线-主应力迹线;虚线-最大剪应力迹线

二、影响边坡应力分布的因素

(1)天然应力。表现在水平天然应力使坡体应力重分布作用加剧,即随水平天然应力增加,坡内拉应力范围加大(图 8-4)。

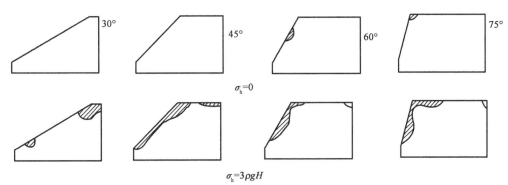

图 8-4　斜坡拉力带分布状况及其与水平构造应力 σ_h、坡角 β 关系示意图(据斯特西,1970)(图中阴影部分表示拉力带)

(2)坡形、坡高、坡角及坡底宽度等对边坡应力分布均有一定的影响。坡高虽不改变坡体中应力等值线的形状,但随坡高增大,主应力量值也增大。坡角大小直接影响边坡岩体应力分布图像。随坡角增大,边坡岩体中拉应力区范围增大(图8-4),坡脚剪应力也增高。坡底宽度对坡脚岩体应力也有较大的影响。计算表明,当坡底宽度小于0.6倍坡高(0.6H)时,坡脚处最大剪应力随坡底宽度减小而急剧增高。当坡底宽度大于0.8H时,则最大剪应力保持常值。另外,坡面形状对重分布应力也有明显的影响,研究表明,凹形坡的应力集中度减缓,如圆形和椭圆形矿坑边坡,坡脚处的最大剪应力仅为一般边坡的1/2左右。

(3)岩体性质及结构特征。研究表明,岩体的变形模量对边坡应力影响不大,而泊松比对边坡应力有明显影响(图8-5)。这是由于泊松比的变化,可以使水平自重应力发生改变。结构面对边坡应力也有明显的影响。因为结构面的存在使坡体中应力发生不连续分布,并在结构面周边或端点形成应力集中带或阻滞应力的传递,这种情况在坚硬岩体边坡中尤为明显。

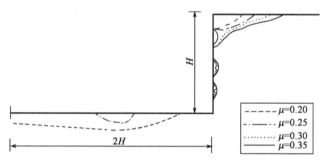

图8-5 泊松比对斜坡张应力分布区的影响示意图

第三节 边坡岩体的变形与破坏

岩体边坡的变形与破坏是边坡发展演化过程中两个不同的阶段,变形属量变阶段,而破坏则是质变阶段,它们形成一个累进性变形破坏过程。这一过程对天然斜坡来说时间往往较长,而对人工边坡则可能较短暂。通过边坡岩体变形迹象的研究,分析斜坡演化发展阶段,是斜坡稳定性分析的基础。

一、边坡岩体变形破坏的基本类型

1. 边坡变形的基本类型

边坡岩体变形根据其形成机理可分为卸荷回弹与蠕变变形等类型。

(1)卸荷回弹

成坡前边坡岩体在天然应力作用下早已固结,在成坡过程中,由于荷重不断减少,边坡岩体在减荷方向(临空面)必然产生伸长变形,即卸荷回弹。天然应力越大,则向临空方向的回弹变形量也越大。如果这种变形超过了岩体的抗变形能力时,将会产生一系列的张性结构面。如坡顶近于铅直的拉裂面[图8-6a)],坡体内与坡面近于平行的压致拉裂面[图8-6b)],坡底近于水平的缓倾角拉裂面[图8-6c)]等。另外,由层状岩体组成的边坡,由于各层岩石性质的差异,变形的程度就不同,因而将会出现差异回弹破裂(差异变形引起的剪破裂)[图8-6d)]等,这些变形多为局部变形,一般不会引起边坡岩体的整体失稳。

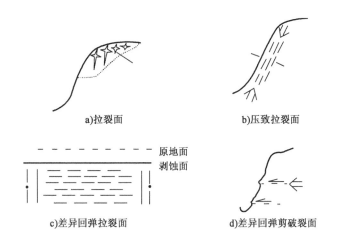

a)拉裂面　　　　　　　　　b)压致拉裂面

c)差异回弹拉裂面　　　　　　d)差异回弹剪破裂面

图 8-6　与卸荷回弹有关的次生结构面示意图

（2）蠕变变形

边坡岩体中的应力对于人类工程活动的有限时间来说,可以认为是保持不变的。在这种近似不变的应力作用下,边坡岩体的变形也将会随时间不断增加,这种变形称为蠕变变形。当边坡内的应力未超过岩体的长期强度时,则这种变形所引起的破坏是局部的。反之,这种变形将导致边坡岩体的整体失稳。当然这种破裂失稳是经过局部破裂逐渐产生的,几乎所有的岩体边坡失稳都要经历这种逐渐变形破坏过程。

研究表明,边坡蠕变变形的影响范围是很大的,某些地区可达数百米深、数公里长。

2. 边坡破坏的基本类型

对于岩体边坡的破坏类型,不同的研究者从各自的观点出发进行了不同的划分。在有关文献中,对岩体边坡破坏类型作了如下几种划分:霍克(Hoek,1974)把岩体边坡破坏的主要类型分为圆弧破坏、平面破坏、楔体破坏和倾覆破坏 4 类。库特(Kutter,1974)则将其分为非线性破坏、平面破坏及多线性破坏 3 类。这两种分类方法虽然不同,但都把滑动面的形态特征作为主要分类依据。另外,张倬元、王士天、王兰生等(1994)根据岩体变形破坏的模拟试验及理论研究,结合大量的地质观测资料,将岩体边坡变形破坏分为蠕滑—拉裂、滑移—压致拉裂、弯曲—拉裂、塑流—拉裂、滑移—弯曲 5 类。

从岩体力学的观点来看,岩体边坡的破坏不外乎剪切(即滑动破坏)和拉断两种形式。大量的野外调查资料及理论研究表明,除少数情况外,绝大部分岩体边坡的破坏均为滑动破坏。由于研究滑动破坏问题的关键在于研究滑动面的形态、性质及其受力平衡关系。同时,滑动面的形态及其组合特征不同,决定着要采用的具体分析方法不同。因此,岩体边坡破坏类型的划分,应当以滑动面的形态、数目、组合特征及边坡破坏的力学机理为依据。根据这些特征并参照霍克的分类方法,本书将岩体边坡破坏划分为平面滑动、楔形状滑动、圆弧形滑动及倾倒破坏 4 类,其中平面滑动又根据滑动面的数目划分出单平面滑动、双平面滑动与多平面滑动等亚类,各类及亚类边坡破坏的主要特征如表 8-1 所示。前 3 类以剪切破坏为主,常表现为滑坡形式,第 4 类为拉断破坏,常以崩塌形式出现。

岩体边坡破坏类型表   表 8-1

类 型	亚 类	示 意 图	主 要 特 征
平面滑动	单平面滑动		滑动面倾向与边坡基本一致,并存在走向与边坡垂直或近垂直的切割面,滑动面的倾角小于边坡角且大于其摩擦角
	同向双平面滑动		
	多平面滑动		一个滑动面,常见于倾斜层状岩体边坡中。 一个滑动面和一个近铅直的张裂缝,常见于倾斜层状岩体边坡中两个倾向相同的滑动面,下面一个为主滑动。 三个或三个以上滑动面,常可分为两组,其中一组为主滑动面
楔形状滑动			两个倾向相反的滑动面,其交线倾向与坡向相同,倾角小于坡角且大于滑动面的摩擦角,常见于坚硬块状岩体边坡中
圆弧形滑动			滑动面近似圆弧形,常见于强烈破碎,剧风化岩体或软弱岩体边坡中
倾倒破坏			岩体被结构面切割成一系列倾向与坡向相反的陡立柱状或板状体。当为软岩时,岩柱向坡面产生弯曲;为硬岩时,岩柱被横向结构面切割成岩块,并向坡面翻倒

二、影响岩体边坡变形破坏的因素

影响岩体边坡变形破坏的因素主要有:岩性、岩体结构、水的作用、风化作用、地震、天然应力、地形地貌及人为因素等。

(1)岩性。这是决定岩体边坡稳定性的物质基础。一般来说,构成边坡的岩体越坚硬,又不存在产生块体滑移的几何边界条件时,边坡越不易破坏,反之则容易破坏而稳定性差。

(2)岩体结构。岩体结构及结构面的发育特征是岩体边坡破坏的控制因素。首先,岩体结构控制边坡的破坏形式及其稳定程度,如坚硬块状岩体,不仅稳定性好,而且其破坏形式往往是沿某些特定的结构面产生的块体滑移,又如散体状结构岩体(如剧风化和强烈破碎体)往往产生圆弧形破坏,且其边坡稳定性往往较差。其次,结构面的发育程度及其组合关系往往是边坡块体滑移破坏的几何边界条件,如前述的平面滑动及楔形体滑动都是被结构面切割的岩块沿某个或某几个结构面产生滑动。

（3）水的作用。水的渗入使岩土的质量增大，进而使滑动面的滑动力增大；其次，在水的作用下岩土被软化而抗剪强度降低；另外，地下水的渗流对岩体产生动水压力和静水压力，这些都对岩体边坡的稳定性产生不利影响。

（4）风化作用。风化作用使岩体内裂隙增多、扩大，透水性增强，抗剪强度降低，但风化作用一般时间较长。

（5）地形地貌。边坡的坡形、坡高及坡度直接影响边坡内的应力分布特征，进而影响边坡的变形破坏形式及边坡的稳定性。

（6）地震。因地震波的传播而产生的地震惯性力直接作用于边坡岩体，加速边坡破坏。

（7）天然应力。边坡岩体中的天然应力特别是水平天然应力的大小，直接影响边坡拉应力及剪应力的分布范围与大小。在水平天然应力大的地区开挖边坡时，由于拉应力及剪应力的作用，常直接引起边坡变形破坏。

（8）人为因素。边坡的不合理设计、爆破、开挖或加载，大量生产生活用水的渗入等都能造成边坡变形破坏，甚至整体失稳。

第四节　边坡岩体稳定性分析的步骤

边坡岩体稳定性预测，应采用定性与定量相结合的方法进行综合研究。定性分析是在工程地质勘察工作的基础上，对边坡岩体变形破坏的可能性及破坏形式进行初步判断；而定量分析是在定性分析的基础上，应用一定的计算方法对边坡岩体进行稳定性计算及定量评价。然而，整个预测工作应在对岩体进行详细的工程地质勘察，收集到与岩体稳定性有关的工程地质资料的基础上进行。所进行工作的详细程度和精度，应与设计阶段及工程的重要性相适应。

近年来，有限元法等的出现，为岩体稳定性定量计算开辟了新的途径，但就边坡稳定性计算而言，普遍认为块体极限平衡法是比较简便而且效果较好的一种方法，本节重点讲述应用这一方法计算边坡稳定性的步骤。

应用块体极限平衡法计算边坡岩体稳定性时，常需遵循如下步骤：

（1）可能滑动岩体几何边界条件的分析。

（2）受力条件分析。

（3）确定计算参数。

（4）计算稳定性系数。

（5）确定安全系数，进行稳定性评价。

一、几何边界条件分析

所谓几何边界条件是指构成可能滑动岩体的各种边界面及其组合关系。几何边界条件中的各种界面由于其性质及所处的位置不同，在稳定性分析中的作用也是不同的，通常包括滑动面、切割面和临空面三种。滑动面一般是指起滑动（即失稳岩体沿其滑动）作用的面，包括潜在破坏面；切割面是指起切割岩体作用的面，由于失稳岩体不沿该面滑动，因而不起抗滑作用，如平面滑动的侧向切割面。因此在稳定性系数计算时，常忽略切割面的抗滑能力，以简化计算。滑动面与切割面的划分有时也不是绝对的,如楔形体滑动的滑动面,就兼有滑动面和切割面的双重作用,具体各种面的作用应结合实际情况作具体分析。临空面是指临空的自由面,它的存在为滑动岩体提供活动空间,临空面常由地面或开挖面组成。以上三种面是边坡岩体滑动破坏必备的几何边界条件。

几何边界条件分析的目的是确定边坡中可能滑动岩体的位置、规模及形态,定性地判断边坡岩体的破坏类型及主滑方向。为了分析几何边界条件,就要对边坡岩体中结构面的组数、产状、规模及其组合关系以及这种组合关系与坡面的关系进行分析研究。初步确定作为滑动面和切割面的结构面的形态与位置及可能滑动方向。

几何边界条件的分析可通过赤平投影、实体比例投影等图解法或三角几何分析法进行。

通过分析,如果不存在岩体滑动的几何边界条件,而且也没有倾倒破坏的可能性,则边坡是稳定的;如果存在岩体滑动的几何边界条件,则说明边坡有可能发生滑动破坏。

二、受力条件分析

在工程使用期间,可能滑动岩体或其边界面上承受的力的类型及大小、方向和合力的作用点统称为受力条件。边坡岩体上承受的力常见有:岩体重力、静水压力、动水压力、建筑物作用力及震动力等。岩体的重力及静水压力的确定将在下节详细讨论;建筑物的作用力及震动力可按设计意图参照有关规范及标准计算。

三、确定计算参数

计算参数主要指滑动面的剪切强度参数,它是稳定性系数计算的关键指标之一。滑动面的剪切强度参数通常依据以下三种数据来确定,即试验数据、极限状态下的反算数据和经验数据。

根据剪切试验中剪切强度随剪切位移而变化,以及岩体滑动破坏为一渐进性破坏过程的事实,可以认为滑动面上可供利用的剪切强度必定介于峰值强度与残余强度之间。这样认识问题,就为我们确定计算数据提供了一个上限值和一个下限值,即计算参数最大不能大于峰值强度,最小不能小于残余强度。至于在上限和下限之间如何具体取值,则应根据作为滑动面的结构面的具体情况而定。从偏安全的角度起见,一般选用的计算参数应接近于残余强度。研究表明:残余强度与峰值强度的比值,大多在 0.6 ~ 0.9 之间变化,因此,在没有获得残余强度的条件下,建议摩擦因数计算值在峰值摩擦因数的 60% ~ 90% 之间选取,黏聚力计算值在峰值黏聚力的 10% ~ 30% 之间选取。在有条件的工程中,应采用多种方法获得的各种数据进行对比研究,并结合具体情况综合选取计算参数。

四、稳定性系数的计算和稳定性评价

稳定性评价的关键是规定合理的安全系数,具体可参考相关部门的规定,一般为 1.05 ~ 1.5 之间。根据计算,如果求得的最小稳定性系数等于或大于安全系数,则所研究的边坡稳定,相反,则所研究的边坡将不稳定,需要采取防治措施。对于设计开挖的人工边坡来说,最好是使计算的稳定性系数与安全系数基本相等,这说明设计的边坡比较合理、正确。如果计算的稳定性系数过分小于或大于安全系数,则说明所设计的边坡不安全或不经济,需要改进设计,直到所设计的边坡达到要求为止。

第五节 边坡岩体稳定性计算

本节仅讨论平面滑动与楔形体滑动在不同情况下稳定系数的计算方法。对于圆弧形滑动的计算问题,在土力学中已有详细论述,故不赘述。对于倾倒破坏,可参考霍克和布雷所著的《岩石边坡工程》一书。

边坡在其形成及运营过程中,在诸如重力、工程作用力、水压力及地震作用等力场的作用下,坡体内应力分布发生变化,当组成边坡的岩土体强度不能适应此应力分布时,就要产生变形破坏,引发事故或灾害。岩体力学研究边坡的目的就是要研究边坡变形破坏的机理(包括应力分布及变形破坏特征)与稳定性,为边坡预测预报及整治提供岩体力学依据。其中稳定性计算是岩体边坡稳定性分析的核心。目前,用于边坡岩体稳定性分析的方法,主要有数学力学分析法(包括块体极限平衡法、弹性力学与弹塑性力学分析法和有限元法等)、模型试验法(包括相似材料模型试验、光弹试验和离心模型试验等)及原位观测法等。此外,还有破坏概率法、信息论方法及风险决策等新方法应用于边坡稳定性分析中。这里主要介绍数学力学分析法中的块体极限平衡法的基本原理,对于其他方法可参考有关文献。

块体极限平衡法是边坡岩体稳定性分析中最常用的方法。这种方法的滑动面是事先假定的。另外,还需假定滑动岩体为刚体,即忽略滑动体的变形对稳定性的影响。在以上假定条件下分析滑动面上抗滑力和滑动力的平衡关系,如果滑动力大于或等于抗滑力即认为满足了库仑—莫尔判据,滑动体将可能发生滑动而失稳。

这一方法的具体做法可概括如下:首先,确定滑动面的位置和形状。由于滑动面是假定的,故任何形状的面都可以充当,当然实际的滑动面将取决于结构面的分布、组合关系及其所具有的剪切强度时,大量的实践证明,均质边坡的破坏面都接近于圆弧形;当岩体中存在软弱结构面时,边坡岩体常沿某个软弱结构面或某几个软弱结构面的组合面滑动。因此,根据具体情况假定的滑动面与实际情况是很接近的。其次,确定极限抗滑力和滑动力,并计算其稳定性系数。所谓稳定性系数即指可能滑动面上可供利用的抗滑力与滑动力的比值。由于滑动面是预先假定的,因此就可能不止一个,这样就要分别试算出每个可能滑动面所对应的稳定性系数,取其中最小者作为最危险滑动面。最后以安全系数为标准评价边坡的稳定性。

由于利用块体极限平衡法设计边坡工程时是以安全系数为标准的,因此,正确理解稳定性系数和安全系数的概念和两者的区别是很重要的。所谓安全系数,简单地说就是允许的稳定性系数值,安全系数的大小是根据各种影响因素人为规定的。而稳定性系数则是反映滑动面上抗滑力与滑动力的比例关系,用以说明边坡岩体的稳定程度。安全系数的选取是否合理,直接影响到工程的安全和造价。它必须大于 1 才能保证边坡安全,但大多少却受一系列因素的影响,概括起来有以下几方面:

(1)岩体工程地质特征研究的详细程度。

(2)各种计算参数,特别是可能滑动面剪切强度参数确定中可能产生的误差大小。

(3)在计算稳定性系数时,是否考虑了岩体实际承受和可能承受的全部作用力。

(4)计算过程中各种中间结果的误差大小。

(5)工程的设计年限、重要性以及边坡破坏后的后果如何等。

一般来说,当岩体工程地质条件研究比较详细,确定的最危险滑动面比较可靠,计算参数确定比较符合实际,计算中考虑的作用力全面,加上工程规模等级较低时,安全系数可以规定得小一些;否则,应规定得大一些。通常,安全系数在 $1.05 \sim 1.5$ 之间选取。

块体极限平衡法的优点是方便简单,适用于研究多变的水压力及不连续的裂隙岩体。主要缺点是不能反映岩体内部真实的应力应变关系,所求稳定性参数是滑动面上的平均值,带有一定的假定性。因此难以分析岩体从变形到破坏的发生发展全过程,也难以考虑累进性破坏对岩体稳定性的影响。

一、平面滑动

由于平面滑动可简化为平面问题,因此,可选取代表性剖面进行稳定性计算。计算时假定滑动面的强度服从库伦—莫尔判据。

1. 单平面滑动

图 8-7 为一垂直于边坡走向的剖面,设边坡角为 α,坡顶面为一水平面,坡高为 H,ABC 为可能滑动体,AC 为可能滑动面,倾角为 β。

当仅考虑重力作用下的稳定性时,设滑动体的重力为 G,则它对于滑动面的垂直分量为 $G\cos\beta$,平行分量为 $G\sin\beta$。因此,可得滑动面上的抗滑力 F_s 和滑动力 F_r 分别为:

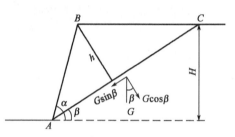

图 8-7　单平面滑动稳定性计算图

$$F_s = G\cos\beta\tan\varphi_j + c_j L \tag{8-1}$$

$$F_r = G\sin\beta \tag{8-2}$$

根据稳定性系数的概念,则单平面滑动时岩体边坡的稳定性系数 η 为:

$$\eta = \frac{F_s}{F_r} = \frac{G\cos\beta\tan\varphi_j + c_j L}{G\sin\beta} \tag{8-3}$$

式中:c_j、φ_j——分别为 AC 面上的黏聚力和摩擦角;

L——AC 面的长度。

由图 8-7 的二角关系可得:

$$h = \frac{H}{\sin\alpha}\sin(\alpha - \beta) \tag{8-4}$$

$$L = \frac{H}{\sin\alpha} \tag{8-5}$$

$$G = \frac{1}{2}\rho g h L = \frac{\rho g H^2 \sin(\alpha - \beta)}{2\sin\alpha\sin\beta} \tag{8-6}$$

将式(8-5)和式(8-6)代入式(8-3),整理得:

$$\eta = \frac{\tan\varphi_j}{\tan\beta} + \frac{2c_j\sin\alpha}{\rho g H\sin\beta\sin(\alpha - \beta)} \tag{8-7}$$

式中:ρ——岩体的平均密度,g/cm^3;

g——重力加速度,$9.8m/s^2$;

其余符号意义同前。

式(8-7)为不计侧向切割面阻力以及仅有重力作用时,单平面滑动稳定性系数的计算公式。从式(8-7),令 $\eta = 1$ 时,可得滑动体极限高度 H_{cr} 为:

$$H_{cr} = \frac{2c_j \sin\alpha\cos\varphi_j}{\rho g\left[\sin(\alpha - \beta)\sin(\beta - \varphi_j)\right]} \tag{8-8}$$

当忽略滑动面上黏聚力,即 $c_j = 0$ 时,由式(8-7)可得:

$$\eta = \frac{\tan\varphi_j}{\tan\beta} \tag{8-9}$$

由式(8-8)、式(8-9)式可知:当 $c_j = 0$,$\varphi_j < \beta$ 时,$\eta < 1$,由于各种沉积岩层面和各种泥化面的 c_j 值均很小,或者等于零,因此,在这些软弱面与边坡面倾向一致,且倾角小于边坡角而大于 φ_j 的条件下,即使人工边坡高度仅在几米之间,也会引起岩体发生相当规模的平面滑动,这是需要注意的。

当边坡后缘存在拉张裂隙时,地表水就可能从张裂隙渗入后,仅沿滑动面渗流并在坡脚 A 点出露,这时地下水将对滑动体产生如图 8-8 所示的静水压力。

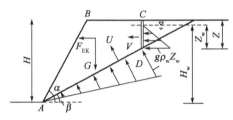

图 8-8 有地下渗流时边坡稳定性计算图

若张裂隙中的水柱高为 Z_w,它将对滑动体产生一个静水压力 V,其值为:

$$V = \frac{1}{2}\rho_w g Z_w^2 \tag{8-10}$$

地下水沿滑动面 AC 渗流时将对 AD 面产生一个垂直向上的水压力,其值在 A 点为零,在 D 点为 $\rho \omega g Z_w$,分布如图 8-8 所示,则作用于 AD 面上的静水压力 U 为:

$$U = \frac{1}{2}\rho_w g Z_w \frac{H_w - Z_w}{\sin\beta} \tag{8-11}$$

式中:ρ_w——水的密度,g/cm^3;

g——重力加速度,g/cm^2。

当考虑静水压力 V、U 对边坡稳定性的影响时,则边坡稳定性系数计算式(8-3)变为:

$$\eta = \frac{(G\cos\beta - U - V\sin\beta)\tan\varphi_j + c_j \overline{AD}}{G\sin\beta + V\cos\beta} \tag{8-12}$$

式中:G——滑动体 $ABCD$ 的重力;

$\overline{AD}$——滑动面的长度。

由图 8-8 有:

$$G = \frac{\rho g\left[H^2\sin(\alpha - \beta) - Z^2\sin\alpha\cos\beta\right]}{2\sin\alpha\sin\beta} \tag{8-13}$$

$$\overline{AD} = \frac{H_w - Z_w}{\sin\beta} \tag{8-14}$$

式中:Z——张裂隙深度。

除水压力外,当还需要考虑地震作用对边坡稳定性的影响时,设地震所产生的总水平地震作用标准值为 F_{EK},则仅考虑水平地震作用时边坡的稳定性系数为:

$$\eta = \frac{(G\cos\beta - U - V\sin\beta - F_{EK}\sin\beta)\tan\varphi_j + C_j \overline{AD}}{G\sin\beta + V\cos\beta + F_{EK}\cos\beta} \tag{8-15}$$

式中,F_{EK}由下式确定:

$$F_{EK} = \alpha_1 G \tag{8-16}$$

式中:α_1——水平地震影响系数,按地震烈度查表8-2确定;

G——岩体重力。

按地震烈度确定的水平地震影响系数 表8-2

地 震 烈 度	6	7	8	9
α_1	0. 064	0. 127	0. 255	0. 510

2. 同向双平面滑动

同向双平面滑动的稳定性计算分两种情况进行。第一种情况为滑动体内不存在结构面,视滑动体为刚体,采用力平衡图解法计算稳定性系数;第二种情况为滑动体内存在结构面并将滑动体切割成若干块体的情况,这时需分块计算边坡的稳定性系数。

(1)滑动体为刚体的情况由于滑动体内不存在结构面,因此,可将可能滑动体视为刚体,如图8-9a)所示,$ABCD$为可能滑动体,AB、BC为两个同倾向的滑动面,设AB的长度为L_1,倾角为β_1,BC的长度为L_2,倾角为β_2;c_1、φ_1、c_2、φ_2分别为AB面和BC面的黏聚力和摩擦角。

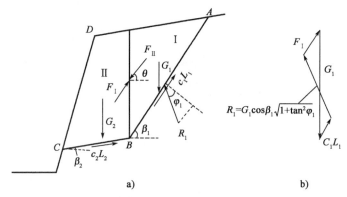

图8-9 同向双平面滑动稳定性的力平衡分析图

为了便于计算,根据滑动面产状的变化将可能滑动体分为Ⅰ、Ⅱ两个块体,重力分别为G_1、G_2。设$F_Ⅰ$为块体Ⅱ对块体Ⅰ的作用力,$F_Ⅱ$为块体Ⅰ对块体Ⅱ的作用力,$F_Ⅰ$和$F_Ⅱ$大小相等,方向相反,且其作用方向的倾角为θ(θ的大小可通过模拟试验或经验方法确定)。另外,滑动面AB以下岩体对块体Ⅰ的反力R_1(摩阻力)可用下式表达:

$$R_1 = G_1\cos\beta_1\sqrt{1 + \tan^2\varphi_1} \tag{8-17}$$

R_1与AB面法线的夹角为φ_1。

根据G_1、G_2、L_1及R_1的大小与方向可作块体Ⅰ的力平衡多边形,如图8-9b)所示。从该力多边形可求得$F_Ⅱ$的大小和方向。在一般情况下,$F_Ⅰ$是指向边坡斜上方的,根据作用力与反作用力原理可求得,方向与$F_Ⅱ$相反。如可能滑动体仅受岩体重力作用,则块体Ⅱ的稳定性系数η_2为:

$$\eta_2 = \frac{G_2\sin\beta_2\tan\varphi_2 + F_Ⅱ\sin(\theta - \beta_2)\tan\varphi_2 + c_2L_2}{G_2\sin\beta_2 + F_Ⅱ\cos(\theta - \beta_2)} \tag{8-18}$$

式(8-18)是在块体Ⅰ处于极限平衡(即块体Ⅰ的稳定性系数$\eta = 1$)的条件下求得的。这时,如按式(8-18)求得 η_2 等于1,则可能滑动体 $ABCD$ 的稳定性系数 η 也等于1。如果 η_2 不等于1,则 η 不是大于1,就是小于1。事实上,由于可滑动体作为一个整体,其稳定性系数应有 $\eta = \eta_1 = \eta_2$,所以为了求得1的大小,可先假定一系列 η_{11},η_{12},η_{13},$\cdots$,η_{1i},然后将滑动面上的剪切强度参数除以 η_{1i},得到 $\tan\varphi_1/\eta_{11} = \tan\varphi_{11}$,$\tan\varphi_1/\eta_{12} = \tan\varphi_{12}$,$\cdots$,$\tan\varphi_1/\eta_{1i} = \tan\varphi_{1i}$ 和 $C_1/\eta_{11} = C_{11}$,$C_1/\eta_{12} = C_{12}$,$\cdots$,$C_1/\eta_{1i} = C_{1i}$,再用 $\tan\varphi_{1i}$ 代入式(8-17)求得相应的 R_{1i},G_1 及 $C_{1i}L_1$ 作力的平衡多边形,可得相应的 $F_{\text{II}1}$,$F_{\text{II}2}$,$\cdots$,$F_{\text{II}i}$,以及 η_{21},η_{22},$\cdots$,η_{2i},最后,绘出 η_1 和 η_2 的关系曲线如图8-10所示。由该曲线上找出 $\eta_1 = \eta_2$ 的点(该点位于坐标直角等分线上),即可求得边坡的稳定性关系数 η。在一般情况下,计算 3~5 点,就能较准确地求得 η。

(2)滑动体内存在结构面的情况 当滑动面内存在结构面时,就不能将滑动体视为完整的刚体。因为在滑动过程中,滑动体除沿滑动面滑动外,被结构面分割开的块体之间还要产生相互错动。显然这种错动在稳定性分析中应予以考虑。对于这种情况可采用分块极限平衡法和不平衡推力传递法进行稳定性计算。这里仅介绍分块极限平衡法,对不平衡推力传递法可参考有关文献。

图8-11所示为这种情况的模型及各分块的受力状态。除有两个滑动面和 BC 外,滑动体内还有一个可作为切割面的结构面 BD,将滑动体 $ABCD$ 分割成 I、II 两部分。设 SAB 和 BD 的黏聚力、摩擦角及倾角分别为 c_1、c_2、c_3、φ_1、φ_2、φ_3 及 β_1、β_2、β_3 和 α。滑动体的受力如图8-11所示,其中,W_1、W_2 分别为作用于块体 I 和 II 上的铅直力(包括岩体自重、工程作用力等);S_1、S_2 和 N_1、N_2 分别为不动岩体作用于滑动面 AB 和 BC 上的切向与法向反力;S 和 Q 为两块体之间互相作用的切向力与法向力。

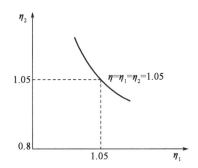

图8-10 η_1—η_2 曲线

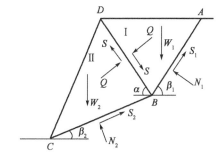

图8-11 滑动体内存在结构面的稳定性计算图

在分块极限平衡法分析中,除认为各块体分别沿相应滑动面处于即将滑动的临界状态(极限平衡状态)外,并假定块体之间沿切割面 BD 也处于临界错动状态。当 AB、BC 和 BD 处于临界滑错状态时,各自应分别满足如下条件:

对 AB 面:

$$S_1 = \frac{c_1 \overline{AB} + N_1 \tan\varphi_1}{\eta} \tag{8-19}$$

对 BC 面:

$$S_2 = \frac{c_2 \overline{AB} + N_2 \tan\varphi_2}{\eta} \tag{8-20}$$

对 BD 面:

$$S = \frac{c_3 \overline{AB} + Q\tan\varphi_3}{\eta} \tag{8-21}$$

为了建立平衡方程,分别考察 I、II 块体的受力情况。

对于块体 I,受到 S_1、N_1、Q、S 和 W_1 的作用(图 8-11)。将这些力分别投影到 AB 及其法线方向上,可得如下平衡方程:

$$\left.\begin{array}{l} S_1 + Q\sin(\beta_1 + \alpha) - S\cos(\beta_1 + \alpha) - W_1\sin\beta_1 = 0 \\ N_1 + Q\cos(\beta_1 + \alpha) + S\sin(\beta_1 + \alpha) - W_1\cos\beta_1 = 0 \end{array}\right\} \tag{8-22}$$

将式(8-19)和式(8-21)代入式(8-22)式可得:

$$\left.\begin{array}{l} \dfrac{c_1\overline{AB} + N_1\tan\varphi_1}{\eta} + Q\sin(\beta_1 + \alpha) - \dfrac{c_3\overline{BD} + Q\tan\varphi_3}{\eta}\cos(\beta_1 + \alpha) - W_1\sin\beta_1 = 0 \\[3mm] N_1 - Q\cos(\beta_1 + \alpha) + \dfrac{c_3\overline{BD} + Q\tan\varphi_3}{\eta}\sin(\beta_1 + \alpha) - W_1\cos\beta_1 = 0 \end{array}\right\} \tag{8-23}$$

联立式(8-23),消去 N_1 后,可解得 BD 面上的法向力 Q 为:

$$Q = \frac{\eta^2 W_1\sin\beta_1 + \left[c_3\overline{BD}\cos(\beta_1 + \alpha) - c_1\overline{AB} - W_1\tan\varphi_1\cos\beta_1\right]\eta + \tan\varphi_1 c_3\overline{BD}\sin(\beta_1 + \alpha)}{(\eta^2 - \tan\varphi_1\tan\varphi_3)\sin(\beta_1 + \alpha) - (\tan\varphi_1 + \tan\varphi_3)\cos(\beta_1 + \alpha)\eta} \tag{8-24}$$

同理,对块体 II,将力 S_2、N_2、Q、S 和 W_2 分别投影到 BC 面及其法线方向上,可得平衡方程:

$$\left.\begin{array}{l} S_2 + S\cos(\beta_2 + \alpha) - W_2\sin\beta_2 - Q\sin(\beta_1 + \alpha) = 0 \\ N_2 - W_2\cos\beta_2 - S\sin(\beta_1 + \alpha) - Q\cos(\beta_2 + \alpha) = 0 \end{array}\right\} \tag{8-25}$$

将式(8-20)和式(8-21)代入可得:

$$\left.\begin{array}{l} \dfrac{c_2\overline{BC} + N_2\tan\varphi_2}{\eta} + \dfrac{c_3\overline{BD} + Q\tan\varphi_3}{\eta}\sin(\beta_2 + \alpha) - W_2\sin\beta_2 - Q\sin(\beta_2 + \alpha) = 0 \\[3mm] N_2 - W_2\sin\beta_2 - \dfrac{c_3\overline{BD} + Q\tan\varphi_3}{\eta}\sin(\beta_2 + \alpha) - Q\cos(\beta_2 + \alpha) = 0 \end{array}\right\} \tag{8-26}$$

联立上式,同样可解得 BD 面上的法向力 Q 为:

$$Q = \frac{-\eta^2 W_2\sin\beta_2 + \left[c_3\overline{BD}\cos(\beta_2 + \alpha) + c_2\overline{BC} + W_2\tan\varphi_2\cos\beta_2\right]\eta + \tan\varphi_2 c_3\overline{BD}\sin(\beta_2 + \alpha)}{(\eta^2 - \tan\varphi_2\tan\varphi_3)\sin(\beta_2 + \alpha) - (\tan\varphi_2 + \tan\varphi_3)\cos(\beta_2 + \alpha)\eta} \tag{8-27}$$

由式(8-24)和式(8-27)可知:切割面上的法向力 Q 是边坡稳定性系数 η 的函数。因此,由式(8-24)和式(8-27)式可分别绘制出曲线,如图 8-12 所示。显然,图 8-12 中两条曲线的交点所对应的 Q 值即为作用于切割面的实际法向应力;与交点相对应的 η 值即为研究边坡的稳定性系数。

3. 多平面滑动

边坡岩体的多平面滑动,可以细分为一般多平面滑动和阶梯状滑动两个亚类。一般多平面滑动的各个滑动面的倾角都小于 90°,且都起滑动作用。这种滑动的稳定性,可采用力平衡图解法、分块极限平衡法及不平衡推力传递法等进行计算,其方法原理与同向双平面滑动稳定性计算方法相类似。这里主要介绍阶梯状滑动的稳定性计算问题。如图 8-13 所示,ABC 为一可能滑动体,破坏面由多个实际滑动面和受拉面组成,呈阶梯状,设实际滑动面的倾角为平均滑动面(虚线)的倾角为 β',长为 L,边坡角为 β,可能滑动体的高为 H。这种情况下边坡稳定性的计算思路与单平面滑动相同,即将滑动体的自重 G(仅考虑重力作用时)分解为垂直滑动面的分量 $G\cos\beta$ 和平行滑动面的分量 $G\sin\beta$。则可得破坏面上的抗滑力 F_s 和滑动力 F_r 为:

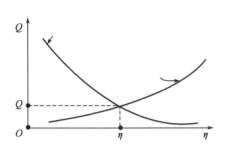

图 8-12　Q—η 曲线图

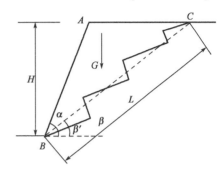

图 8-13　多平面滑动稳定性计算图

$$F_s = G\cos\beta\tan\varphi_j + c_jL\cos(\beta' - \beta) + \sigma_tL\sin(\beta' - \beta) \tag{8-28}$$

$$F_r = G\sin\beta \tag{8-29}$$

所以边坡的稳定性系数 η 为:

$$\eta = \frac{F_s}{F_r} = \frac{G\cos\beta\tan\varphi_j + c_jL\cos(\beta' - \beta) + \sigma_tL\sin(\beta' - \beta)}{G\sin\beta}$$

$$= \frac{\tan\varphi_j}{\tan\beta} + \frac{c_jL\cos(\beta' - \beta) + \sigma_tL\sin(\beta' - \beta)}{G\sin\beta} \tag{8-30}$$

式中:c_j、φ_j——滑动面上的黏聚力和摩擦角;

　　　σ_t——受拉面的抗拉强度。

当 $\sigma_t = 0$ 时,则得:

$$\eta = \frac{\tan\varphi_j}{\tan\beta} + \frac{c_jL\cos(\beta' - \beta)}{G\sin\beta} \tag{8-31}$$

由图 8-13 所示的三角关系得:

$$G = \frac{\rho g H\sin(\alpha - \beta')L}{2\sin\alpha} \tag{8-32}$$

用式(8-32)代入式(8-31)得:

$$\eta = \frac{\tan\varphi_j}{\tan\beta} + \frac{[2c_j\cos(\beta' - \beta) + 2\sigma_t\sin(\beta' - \beta)]\sin\alpha}{\rho g H\sin(\alpha - \beta')} \tag{8-33}$$

当 $\sigma_t = 0$ 时,则得:

$$\eta = \frac{\tan\varphi_j}{\tan\beta} + \frac{2c_j\cos(\beta' - \beta)\sin\alpha}{\rho g H\sin(\alpha - \beta')} \tag{8-34}$$

式中:ρ——岩体的平均密度,g/cm^3;

　　　g——重力加速度,g/m^3。

式(8-33)和式(8-34)是在边坡仅承受岩体重力条件下获得的。如果所研究的实际边坡还受到静水压力、动水压力以及其他外力作用时,则在计算中应计入这些力的作用。此外,如果受拉面为没有完全分离的破裂面,或是未来可能滑动过程中将产生岩块拉断破坏的破裂面,边坡稳定性系数应用式(8-33)计算;如果受拉面为先前存在的完全脱开的结构面时,则边坡稳定性系数应按式(8-34)计算。

二、楔形体滑动

楔形体滑动是常见的边坡破坏类型之一,这类滑动的滑动面由两个倾向相反且其交线倾向与坡面倾向相同、倾角小于边坡角的软弱结构面组成。由于这是一个空间课题,所以,其稳定性计算是一个比较复杂的问题。

如图 8-14 所示,可能滑动体 $ABCD$ 实际上是一个以 $AABC$ 为底面的倒置三棱锥体。假定坡顶面为一水平面,$\triangle ABD$ 和 $\triangle BCD$ 为两个可能滑动面,倾向相反,倾角分别为 β_1 和 β_2,它们的交线 BD 的倾伏角为 β,边坡角为 α,坡高为 H。

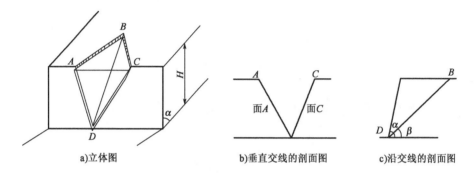

a)立体图 b)垂直交线的剖面图 c)沿交线的剖面图

图 8-14 楔形体滑动模型及稳定性计算图

假设可能滑动体将沿交线滑动,滑出点为 D。在仅考虑滑动岩体自重 G 的作用时,边坡稳定性系数 η 计算的基本思路为:即首先将滑体自重 G 分解为垂直交线 BD 的分量 N 和平行交线的分量(即滑动力 $G\sin\beta$),然后将垂直分量 N 投影到两个滑动面的法线方向,求得作用于滑动面上的法向力 N_1 和 N_2,最后求得抗滑力及稳定性系数。

根据以上基本思路,则可能滑动体的滑动力为 $G\sin\beta$,垂直交线的分量为 $N = G\cos\beta$ [图 8-15a]。将 $G\cos\beta$ 投影到 $\triangle ABD$ 和 $\triangle BCD$ 面的法线方向上,得到作用在两滑面上的法向力 [图 8-15b] 为:

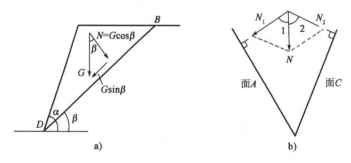

a) b)

图 8-15 楔形体滑动力分析图

$$N_1 = \frac{N\sin\theta_2}{\sin(\theta_1 + \theta_2)} = \frac{G\cos\beta\sin\theta_2}{\sin(\theta_1 + \theta_2)}$$
$$N_2 = \frac{N\sin\theta_1}{\sin(\theta_1 + \theta_2)} = \frac{G\cos\beta\sin\theta_1}{\sin(\theta_1 + \theta_2)}$$
(8-35)

式中:θ_1、θ_2——分别为 N 与二滑动面法线的夹角。

设 c_1、c_2 及 φ_1,φ_2,和分别为滑动面 $\triangle ABD$ 和 $\triangle BCD$ 的黏聚力和摩擦角,则两滑动面的抗滑力 F_s 为:

$$F_s = N_1\tan\varphi_1 + N_2\tan\varphi_2 + c_1 S_{\triangle ABD} + c_2 S_{\triangle BCD}$$

则边坡的稳定性系数为:

$$\eta = \frac{N_1\tan\varphi_1 + N_2\tan\varphi_2 + c_1 S_{\triangle ABD} + c_2 S_{\triangle BCD}}{G\sin\beta}$$
(8-36)

式中:$S_{\triangle ABD}$、$S_{\triangle BCD}$——分别为滑面 $\triangle ABD$ 和 $\triangle BCD$ 的面积;

$$G = \frac{1}{3}\rho g H S_{\triangle ABC}。$$

用式(8-35)中的 N_1 和 N_2 代入式(8-36)即可求得边坡的稳定性系数。在以上计算中,如何求得滑动面的交线倾角 β 及滑动面法线与 N 的夹角 θ_1 和 θ_2 等参数是很关键的。而这几个参数通常可通过赤平投影及实体比例投影等图解法或用三角几何方法求得,读者可参考有关文献。

此外,式(8-36)是在边坡仅承受岩体重力条件下获得的,如果所研究的边坡还承受有如静水压力、工程建筑物作用力及地震力等外力时,应在计算中加入这些力的作用。

三、边坡岩体滑动速度计算

研究边坡岩体发生滑动破坏的动力学特征,对于评价水库库岸边坡稳定性、预测由于滑坡造成的涌浪高度及滑坡整治等都具有重要意义。本节主要介绍边坡岩体滑动速度计算方法。

边坡岩体的滑动破坏,就是不稳定岩体沿一定的滑动面发生剪切破坏的一种现象。较大岩体的滑动破坏,都是在经过一定时间的局部缓慢的变形后发生的,这个局部变形阶段可称为岩体滑动的初期阶段。滑动破坏的规律和类型不同,其初期阶段持续时间的长短以及局部变形的严重程度也不同。一般来说,滑动破坏的规模越小,初期阶段持续的时间越短,总变形量亦越小。沿层面、软弱夹层及断层等延展性良好的结构面的滑动破坏,与沿具有一定厚度的软弱带如风化岩体与新鲜岩体接触带等的滑动相比较,前者初期阶段的持续时间较短,总变形量亦较小。总之,初期变形阶段持续时间的长短及局部变形的严重程度,均与岩体完全剪切破坏之前剪切变形涉及的范围大小有关。

岩体剪切破坏之后的位移过程,称为滑动阶段。据牛顿第二定律,滑动岩体在滑动过程中的加速度 α 为:

$$a = \frac{F}{m} = \frac{g}{G} \cdot F$$
(8-37)

式中:G、m——分别为滑动体的自重和质量;

　　　　g——重力加速度;

　　　　F——推动滑体下滑运动的力,其值等于滑动体滑动力 F_r 和抗滑力 F_s 之差,即 $F =$

$F_r - F_s$。

因此,式(8-37)可写为:

$$a = \frac{g}{G}(F_r - F_s)$$

或

$$a = \frac{g}{G}F_r(1 - \eta) \tag{8-38}$$

设滑动体的滑动距离为 S,则其滑动速度为:

$$v = \sqrt{2aS} \tag{8-39}$$

将式(8-38)代入式(8-39)中,则得:

$$v = \sqrt{\frac{2g}{G}SF_r(1 - \eta)} \tag{8-40}$$

由式(8-38)和式(8-40)可以看出,当滑动体的稳定性系数 η 略小于 1.0 时,滑动体即开始位移。同时,据研究表明:滑动体移动一个很小的距离后,滑动面上的黏聚力 c_j 将骤然降低乃至几乎完全丧失,而摩擦角 φ_j 也会有所降低,导致 η 减小。此时,由于 η 的骤然减小,滑动体必然要发生显著的加速运动,其瞬时滑动速度的大小,可按式(8-40)计算,但须注意式中的 η 应取 $c_j = 0$ 时的稳定性系数。

对于仅在重力作用下的单平面滑动和多平面滑动而言,由于岩体在完全剪切破坏后 $c_j = 0$,则根据式(8-7)及式(8-34)得:

$$\eta = \frac{\tan\varphi_j}{\tan\beta} \tag{8-41}$$

此外,由于滑动力 F_r 为:

$$F_r = G\sin\beta \tag{8-42}$$

将式(8-41)和式(8-42)代入式(8-40),则得单平面滑动及多平面滑动的滑动速度 v 为:

$$v = \sqrt{2gS\cos\beta(\tan\beta - \tan\varphi_j)} \tag{8-43}$$

对楔形体滑动,当两个滑动面强度性质相同,即 $\varphi_1 = \varphi_2 = \varphi_j, c_1 = c_2 = 0$ 时,将式(8-35)和式(8-38)代入式(8-40),可得其滑动速度 v 为:

$$v = \sqrt{2gS\cos\beta\left[\tan\beta - \tan\varphi_j\frac{\sin\theta_1 + \sin\theta_2}{\sin(\theta_1 + \theta_2)}\right]}$$

由式(8-43)和式(8-44)可以看出,当滑动面性质相同,平面滑动面倾角与楔形体滑动面的交线倾角相等,且其他条件也相同时,则平面滑动的瞬时滑动速度,将大于楔形体滑动的瞬时滑动速度。

此外,由式(8-43)可以看出,单平面滑动和多平面滑动的瞬时滑动速度,与其滑移距离 S、滑动面倾角 β 以及滑动面摩擦角 φ_j 有关。一般来说,滑动体的滑动速度随着 S 和 β 的增大而增大,随着 φ_j 的增大而减小。当滑动距离 S 一定时,滑动体的滑动速度主要取决于 $\beta - \varphi_j$ 的大小。$\beta - \varphi_j$ 越大,其滑动速度将越大,反之亦然。在 $\beta - \varphi_j$ 较大时,滑动体将会发生每秒数米以上的高速滑移,并伴随响声和强大的冲击气浪,因而往往造成巨大的灾害;反之,在 $\beta - \varphi_j$ 很小的情况下,其滑动速度必然缓慢。同时,由于降水等周期性因素的影响,使

φ_j 值发生周期性变化,因此,在这种条件下,滑动体的滑动特征必然是长期缓慢地断断续续地滑移或蠕动。

第六节　滑坡的监测与加固措施

随着我国现代化建设事业的迅速发展,各类高层建筑、水利水电设施、矿山、港口、高速公路、铁路和能源工程等大量工程项目开工建设,在这些工程的建设过程中或建成后的运营期内,不可避免地形成了大量的边坡工程。而且,随着工程规模的加大、加深及场地的限制,经常需在复杂地质环境条件下,人为开挖各种高陡边坡,所有这些边坡工程的稳定状态,事关工程建设的成败与安全,会对整个工程的可行性、安全性及经济性等起着重要的制约作用,并在很大程度上影响着工程建设的投资及效益。边坡失稳产生的滑坡现象已变成全球性最大的地质灾害。

由于公路边坡地质灾害多表现为突发性,而这种突发性会对人民生活和工程建设带来极大的潜在威胁。因此,加强对公路边坡地质灾害的监测和预报,尽早捕获边坡变形的前兆信号,掌握边坡的变形规律,了解变形体的形态、范围及规模,对边坡的未来稳定状况和变形破坏的发展趋势做出预测和预报,对预防灾害的发生或减少灾害的损失有重要的现实意义。

一、滑坡的监测

边坡平衡状态的丧失,一般的规律是先出现裂缝,然后裂缝逐渐扩大,处于极限平衡状态,这时稍受外力、水或震动的影响,就会发生滑坡等不良地质现象。为了发现隐患,消除危害,经济有效地采取整治滑坡的措施,保证各种边坡工程正常使用,就必须对各种潜在滑坡建立观测网,进行位移、应力、地下水动态等监测工作。

1. 滑坡监测的目的

滑坡监测一般有三个目的:一是从滑坡的位移和变形、滑带水的变化、坡体在破坏中产生的声音变化、在不同部位滑坡的推力变化等观测数据中,找出在不同时间内其与自然因素、人为因素作用间各类相应观测数据的变化,据以查明滑坡的性质、滑动的主因和滑坡诸要素;二是判断坡体不稳定部分的范围,预测滑坡可能滑动的空间形态及其发展;三是对坡体滑动可能发生破坏的时间及范围,要能事先提出预报和预警。

2. 监测方法

(1)滑坡地面位移观测

滑坡的演变过程一般较为复杂,其最明显的特征是地层的变形。为掌握滑坡的变形规律,研究防治措施,对不同类型的滑坡,应设置滑坡位移观测网进行观测,建立位移观测网观测滑坡动态是监测滑坡的传统方法之一。

滑坡观测网是指由设置在滑坡体内及周界附近稳定区地表的各个点(桩)位移观测,以及设置在滑坡体外稳定区地面的置镜桩、照准标、护桩等辅助桩组成的观测系统,定时量测各观测点的水平位移和高程的升降。其布置方法有:十字交叉网法、方格网法、任意交叉网法、横排观测网法、射线网和基线交点网法6种。

建立观测网虽然有耗时长和工作量大的缺点,但由于它能够直观地了解滑坡的动态,目前仍是一种主要的观测方法。随着科学技术的发展,各种现代仪器、仪表的研究与开发,测量工具已从直接测量距离的各种光学仪器、电子仪器、红外线仪器、激光仪器等,发展到目前的全球定位系统(GPS)。滑坡位移的监测已由传统的建网用经纬仪、水平仪等手段过渡到用光电测距仪、自动摆平水准仪、激光经纬仪、全站型电子测速仪、伸缩仪和地表倾斜盘以及自动记录装置等多种手段代替,这些新型仪器的广泛应用,大大提高了观测的速度和测量的精度。

(2)地表裂缝简易观测法

精密的仪器建网观测,只能应用在大中型滑坡病害工程中,在一定时间范围内进行一次观测,而且所得的位移数据只是滑坡变形的平均值,有的局部性位移难以测得,人们对于反映于地表及建筑物上的裂缝进行动态观测,就可以弥补这些缺点,从而扩大观测范围、准确地了解滑动体变形的全过程。由于滑坡变形过程中,在滑体的不同部位所产生的裂缝有随滑坡变形而变化的特点,因此对滑坡裂缝动态观测,既方便易行又能直观反映滑坡变形的一系列性质。裂缝观测不仅对未建立观测网的滑坡监测具有重要意义,对已经建立了观测网进行系统位移观测的滑坡也能补充和局部校正位移观测资料,尤其是对因地形等条件限制难以设桩的重要部位,裂缝变化资料对于分析滑坡性质更显得十分重要。对滑坡地面裂缝变形,广泛采用简易观测方法,能够及时测量变化情况,以便进行全面分析,及时掌握滑坡病害发生、发展规律。

观测滑坡地表裂缝时应全面进行,既要观测滑动体的主裂缝,也要观测次生裂缝。弄清裂缝来源,分清裂缝种类,摸索出滑坡受力情况,推断滑动的原因。地表裂缝的观测方法主要有直角观测尺观测法、滑板观测尺观测法、臂板式观测尺观测法、观测桩观测裂缝法、滑杆式简测器观测法、双向滑杆式简测器观测法、垂线观测法、专门仪器观测法等。

(3)建筑物裂缝简易观测法

对滑坡体上及其周围附近的所有建筑物的开裂、沉陷、位移和倾斜等变形均应进行观测。因为这些建筑物对滑坡变形反应敏感,简单直观,对详细掌握崩滑的原因,山体稳定程度和发展趋势,并采取防护措施提供参考数据。圬工建筑物的变形观测方法有灰块测标、标钉测标、金属板测标等。

(4)地面倾斜变化观测

滑坡在其变形过程中,地面倾斜度也将随之产生变化。观测地面倾斜度的变化,至少可以达到两个目的:对于尚未确定边界的滑坡,通过倾斜观测可以确定滑坡边界;对于已经确定了边界,但对滑坡动态尚不明确时,通过倾斜观测可以判断滑坡是否已处于稳定或是尚在活动。地面倾斜变化观测主要利用地面倾斜仪进行。

(5)滑坡深部位移观测

尽管滑坡是一种整体移动现象,但是在滑坡过程中,地表与深部位移常常表现出局部的差异。在多层滑坡情况下,这种差异在滑面上下表现有明显的突变性。因此,在对地表位移进行观测的同时,必须进行滑坡体内部深层位移的观测。滑坡深部位移观测的目的是了解滑体内不同深度各点的位移方向、数量和速度,结合地面位移观测和地下应力的测定,研究滑坡发生的机理和动态过程,为滑坡整治提供可靠的依据。主要有简易观测法和专门观测法两种。

(6)滑动面位置的测定

确定滑动面的位置是治理滑坡的关键。在多层滑面存在的情况下,哪一些滑面正在活动或已经稳定,仍是一个没有很好解决的问题。因此,国内外均重视滑动面测定方法和观测设备的研究。目前主要有:钻孔中埋入管节测定;钻孔中埋设塑料管测定;简易滑面电测器测定;摆锤式滑面测定器测定;电阻应变管监测滑坡的滑动面。

(7)滑坡滑动力(推力)观测

滑坡滑动力一方面可以通过已知的工程地质条件和给定的设计参数用计算方法求得,为整治滑坡提供依据。当工程完成以后,滑动力就是作用于建筑物的推力。因此,可利用设于建筑物上的压力盒来实测此值,从而获得推力分布及建筑物受力状态,并检查、校核设计滑坡推力的准确性。

同时,还必须密切注意滑坡体附近地下水的变化情况,如地表水、地下水的流向、流量、混浊度等,以及山坡表面外鼓、小型滑坍等资料,加以综合分析。

3.资料分析

滑坡经过一定时间的多次动态观测记录以后,应对各项观测项目的全部资料进行系统的整理与分析。这样无论对于分析滑坡基本性质(定性),还是对于进行滑坡稳定性计算(定量)都是十分重要的。通过资料整理一般可以达到以下几个目的:

(1)绘制滑坡位移图,确定主轴方向。

(2)确定滑坡周界。

(3)确定滑坡各部分变形的速度。

(4)确定滑坡受力的性质。

(5)判断滑动面的形状。

(6)确定滑坡移动与时间的关系。

(7)观测移动的平面图和纵断面图。

(8)确定地表的下沉或上升。

(9)估算滑体厚度。

(10)滑坡平衡计算。

二、滑坡的预测方法

对滑坡可能发生的地点、滑坡的类型与规模、滑坡滑动发生时间以及可能造成的危害进行预测、预报,以及对新老滑坡的判断,是滑坡整治与研究中一项极为重要的工作。

滑坡预测主要是指对于可能发生滑坡的空间、位置的判定。它包括滑坡可能发生的地点、类型、规模(范围和厚度)及对工程、农田活动、市政工程和居民生命财产能产生危害程度的预先判定。滑坡发生地点的预测,其问题的实质就是掌握滑坡形成的内在条件和诱发因素,尤其是掌握滑坡分布的空间规律。

滑坡预测应当遵循三个基本原则:实用性、科学性和易行性。

滑坡预测方法应使人们比较容易理解、掌握和应用。滑坡预测的方法大致分为两类:因子叠加法、综合指标法。

因子叠加法(形成条件叠加法)是把每一影响因子形成条件按其在滑坡发生中的作用大

小纳入一定的等级,在每一因子内部又划分若干等级;然后把这一因子的等级全部以不同的颜色、线条、符号等表示在一张图上。凡因子叠加最多的地段(色深、线密、符号多的地段)即发生滑坡可能性最大的地段。可以把这种重叠情况与已经进行详细研究的地段相比较而做出危险性预测。这是一种定性的、概略的预测方法,也是目前切实可行而具有实用价值的一种方法。

综合指标法是把所有因子在滑坡形成中的作用,以一种数字值来表示,然后对这些量值按一定的公式进行计算、综合,把计算所得的综合指标值与滑坡发生临界值相对比,区分出滑坡发生危险区及危险程度。

滑坡预测的逻辑表达式可以用下列函数式表示:

$$M = F(a,b,c,d\cdots) \tag{8-44}$$

式中:M——综合指标值;

a、b、c、d——分别为某一单因子指标值。

当各项因子的指标值确定以后,式(8-44)转化为:

$$M = (d + e + f + \cdots)A \cdot B \cdot C \tag{8-45}$$

式中:M——综合指标值;

A——地层岩性因子指标值;

B——结构构造因子指标值;

C——地貌因子指标值;

d、e、f——分别表示一个外因因子的指标值。

当 $M > N$ 时为危险区。

当 $M = N$ 时为准危险区。

当 $M < N$ 时为稳定区。

其中,N 为发生滑坡的临界值。N 值的确定十分重要,也颇不容易。目前的办法同样只有依赖通过典型地区滑坡资料的统计分析而初步确定。式(8-44)基本上反映了滑坡发生中主导因子的决定性作用和从属因子间的等代关系。因此,遵循式(8-45)开展滑坡资料的统计分析,建立因子间的平衡,确定各因子内部的指标值,可能比较接近客观实际。

三、边坡的加固措施

岩质边坡之所以失稳,是由于岩体下滑力增加或岩体抗滑力降低。因而,岩质边坡的加固措施要针对这两方面来进行,以提高边坡的稳定系数。这里介绍岩质边坡工程常用的一些加固措施。

1. 排水措施

水在边坡工程中是不利因素,它降低了岩土的物理力学性质,并导致抗滑力的减小和下滑力的增大,因此排水对提高边坡的稳定性具有重要作用。边坡工程应根据实际情况设置地表及内部排水系统。

为减少地表水渗入边坡坡体内,应在边坡潜在塌滑区后缘设置截水沟,如图8-16。边坡表面应设地表排水系统,其设计应考虑汇水面积、排水路径、沟渠排水能力等因素。不宜在边坡上或边坡顶部设置沉淀池等可能造成渗水的设施,必须设置时应做好防渗处理。

地下排水措施宜根据边坡水文地质和工程地质条件选择,可选用大口径管井、水平排水管、各种形式的渗沟或盲沟系统,以截排来自滑坡体外的地下水流,如图 8-16、图 8-17 所示。

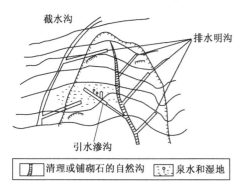

图 8-16 边坡排水系统

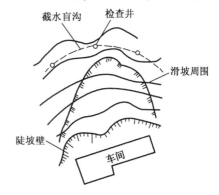

图 8-17 盲沟截水布置图

边坡工程应设泄水孔。对岩质边坡,其泄水孔宜优先设置于裂隙发育、渗水严重的部位。边坡坡脚、分级台阶和支护结构前应设排水沟。当潜在破裂面渗水严重时,泄水孔宜深入至潜在滑裂面内。

2. 刷方减重

对边坡中上部进行刷方,既可减小下滑力,又可清除可能引起斜坡破坏(即岩崩和滑坡)的不稳定或潜在不稳定的部分,有时可把刷方下来的岩土体压脚(回填坡脚),以增加边坡的抗滑力。

对安全等级为二、三级的建筑边坡工程,可采用坡率法进行刷方减重。在工程条件许可时,应优先采用坡率法。岩质边坡开挖的坡率允许值应根据实际经验,按工程类比的原则并结合已有稳定边坡的坡率值分析确定。对无外倾软弱结构面的边坡,《建筑边坡工程技术规范》(GB 50330—2013)根据边坡岩体类型、风化程度和边坡高度,给出了坡率允许值,其范围为 1:1～1:0.1。

高度较大的边坡应自上而下分级开挖放坡。通常开挖成台阶形(图 8-18),每一台阶的坡度均需满足边坡稳定的坡率允许值,台阶高度一般为 8～10m,台阶宽度一般为 1～1.5m。边坡的整个高度可按同一坡率进行放坡,也可根据边坡岩土的变化按不同的坡率放坡。一般把台阶修筑成水平状,以避免水的纵向流动对坡面的冲蚀。

坡率法可与锚杆、锚喷支护等支挡结构联合应用形成组合边坡。例如当不具备全高放坡条件时,上段可采用坡率法,下段可采用支挡结构以稳定边坡。对永久性边坡,坡面上宜采用锚杆(索)、浆砌片石或格构。条件许可时,宜尽量采用格构或其他有利于生态环境保护和美化的护面措施,这在当前工程建设中越来越受到重视。

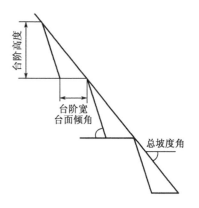

图 8-18 路堑边坡多台阶形开挖示意图

3. 支护措施

岩质边坡工程常用的支护措施有锚杆(索)、锚喷、挡墙(重力式挡墙、悬臂式挡墙、板肋式或格构式锚杆挡墙、排桩式锚杆挡墙)、抗滑桩等。

锚杆(索)是一种受拉结构体系,可显著提高边坡岩体的整体性和稳定性,目前在边坡工程中得到广泛应用。锚杆材料可根据锚固工程性质、锚固部位和工程规模等因素,选择高强度、低松弛的普通钢筋、高强精轧螺纹钢筋、预应力钢丝或钢绞线。对非预应力全长黏结型锚杆,当锚杆承载力设计值低于400kN时,采用Ⅱ、Ⅲ级钢筋能满足设计要求。预应力锚杆能提供很大的承载力,其承载力设计值可达到3000kN。设计上,锚杆分锚固段、自由段和外锚段。自由段长度是指外锚头到潜在滑裂面的长度。锚固段长度对岩质边坡不应小于3m,且应位于完整坚硬岩体中。当锚固段岩体破碎、渗水量大时,宜对岩体作固结灌浆处理。图8-19、图8-20为锚杆和锚索结构示意图。

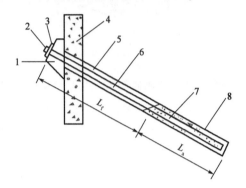

图8-19 锚杆结构示意图

1-台座;2-锚具;3-承压板;4-支挡结构;5-钻孔;6-自由隔离层;7-钢筋;8-注浆体;L_f-自由段长度;L_a-锚固段长度

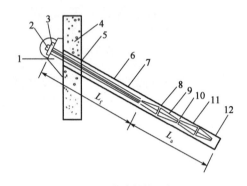

图8-20 锚索结构示意图

1-台座;2-锚具;3-承压板;4-支挡结构;5-自由隔离层;6-钻孔;7-对中支架;8-隔离架;9-钢绞线;10-架线环;11-注浆体;12-导向帽;L_f-自由段长度;L_a-锚固段长度

锚喷支护对岩质边坡具有良好效果且费用低廉,有时为改善支护结构外表,采用现浇钢筋混凝土板代替喷射混凝土。锚喷支护中锚杆起主要承载作用,分系统加固锚杆和局部加强锚杆两种类型。系统锚杆用以维持边坡整体稳定,而局部锚杆用以维持不稳定块体,但锚喷支护对生态环境影响较大,近年来较少采用。

现浇钢筋混凝土板肋式挡墙适用于挖方地段,当不能保证施工期坡体稳定时,宜采用排栏式锚杆挡墙。

预应力锚杆(索)板桩墙适用于边坡稳定性很差、坡肩有建(构)筑物等附加荷载地段的边坡。抗滑桩可采用人工挖孔桩、钻孔桩或型钢。抗滑桩施工完后用"逆作法"施作锚杆(索)及钢筋混凝土挡板或拱板。

钢筋混凝土格构式锚杆挡墙,是利用浆砌块石、现浇钢筋混凝土或预制预应力混凝土进行边坡坡面防护,并利用锚杆或锚索加以固定的一种边坡加固技术。格构技术一般与环境美化相结合,利用框格护坡,同时在框格内种植花草达到美观的效果。这种技术在山区高速公路高陡边坡加固中被广泛采用。其墙面垂直型适用于稳定性、整体性较好的岩质边坡,在坡面上现浇网格状的钢筋混凝土格架梁,在竖向肋和水平梁的结点上加设锚杆,岩面上可加钢筋网并喷射混凝土作支挡或封面处理。其墙面后仰型可用于各类岩质边坡,格架内墙面根据稳定性可作封面、支挡或绿化处理。

抗滑桩常用于重大工程的滑坡治理中,单根桩的规模有时很大,以提供较大的抗滑能力。在天生桥二级厂房边坡的抗滑桩中,曾配15kg/m的钢轨。小湾水电站堆积体的悬臂抗滑桩,规模巨大,其悬臂高度达 30m,且桩身拉有 165 根预应力锚索。

【思考题与习题】

1.岩体边坡中应力分布有哪些主要特征? 与哪些因素有关?

2.边坡岩体的变形破坏有哪些基本类型? 单平面滑动与楔形体滑动的特点是什么?

3.应用刚体极限平衡法计算边坡稳定性的一般步骤是什么?

4.某岩体边坡中存在一倾角为 60° 的断层,设边坡倾角为 30°,岩体剪切强度指标:$\varphi_j = 30°$,$c_j = 0.02\text{MPa}$,平均密度 $\rho = 2.55\text{g/cm}^3$,边坡高度为 20m,试评价该边坡的稳定性(取安全系数 1.05)。

5.边坡监测的目的是什么?

6.边坡加固的方法有哪些? 分析其各自的适用性。

第九章

岩体力学在岩基工程中的应用

【学习要点】

1. 掌握各向同性、均质、弹性地基岩体中的附加应力,了解层状岩基的附加应力分布特征。
2. 掌握圆形基础和矩形基础的沉降计算方法。
3. 了解地基岩体的破坏模式,掌握岩基承载力的计算方法。
4. 了解坝基岩体的荷载分析、破坏模式和抗滑稳定性计算。
5. 了解岩基的加固处理措施。

第一节 概　　述

　　我国山区多,平原少,在很多地区,基岩浅埋于地面或完全出露于地面。随着山区高层建筑、水利水电和道路桥梁建设的发展,对岩基的研究越来越受到人们的重视。

　　直接承受建筑物荷载的那部分地质体称为地基。若土体作为建筑物的地基则称为地基土,若岩体作为建筑物的地基则称为地基岩体。与一般土体相比,完整岩体的抗压、抗剪强度更高,变形模量更大,由此具有承载力高和压缩性低的特点。对于一般的工业及民用建筑物来说,由于建筑物荷载较小,而地基岩体的强度较高、刚度较大,出现过量变形或破坏的可能性不大。但是,很多情况下岩体不是完整的,而是由各种不良地质结构面组成,如各种断层、节理、裂隙及其填充物,有的还可能含有洞穴或经历过不同程度的风化作用,表现非常破碎。因此,在上部荷载作用下,岩基可能会产生较大的沉降并引发破坏,甚至导致灾难性的后果。对于这种情况,在勘察设计中需作专门论证,在施工中,要进行专门的处理方可保证建筑物的正常和安全使用。这种情况,在水工建设和高层建筑中尤为常见。

水工构筑物中,坝体是主要的承载和传载构件。由于坝体承受自重、水压力和渗透扬压力等荷载较大,对下部地基有较高的要求。因此,一般大型水工坝址都选在岩基上。由于岩基承受的荷载大,涉及区域广,对坝基岩体进行承载力稳定性评价是水工构筑物岩基的主要岩体力学问题。

在桥梁基础方面,对岩石力学性质的研究也日益受到重视。长江上拟建和在建的长江大桥从工程规模、沿江密度、设计桥型上不断地增加。长江中下游建桥基础大多遇见软岩和极软岩。由于工程规模大,必须采用大直径的桩基和超长桩。特大型桩基在深水中嵌入深地基,且承受荷载高;而悬索桥则采用大体积钢筋混凝土锚碇。交通行业常规的研究方法和传统的标准与规范已不能满足工程设计深度的需要,因此设计中采用合理的岩体力学参数已成为工程建设中的关键技术问题之一。

第二节　地基岩体中的应力分布特征

研究岩体的稳定性首先必须弄清地基岩石中的应力分布,包括天然应力分布和建筑物荷载引起的附加应力分布。本节将重点介绍建筑物荷载在地基岩石中引起的附加应力分布特征。

目前,地基岩石中的应力分析一般都基于弹性理论。对于建筑物荷载分布不均一、岩体结构与性质差别较大的岩基,可以采用数值法分析岩体中的应力。

研究表明,地基岩体中外荷引起的附加应力分布与建筑物荷载类型、岩体结构及其力学属性有关。本节先介绍较简单的情况,即均质、各向同性岩体中的附加应力分布,然后引申到非均质、各向异性岩体中的附加应力分布。

一、各向同性、均质、弹性地基岩体中的附加应力

假设在各向同性、均质、弹性地基岩体上作用一均布线荷载,可沿垂直荷载方向切一平面来研究该荷载在岩基中引起的附加应力,这是一个典型的平面应变问题。下面分垂直、水平、倾斜三种荷载作用方式来讨论。

(1)垂直荷载情况。如图9-1所示取极坐标系,以荷载 P 的作用点 O 为原点,r 为向径,θ 为极角。则地基岩体中任一点 $M(r,\theta)$ 处的附加应力,根据弹性理论为:

$$\left. \begin{aligned} \sigma_r &= \frac{2P\cos\theta}{\pi r} \\ \sigma_\theta &= 0 \\ \tau_{r\theta} &= 0 \end{aligned} \right\} \tag{9-1}$$

式中:σ_r、σ_θ——分别为 M 点的径向应力和环向应力,MPa;

$\tau_{r\theta}$——M 点的剪应力,MPa。

由式(9-1)可知,由于 $\tau_{r\theta}=0$,$\sigma_\theta=0$,则 σ_r 为最大主应力,σ_θ 为最小主应力。当 r 一定时,

最大主应力 $\sigma_1(\sigma_r)$ 随 θ 角变化而变化,其等值线为相切于点 O 的圆,圆心位于点 $(r_0 = p/\pi\sigma_r,$ $\theta = 0)$,直径 $d = 2p/\pi\sigma_r$(图9-2)。若变化 r,则可以得出一系列这样的圆,称为压力包。这些压力包的形态表明了外荷载在地基岩体中扩散的过程。

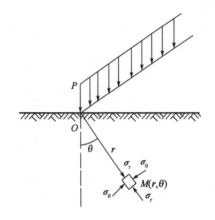

图9-1 垂直荷载情况及应力分析图

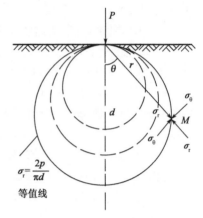

图9-2 垂直荷载作用下的压力包

(2)水平荷载情况。如图9-3所示,在地基岩体地表作用有一水平荷载 Q,在 r—θ 极坐标系中,地基岩体中任一点 M 处的附加应力为:

$$\left.\begin{array}{l} \sigma_r = \dfrac{2Q\sin\theta}{\pi r} \\[2mm] \sigma_\theta = 0 \\[2mm] \tau_{r\theta} = 0 \end{array}\right\} \tag{9-2}$$

式中各符号意义同前。

可以看出,σ_r 的等值线为相切于点 O 的两个半圆,圆心在 Q 的作用线上,距 O 点的距离(即圆的半径)为 $Q/\pi\sigma_r$,Q 指向的半圆代表压应力,背向的半圆代表拉应力(图9-3)。同样,若改变 r 则可以得到一系列相切于点 O 的半圆,即压力包。

(3)倾斜荷载情况。可以把倾斜荷载视为垂直荷载与水平荷载的组合,如图9-4所示坐标系中,倾斜荷载及在地基中任一点 M 处的附加应力为:

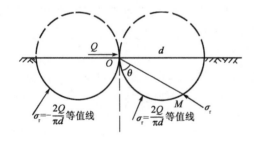

图9-3 水平荷载情况及应力分析图

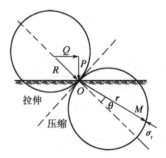

9-4 倾斜荷载情况及应力分析图

$$\left.\begin{array}{l} \sigma_r = \dfrac{2R\cos\theta}{\pi r} \\[2mm] \sigma_\theta = 0 \\[2mm] \tau_{r\theta} = 0 \end{array}\right\} \tag{9-3}$$

式中各符号代表意义同前。

σ_r 的等值线是圆心位于 R 作用线上,相切于点 O 的一系列圆弧。上面的圆弧表示拉应力线,下面的圆弧表示压应力线(图9-4)。

二、层状地基岩体中的附加应力

由于层状岩体为非均质、各向异性介质,因此外荷所引起的附加应力等值线不再为圆形,而是各种不规则形状(图9-5)。Bray(1977)曾研究了倾斜层状岩体上作用有倾斜荷载 R 的附加应力(图9-6),可用下式确定。

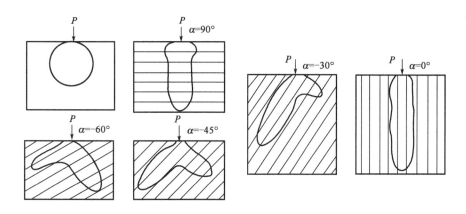

图9-5 几种层状岩体的压力包形状

$$\left.\begin{aligned}
\sigma_r &= \frac{h}{\pi r}\left[\frac{X\cos\beta + Ym\sin\beta}{(\cos^2\beta - m\sin^2\beta)^2 + h^2\sin^2\beta\cos^2\beta}\right]\\
\sigma_\theta &= 0\\
\tau_{r\theta} &= 0
\end{aligned}\right\} \tag{9-4}$$

式中: $h = \sqrt{\dfrac{E}{1-\mu^2}\left[\dfrac{2(1+\mu)}{E} + \dfrac{1}{K_s \cdot S}\right] + 2\left(m - \dfrac{\mu}{1-\mu}\right)}$; $\beta = \theta - 2$

$m = \sqrt{1 + \dfrac{E}{(1-\mu^2)K_n \cdot S}}$;

X、Y——R 在平行层面及垂直层面方向上的分量;

K_n、K_s——层面的法向刚度和剪切刚度,MPa/cm;

S——层厚,m;

E——岩石的变形模量,MPa;

μ——岩石的泊松比;

α——倾向为 α 的正交各向异性半平面岩基。

图9-5是 Bray 根据式(9-4)得到的几种产状的层状岩基在竖直荷载 P 的作用下,径向附加应力 σ_r 的等值线图,其中取 $E/(1-\mu^2) = K_n \cdot S$;$E/2(1+\mu) = 5.63$ $K_n \cdot S$;$\mu = 0.25$;$m = 2$;$h = 4.45$。

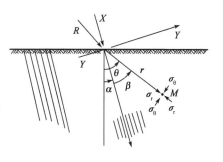

图9-6 倾斜层状岩体情况及应力分析图

第三节　地基岩体的沉降

地基岩体的基础沉降主要是由于岩体在上部荷载作用下变形而引起的。对于一般的中小工程来说，由于荷载相对较小，所引起的沉降量也较小。但对于重型和巨型建筑物来说，则可能产生较大的沉降量，尤其是当地基较软弱或破碎时，产生的沉降量会更大。

一般地基岩体上基础的沉降计算较多的仍采用弹性理论解法，对于岩体不均匀、荷载分布复杂的基础，则采用数值计算的方法比较合适。

一、浅基础的沉降

根据布辛涅斯克（Boussinesq）弹性理论解，当半无限体表面上作用有一垂直的集中力 P 时，在半无限体表面处（$Z=0$）的沉降量 s 为：

$$s = \frac{P(1-\mu^2)}{\pi E_0 r} \tag{9-5}$$

式中：E_0、μ——分别为岩基的变形模量和泊松比；

　　　　r——计算点至集中荷载 P 处的距离。

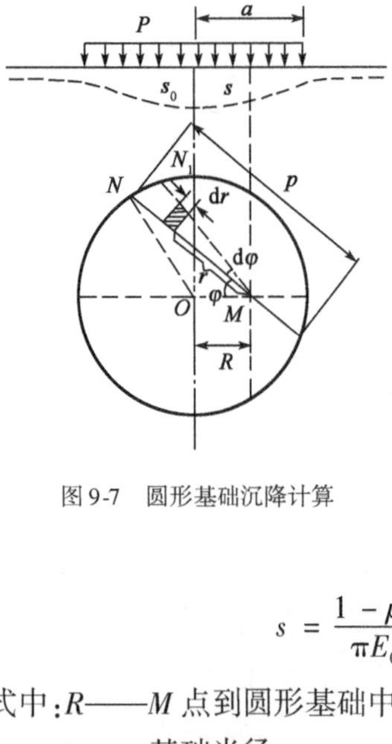

1. 圆柔性基础的沉降

图9-7　圆形基础沉降计算

当圆形基础为柔性时（图9-7），如果其上作用有均布荷载 p，且基础接触面上无摩擦力，则基底反力 σ_v 也将是均匀分布的，数值上等于 p。这时，通过 M 点作一割线 MN，再作一无限接近的另一割线 MN_1，则微单元（图9-7 中阴影部分）的面积 $\mathrm{d}F = r\mathrm{d}r\mathrm{d}\varphi$，于是微单元体上作用的荷载 $\mathrm{d}P$ 为：

$$\mathrm{d}P = p\mathrm{d}F = pr\mathrm{d}r\mathrm{d}\varphi \tag{9-6}$$

根据式（9-5），可得微单元体作用荷载 $\mathrm{d}P$ 引起的 M 点的沉降 $\mathrm{d}s$ 为：

$$\mathrm{d}s = \frac{\mathrm{d}P(1-\mu^2)}{\pi E_0 r} = \frac{1-\mu^2}{\pi E_0} p\mathrm{d}r\mathrm{d}\varphi \tag{9-7}$$

而整个基础上作用的荷载引起 M 点的总沉降量 s 为：

$$s = \frac{1-\mu^2}{\pi E_0} p \int \mathrm{d}r \int \mathrm{d}\varphi = 4p \frac{1-\mu^2}{\pi E_0} \int_0^{\frac{\pi}{2}} \sqrt{a^2 - R^2 \sin\varphi}\, \mathrm{d}\varphi \tag{9-8}$$

式中：R——M 点到圆形基础中心的距离；

　　　　a——基础半径。

由式（9-8）可知，圆形柔性基础中心（$R=0$）处的沉降量 s_0 为：

$$s_0 = \frac{2(1-\mu^2)}{E_0} pa \tag{9-9}$$

圆形柔性基础边缘（$R=a$）处的沉降量 s_a 为：

$$s_a = \frac{4(1-\mu^2)}{\pi E_0} pa \tag{9-10}$$

比较式(9-9)、式(9-10)，有：

$$\frac{s_0}{s_a} = 1.57 \tag{9-11}$$

可见，对于圆形柔性基础，当承受均布荷载时，其中心沉降量为其边缘沉降量的 1.57 倍。

2. 圆形刚性基础的沉降

对于圆形刚性基础(图9-8)。当作用有集中荷载 P 时，基底各点的沉降将是一个常量，但基底接触压力 σ_v 不是常量，即：

$$\sigma_v = \frac{P}{2\pi a \sqrt{a^2 - R^2}} \tag{9-12}$$

由上式可知，当 $R \to 0$ 时，$\sigma_v = P/2\pi a^2$，当 $R \to a$ 时，$\sigma_v \to \infty$。这表明，在基础边缘上的接触压力为无限大。出现这种情况的原因是假设基础是完全刚性体，使得基础中心下岩基变形大于边缘处，形成一个下降漏斗，造成了荷载集中在基础边缘处的岩基上。但这种无限大的压力实际上不会出现，因为基础结构并非完全刚性，

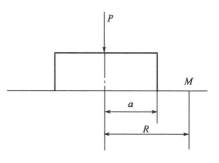
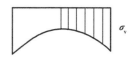

图9-8　圆形刚性基础及基底反力分布

而且当基础边缘应力集中到一定程度时会产生塑性屈服，使边缘处的应力重新调整。

在集中荷载 P 作用下，圆形刚性基础的沉降量 s 可按下式计算：

$$s = \frac{P(1 - \mu^2)}{2aE_0} \tag{9-13}$$

圆形刚性基础以外各点的垂直位移 s_R 可按下式计算：

$$s_R = \frac{P(1 - \mu^2)}{\pi aE_0} \arcsin\left(\frac{a}{R}\right) \tag{9-14}$$

二、矩形基础的沉降

刚性基础承受中心荷载 P 或均布荷载 p 时，基础底面上各点沉降量相同，但基底压力不同；柔性基础承受均布荷载 p 时，基础底面各点沉降量不同，但基底压力相同。

当基础底面宽度为 b，长度为 a 时，无论刚性基础还是柔性基础，其基底的沉降量都可按下式计算：

$$s = \omega \frac{bp(1 - \mu^2)}{E_0} \tag{9-15}$$

式中，ω 为沉降系数，对于不同性质的基础及不同位置，其取值并不相同。表 9-1 列出不同类型、不同形状的基础不同位置的沉降系数。

各种基础的沉降系数 ω 值

表 9-1

基 础 形 状	沉 降 系 数 ω				
	a/b	柔性基础中点	柔性基础角点	柔性基础平均值	刚性基础
圆形基础	—	1.00	0.64	0.58	0.79
方形基础	1.0	1.12	0.56	0.95	0.88

基础形状	沉降系数 ω				
	a/b	柔性基础中点	柔性基础角点	柔性基础平均值	刚性基础
矩形基础	1.5	1.36	0.68	1.15	1.08
	2.0	1.53	0.74	1.30	1.22
	3.0	1.78	0.89	1.53	1.44
	4.0	1.96	0.98	1.70	1.61
	5.0	2.10	1.05	1.83	1.72
	6.0	2.23	1.12	1.96	—
	7.0	2.33	1.17	2.04	—
	8.0	2.42	1.21	2.12	—
	9.0	2.49	1.25	2.19	—
	10.0	2.53	1.27	2.25	2.12
条形基础	30.0	3.23	1.62	2.88	—
	50.0	3.54	1.77	3.22	—
	100.0	4.00	2.00	3.70	—

第四节　地基岩体的承载力

地基承受荷载的能力称为地基承载力。地基岩体的承载力就是指作为地基的岩体受荷后不会因产生破坏而丧失稳定,其变形量亦不会超过容许值时的承载能力。影响地基岩体承载力的因素有很多。它不仅受岩体自身物质组成、结构构造、岩体的风化破碎程度、物理力学性质的影响,而且还会受到建筑物的基础类型与尺寸、荷载大小与作用方式等因素的影响。

一、岩基破坏模式

在自然界中,岩体的成分和结构构造以及埋藏条件千变万化,它的破坏模式也是各种各样的。而对同一种岩体,不同荷载大小也会产生不同的破坏模式。勒单尼曾研究过脆性无孔隙岩基在荷载作用下发生破坏的模式[图9-9a)、b)、c)]。

图9-9a)、b)、c)是基脚下岩体发生破坏的一种模式。在上部荷载作用下,当岩基中应力超过其弹性极限时,岩基从基脚处开始产生裂缝,并向深部发展[图9-9a)]。当荷载继续作用,岩基就进入压碎破坏阶段[图9-9b)]。压碎范围随着深度增加而减少,据试验观测,压碎范围近似倒三角形。当荷载继续增大,则基底下岩体的竖向裂缝加密且出现斜裂缝,并向更深部延伸,这时,进入劈裂破坏阶段[图9-9c)]。由于裂缝开裂使压碎岩体产生向两侧扩展的现象,基脚附近的岩体发生剪切滑移,使基脚附近的地面破坏。

图9-9d)是岩基冲切破坏的模式。这种破坏模式多发生于多孔洞或多孔隙的脆性岩体中,如钙质或石膏质胶结的脆性砂岩、熔渍胶结的火山岩、溶蚀严重或溶孔密布的可溶岩类等。如图9-10所示,有时在一些风化沉积岩(如石灰岩、砂岩等)和玄武岩中密布的张开竖节理,也会产生冲切破坏。

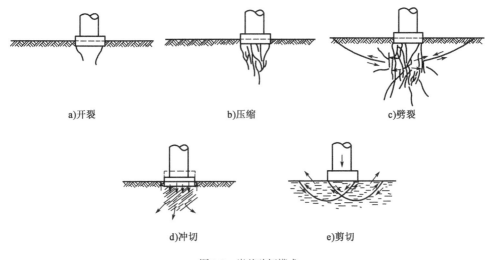

a)开裂　　　　　　　b)压缩　　　　　　　　c)劈裂

d)冲切　　　　　　e)剪切

图 9-9　岩基破坏模式

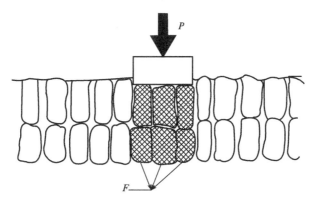

图 9-10　张开竖节理风化沉积岩的冲切破坏

F-断裂位移岩体

　　图 9-9e)是岩基发生剪切破坏的模式,这种破坏多发生于高压缩性的黏土岩类岩基中,如页岩、泥岩等,常常在基础底面下的岩体出现压实楔,而在其两侧岩体有弧线的滑面。直线滑面可以在风化岩体内产生(图 9-11),这时,剪切面切断风化岩块。当岩基内有两组近于或大于直角的节理相交,则剪切面追踪此两组节理,也可形成直线剪切滑动面,使岩基破坏(图 9-12)。

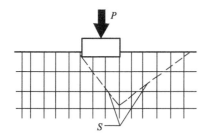

图 9-11　闭合竖节理风化岩的剪切破坏

S-剪切面

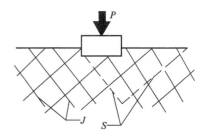

图 9-12　追踪两组相交节理的剪切破坏

J-节理;S-剪切面

223

二、岩基承载力确定

地基岩体承载力的确定要考虑岩体在荷载作用下的变形破坏机理。岩基的变形不仅由岩体的弹性变形和塑性变形引起，而且还会沿某些结构面发生剪切破坏而引起较大的基础沉降或基础滑移。在《公路桥涵地基与基础设计规范》(JTG D63—2007)、《建筑地基基础设计规范》(GB 50007—2011)中确定岩基承载力特征值的方法为岩基载荷试验方法，也可根据室内岩石饱和单轴抗压强度计算。另外，根据岩基破坏模式，介绍基脚压碎岩基和直线剪切破坏岩基极限承载力计算的理论公式。

1. 规范方法

(1)岩基载荷试验

《公路桥涵地基与基础设计规范》(JTG D63—2007)规定，岩基载荷试验适用于确定完整、较完整、较破碎岩基作为天然地基或桩基持力层时的承载力。

载荷板采用圆形刚性承压板，直径为300mm。当岩石埋藏深度较大时，可采用钢筋混凝土桩，但桩周需采取措施以消除桩身与土之间的摩擦力。加载方式采用单循环加载，荷载逐级递增直到破坏，然后分级卸载。荷载分级为第一级加载值为预估设计荷载的1/5，以后每级为1/10。加载后立即测读沉降量，以后每10min读一次。当连续三次读数之差均不大于0.01mm时，达到稳定标准，可加下一级荷载。

当出现下述现象之一时，即可终止加载：

①沉降量读数不断变化，在24h内，沉降速率有增大的趋势。

②压力加不上或勉强加上而不能保持稳定。

卸载时，每级卸载为加载时的两倍，如为奇数，第一级可为三倍。每级卸载后，隔10min测读一次，测读三次后可卸下一级荷载。全部卸载后，当测读到半小时回弹量小于0.01mm时，即认为稳定。

岩基承载力特征值按以下步骤确定：

①对应于p—s曲线上起始直线段的终点为比例界限。符合终止加载条件的前一级荷载为极限荷载。将极限荷载除以安全系数3，所得值与对应比例界限的荷载相比较，取小值。

②每个场地载荷试验的数量不应少于3个，取最小值作为岩基承载力特征值。

③岩基承载力特征值不需要进行基础埋深和宽度的修正。

对破碎、极破碎的岩基承载力特征值，可根据地区经验取值，无地区经验时，可根据适合土层的平板载荷试验确定。

(2)按室内饱和单轴抗压强度计算

《建筑地基基础设计规范》(GB 50007—2011)规定，对完整、较完整和较破碎的岩基承载力特征值，也可根据室内饱和单轴抗压强度按下式计算：

$$f_a = \psi_r f_{rk} \tag{9-16}$$

式中：f_a——岩基承载力特征值；

f_{rk}——岩石饱和单轴抗压强度标准值；

ψ_r——折减系数，根据岩体完整程度以及结构面的间距、宽度、产状和组合，由地区经验确定。无经验时，对完整岩体可取0.5，对较完整岩体可取0.2~0.5，对较破碎岩体可取0.1~0.2。

上述折减系数值未考虑施工因素及建筑物使用后风化作用的继续,对于黏土质岩,在确保施工期及使用期不致遭水浸泡时,也可采用天然湿度的试样,不进行饱和处理。

根据《公路桥涵地基与基础设计规范》(JTG D63—2007),岩石饱和单轴抗压强度标准值 f_{rk} 计算中,岩样数量不应小于 6 个,并进行饱和处理。f_{rk} 由以下公式统计确定:

$$f_{rk} = \psi f_{rm} \tag{9-17}$$

$$\psi = 1 - \left(\frac{1.704}{\sqrt{n}} + \frac{4.678}{n^2}\right)\delta \tag{9-18}$$

式中:f_{rm}——岩石饱和单轴抗压强度平均值;

　　　ψ——统计修正系数;

　　　n——试样个数;

　　　δ——变异系数。

2. 基脚压碎岩体的承载力

假设在地基岩体上有一条形基础,在上部荷载 q_f 作用下条形基础下产生岩体压碎并向两侧膨胀而诱发裂隙。因此,基础下的岩体可分为如图 9-13a)所示的压碎区 A 和原岩区 B。由于 A 区压碎而膨胀变形,受到 B 区的约束力 p_h 的作用。p_h 可取 B 区岩体的单轴抗压强度,q_f 由 A 区岩体三轴强度给出,见图 9-13b),因此,式(9-19)、式(9-20)成立。

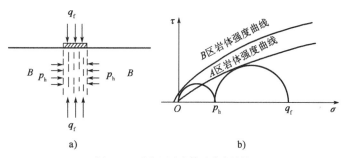

图 9-13　基脚压碎岩体承载力计算

$$p_h = 2c_B \tan\left(45° + \frac{\varphi_B}{2}\right) \tag{9-19}$$

$$q_f = p_h \tan^2\left(45° + \frac{\varphi_A}{2}\right) + 2c_A \tan\left(45° + \frac{\varphi_A}{2}\right) \tag{9-20}$$

式中:c_A、φ_A、c_B、φ_B——分别为 A 区和 B 区岩体的黏聚力和内摩擦角。

由式(9-19)、式(9-20)可获得基脚压碎岩体的承载力 q_f。若把 A 区、B 区看作是同一种岩体,取相同力学参数,即 $c_A = c_B = c$,$\varphi_A = \varphi_B = \varphi$,则式(9-20)可简化为:

$$q_f = 2c \tan\left(45° + \frac{\varphi}{2}\right)\left[1 + \tan^2\left(45° + \frac{\varphi}{2}\right)\right] \tag{9-21}$$

3. 基脚岩体直线剪切破坏的承载力

基脚岩体剪切破坏面可呈曲线形[图 9-9b)]和直线形(图 9-11、图 9-12)两种。岩体中由于结构面的存在,多数剪切破坏呈直线剪切滑面。

如图 9-14 所示,设在半无限体上作用着宽度为 b 的条形均布荷载 q_f,q 为作用在荷载 q_f 附近岩基表面的均布荷载。为便于计算,假设:

①破坏面由两个互相正交的平面组成。

②荷载 q_f 的作用范围很长,以致 q_f 两端面的阻力可以忽略。

③荷载 q_f 作用面上不存在剪力。

④对于每个破坏楔体可以采用平均的体积力。

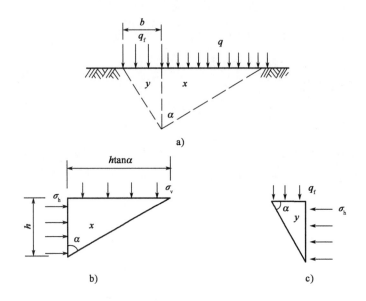

图9-14 基脚直线剪切破坏岩体的承载力计算

将图9-14a)的岩基分为两个楔体,即 x 楔体和 y 楔体。如图9-14b)所示,对于 x 楔体,由于 y 楔体受 q_f 作用,会产生一水平正应力 σ_h 作用于 x 楔体,这是作用于 x 楔体的最大主应力,而岩体的自重应力和岩基表面均布荷载 q 的合力 σ_v 是作用于 x 楔体的最小主应力,即:

$$\sigma_h = \sigma_v \tan^2\left(45° + \frac{\varphi}{2}\right) + 2c\tan\left(45° + \frac{\varphi}{2}\right) \tag{9-22}$$

$$\sigma_v = \frac{1}{2}\gamma h + q \tag{9-23}$$

式中:γ——岩体重度。

如图9-14c)所示,对于 y 楔体,σ_h 为最小主应力,而最大主应力为:

$$q_f + \frac{1}{2}\gamma h = \sigma_h \tan^2\left(45° + \frac{\varphi}{2}\right) + 2c\tan\left(45° + \frac{\varphi}{2}\right) \tag{9-24}$$

联合式(9-22)、式(9-23)和式(9-24),并由 $h = b\tan\left(45° + \frac{\varphi}{2}\right)$,得:

$$q_f = \frac{1}{2}\gamma b\tan^5\left(45° + \frac{\varphi}{2}\right) + 2c\tan\left(45° + \frac{\varphi}{2}\right)\left[1 + \tan^2\left(45° + \frac{\varphi}{2}\right)\right] +$$
$$q\tan^4\left(45° + \frac{\varphi}{2}\right) - \frac{1}{2}\gamma b\tan\left(45° + \frac{\varphi}{2}\right) \tag{9-25}$$

式(9-25)最后一项远小于其他各项,可将其略去,令

$$N_\gamma = \tan^5\left(45° + \frac{\varphi}{2}\right) \tag{9-26}$$

$$N_{c} = 2\tan\left(45° + \frac{\varphi}{2}\right)\left[1 + \tan^2\left(45° + \frac{\varphi}{2}\right)\right] \tag{9-27}$$

$$N_{q} = \tan^4\left(45° + \frac{\varphi}{2}\right) \tag{9-28}$$

式(9-25)可写为:

$$q_{f} = \frac{1}{2}\gamma b N_{\gamma} + c N_{c} + q N_{q} \tag{9-29}$$

式中:N_{γ}、N_{c}、N_{q}——承载力系数。

如果破坏面是一曲面,则承载力系数较大,可按以下式确定:

$$N_{\gamma} = \tan^6\left(45° + \frac{\varphi}{2}\right) - 1 \tag{9-30}$$

$$N_{c} = 5\tan^4\left(45° + \frac{\varphi}{2}\right) \tag{9-31}$$

$$N_{q} = \tan^6\left(45° + \frac{\varphi}{2}\right) \tag{9-32}$$

以上 N_{γ}、N_{c}、N_{q} 为条形基础的承载力系数。对于方形或圆形基础,承载力系数中仅 N_{c} 有显著改变,可由下式确定:

$$N_{c} = 7\tan^4\left(45° + \frac{\varphi}{2}\right) \tag{9-33}$$

第五节　地基岩体的抗滑稳定性分析

重力坝、支墩坝等挡水建筑物的岩基除承受竖向荷载外,还承受着库水、泥沙等产生的水平荷载作用,因此,坝体和坝基便会产生向下游滑移的趋势。在水利水电工程建设中,坝基岩体抗滑稳定性研究是一项十分重要的内容。

一、坝基岩体承受的荷载分析

坝基岩体承受的荷载大部分是由坝体直接传递来的,主要有坝体的重力、库水的静水压力、泥沙压力、波浪压力、岩基重力、扬压力等。此外,在地震区还有地震作用,在严寒地区还有冻融压力等。由于坝基多呈长条形,其稳定性可按平面问题来考虑。因此,坝体地基受力分析通常是沿坝轴线方向取 1m 宽坝基(单宽坝基)为单位进行计算。

1. 泥沙压力 F

当坝体上游坡面接近竖直面时,作用于单宽坝体的泥沙压力的方向近于水平,并从上游指向坝体。泥沙压力 F 的大小可按朗肯土压力理论来计算,即

$$F = \frac{1}{2}\gamma_{s} h_{s}^2 \tan\left(45° - \frac{\varphi}{2}\right) \tag{9-34}$$

式中:γ_{s}——泥沙重度,kN/m^3;

h_{s}——坝前淤积泥沙厚度,m,可根据设计年限、年均泥沙淤积量及库容曲线求得;

φ——泥沙的内摩擦角(°)。

2. 波浪压力 p

波浪压力的确定比较困难,当坝体迎水面坡度大于 $1:1$,而水深 H_w 介于波浪破碎的临界水深 h_f 和波浪长度 L_w 的二分之一时,即 $h_f < H_w < 0.5L_w$,水深 H'_w 处波浪压力的剩余强度 p' 为:

$$p' = \frac{h_w}{\cosh\left(\dfrac{\pi H'_w}{L_w}\right)} \tag{9-35}$$

式中: h_w——波浪高度,m。

当水深 $H_w > 0.5L_w$ 时,在 $0.5L_w$ 深度以下可不考虑波浪压力的影响,因而,作用于单宽坝体上的波浪压力 p 为:

$$p = \frac{1}{2}\gamma_w\left[(H_w + h_w + h_0)(H_w + p') - H_w^2\right] \tag{9-36}$$

式中: γ_w——水的重度,kN/m³;

$$h_0 = \frac{\pi h_w^2}{L_w}。$$

波浪高度 h_w 和波浪长度 L_w 可以根据风吹程 D 和风速 v 来确定,即:

$$h_w = 0.0208v^{\frac{5}{4}}D^{\frac{1}{3}} \tag{9-37}$$

$$L_w = 0.304vD^{\frac{1}{2}} \tag{9-38}$$

式中,风速 v 应根据当地气象部门实测资料确定;吹程 D 是沿风向从坝址到水库对岸的最远距离,可根据风向和水库形状确定。

3. 扬压力 U

扬压力对坝基抗滑稳定的影响很大,相当数量的毁坝事件是由扬压力的剧增引起的。扬压力一般被分解为浮托力 U_1 和渗透压力 U_2 两部分。浮托力的确定方法比较简单,渗透压力的确定则比较困难,但至今仍没有找到一种准确有效地确定渗透压力的方法。

如图 9-15,在没有灌浆和排水设施的情况下,坝底渗透压力 U_2 可按下式确定:

$$U_2 = \gamma_w B \frac{\lambda_0 h_1 + h_2}{2} \tag{9-39}$$

式中: U_2——单宽坝底所受渗透压力,kN;

B——坝底宽度,m;

λ_0——不大于 1.0 的系数,但为安全起见,目前大多数设计取 1.0;

h_1、h_2——分别为坝上游和下游水的深度,m。

当坝基有灌浆帷幕和排水设施时,必将改变渗

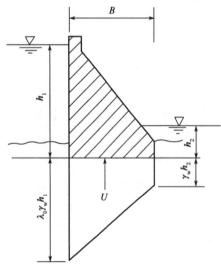

图 9-15　坝底渗透压力的分布

透压力的分布。此时,坝底上渗透压力的大小取决于h_1,h_2,B,坝基岩体的渗透性能,灌浆帷幕的厚度和深度,排水孔间距以及这些措施的效果等因素。渗透压力的确定通常先根据经验对具体条件下的渗透压力分布图,进行某些简化,然后再根据这些简化图形计算扬压力。如果仅有排水设施,可以在$\lambda_0 = 0.8 \sim 0.9$时按式(9-39)确定U_2。如果能够确定坝基岩体内地下水渗流的水力梯度I,也可以按下式计算渗透压力:

$$U_2 = \gamma_w I \tag{9-40}$$

二、坝基岩体的破坏模式

根据坝基失稳时滑动面的位置可以把坝基滑动破坏分为三种类型,即接触面滑动、岩体内滑动和混合型滑动,这三种滑动类型发生与否在很大程度上取决于坝基岩体的工程地质条件和性质。

1. 接触面滑动

接触面滑动是坝体沿着坝基与岩基接触面发生的滑动,如图9-16所示。由于接触面剪切强度的大小除与岩体的力学性质有关外,还与接触面的起伏差和粗糙度、清基干净与否、混凝土强度等级以及浇筑混凝土的施工质量等因素有关。因此,对于一个具体的挡水建筑物来说,是否发生接触面滑动,不单纯取决于岩基质量的好坏,而往往受设计和施工方面的因素影响很大。正是由于这种原因,当坝基岩体坚硬完整,其强度远大于接触面强度时,最可能发生接触面滑动。

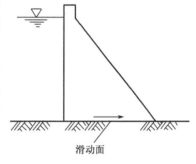

图9-16 接触面滑动示意图

2. 岩体内滑动

岩体内滑动是坝体连同一部分岩体在倾斜荷载作用下,沿着坝基岩体内的软弱面发生的滑动破坏。该类型滑动破坏主要受坝基岩体中发育的结构面网络所控制,而且只在具备滑动几何边界条件的情况下才有可能发生。根据结构面的组合特征,特别是可能滑动面的数目及其组合特征。按可能发生滑动的几何边界条件可大致将岩体内滑动划分为5种类型,如图9-17所示。

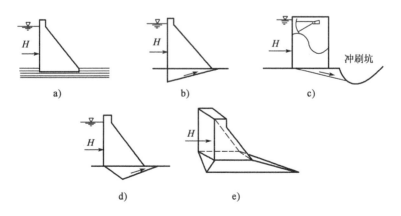

图9-17 岩体内滑动类型示意图

（1）沿水平软弱面滑动。当坝基为产状水平或近水平的岩层而大坝基础砌置深度又不大,坝趾部被动压力很小,岩体中又发育有走向与坝轴线垂直或近于垂直的高倾角破裂构造面时,往往会发生沿层面或软弱夹层的滑动,如图9-17a)所示。例如西班牙梅奎尼扎(Mequinenza)坝就坐落在埃布罗(Ebro)河近水平的沉积岩层上,该坝为重力坝,坝高77.4m,长451m,坝基为渐新统灰岩夹褐煤夹层,经抗滑稳定性分析,有些坝段的岩基稳定性系数不够,为保证大坝安全不得不进行加固。我国的葛洲坝水利枢纽以及朱庄水库等水利水电工程坝基岩体内也存在缓倾角泥化夹层问题,为了防止大坝沿坝基内近水平的泥化夹层滑动,在工程的勘测、设计以及施工中,均围绕着这一问题展开了大量的研究工作,并都因地制宜地采取了有效的加固措施。

（2）沿倾向上游软弱结构面滑动。可能发生这种滑动的几何边界条件必须是坝基中存在着向上游缓倾的软弱结构面,同时还存在着走向垂直或近于垂直坝轴线方向的高角度破裂面,如图9-17b)所示。在工程实践中,可能发生这种滑动的边界条件常常遇到,特别是在岩层倾向上游的情况下更容易遇到。例如上犹江电站坝基便具备这种类型滑动的边界条件(图9-18)。

（3）沿倾向下游软弱结构面滑动。可能发生这种滑动的几何边界条件是坝基岩体中存在着倾向下游的缓倾角软弱结构面和走向垂直或近于垂直坝轴线方向的高角度破裂面,并在下游存在着切穿可能滑动面的自由面,如图9-17c)所示。一般来说,当这种几何边界条件完全具备时,坝基岩体发生滑动的可能性最大。

（4）沿倾向上下游两个软弱结构面滑动。当坝基岩体中发育有分别倾向上游和下游的两个软弱结构面以及走向垂直或近于垂直坝轴线的高角度切割面时,坝基存在着这种滑动的可能性,如图9-17d)所示。图9-19所示的乌江渡电站坝基就具备这种几何边界条件。一般来说,当软弱结构面的性质及其他条件相同时,这种滑动较沿倾向上游软弱结构面滑动要容易,但较沿倾向下游软弱结构面滑动要难一些。

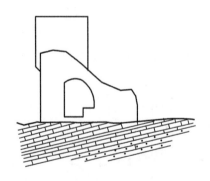

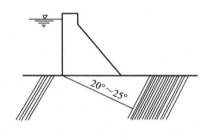

图9-18　上犹江电站坝基板岩中的泥化夹层图　　　　图9-19　乌江渡电站坝基地质情况示意图

（5）沿交线垂直坝轴线的两个软弱结构面滑动。可能发生这种滑动的几何边界条件是坝基岩体中发育有交线垂直或近于垂直坝轴线的两个软弱结构面,且坝趾附近倾向下游的岩基自由面有一定的倾斜度,能切穿可能滑动面的交线,如图9-17e)所示。

3. 混合型滑动

混合型滑动则是部分沿接触面、部分沿岩体内结构面发生的。它是接触面滑动和岩体内滑动的组合破坏类型。

三、坝基岩体抗滑稳定性计算

坝基岩体抗滑稳定性计算,需在充分研究岩基工程地质条件的基础上,获得必要的计算参数后才能进行。其结果正确与否取决于滑体几何边界条件的正确性、受力条件分析是否准确全面、各种计算参数的安全系数选取是否合理、是否考虑可能滑面上的强度和应力分布的不均一性、长期荷载的卸荷作用以及其他因素的影响等。一般来说,在这一系列影响因素中,如何正确确定剪切强度参数和安全系数对正确评价岩基的稳定性具有决定意义。

1. 接触面抗滑稳定性计算

对于可能发生接触面滑动的坝体来说,其坝底接触面如果为水平或近于水平,如图9-20所示,其抗滑稳定系数 K 可用下式计算:

$$K = \frac{f(\sum V - U)}{\sum H} \tag{9-41}$$

式中:K——抗滑稳定系数;

f——坝体与岩基接触面的摩擦因数;

$\sum V$、$\sum H$——分别为作用于坝体上的总竖向作用力和水平推力,kN;

U——作用在坝底的扬压力,kN。

当考虑接触面岩体黏聚力时,抗滑稳定系数 K 为:

$$K = \frac{f(\sum V - U) + cl}{\sum H} \tag{9-42}$$

式中:c——接触面岩体的黏聚力,kPa;

l——单宽坝基接触面长度,m。

式(9-41)是近代水坝工程设计中最早提出来的计算公式,它忽略了接触面的黏聚力而只考虑了内摩擦力。式(9-42)是20世纪30年代初提出来的,其特点是考虑了黏聚力。

有时为增大坝基抗滑稳定性系数,将坝体和岩体接触面设计成向上游倾斜的平面,如图9-21所示。这时,抗滑力 R 为:

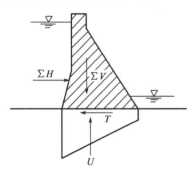

图 9-20 接触面抗滑稳定性计算

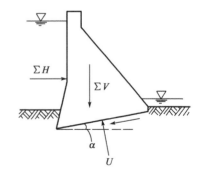

图 9-21 坝底面倾斜接触面抗滑稳定性计算

$$R = f(\sum H \sin\alpha + \sum V \cos\alpha - U) + cl \tag{9-43}$$

滑动力 F 为:

$$F = \sum H \cos\alpha - \sum V \sin\alpha \tag{9-44}$$

则接触面的抗滑稳定性系数 K 为:

$$K = \frac{f(\sum H\sin\alpha + \sum V\cos\alpha - U) + cl}{\sum H\cos\alpha - \sum V\sin\alpha} \tag{9-45}$$

式中：α——接触面与水平面的夹角。

2. 坝基岩体内滑动的稳定性计算

坝基岩体内滑动的稳定性分析，首先应根据岩体软弱结构面的组合关系，充分研究可能发生滑动的各种几何边界条件，对每一种可能的滑动都确定出稳定性系数，然后根据最小的稳定性系数与所规定的稳定安全系数相比较进行评价。

下面就分别论述各种类型的岩体内滑动的抗滑稳定性计算问题：

（1）沿水平软弱结构面滑动的稳定性计算

大坝可能沿水平软弱结构面发生滑动的情况多发生在水平或近水平产状的岩基中，由于岩层单层厚度多小于 2.0m，因此，可能沿之发生滑动的层面距坝底较近，在抗滑力中不应再计入岩体抗力。如果滑动面埋深较大则应考虑岩体的影响。

将坝基可能滑动面上总的法向压力 $\sum V$ 和切向推力 $\sum H$ 求得后，可按式（9-42）确定抗滑稳定性系数 K，这时，式（9-42）中的 f、c 分别为可能滑动面的摩擦因数和黏聚力，l 为可能滑动面的长度（m）。

（2）沿倾向上游软弱结构面滑动的稳定性计算

如图9-22所示，当坝基具备这种滑动的几何边界条件时可按下式计算其抗滑稳定性系数：

$$K = \frac{f(\sum V\cos\alpha + \sum H\sin\alpha - U) + cl}{\sum H\cos\alpha - \sum V\sin\alpha} \tag{9-46}$$

（3）沿倾向下游软弱结构面滑动的稳定性计算

当坝基岩体中具备这种滑动的几何边界条件时，对大坝的抗滑稳定最为不利。此时，坝体与坝基承受的作用力如图9-23所示，其稳定性系数为：

$$K = \frac{f(\sum V\cos\alpha - \sum H\sin\alpha - U) + cl}{\sum H\cos\alpha + \sum V\sin\alpha} \tag{9-47}$$

比较式（9-46）和式（9-47），可以看出，当其他条件相同时，沿倾向上游软弱结构面滑动的稳定性系数将显著大于沿倾向下游软弱结构面滑动的稳定性系数。

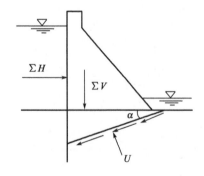

图9-22　倾向上游结构面滑动稳定性计算

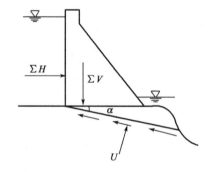

图9-23　倾向下游结构面滑动稳定性计算

（4）沿两个相交软弱结构面滑动的稳定性计算

沿两个相交软弱结构面滑动可分为两种情况：一种是沿着分别倾向上下游的两个软弱结

构面的滑动,如图 9-17d)所示;另一种是沿交线垂直坝轴线方向的两个软弱结构面的滑动,如图 9-17e)所示。后者的抗滑稳定性是两个软弱结构面抗滑稳定的叠加;前者抗滑稳定性系数一般可用非等 K 法和等 K 法计算。

如图 9-24 所示,分析时将滑动体分成 ABD 和 BCD 两部分。由于 BCD 所起的作用是阻止 ABD 向前滑动,故把 BCD 称为抗力体。抗力体作用在 ABD 的力 P 称为抗力,P 的作用方向有三种假设:第一,P 与 AB 面平行;第二,P 垂直于 BD 面;第三,P 与 BD 面的法线方向成 φ 角,φ 为 BD 面的内摩擦角。一般常假定 P 与 AB 面平行,以下分析采用该假定。

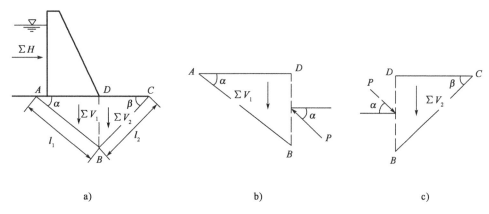

图 9-24 倾向上下游两个结构面滑动稳定性计算

①非等 K 法

滑体 ABD 抗力体 BCD 的稳定系数 K_{ABD}、K_{BCD} 分别为:

$$K_{ABD} = \frac{f_1 \left(\sum V_1 \cos\alpha - \sum H \sin\alpha - U_1 \right) + c_1 l_1 + P}{\sum V_1 \sin\alpha + \sum H \cos\alpha} \tag{9-48}$$

$$K_{BCD} = \frac{f_2 \left(\sum V_2 \cos\beta + P \sin(\alpha + \beta) - U_2 \right) + c_2 l_2}{P \cos(\alpha + \beta) - \sum V_2 \sin\beta} \tag{9-49}$$

式中:f_1、f_2——AB 面和 BC 面摩擦因数;

$\sum V_1$、$\sum V_2$——作用在滑体 ABD 和抗力体 BCD 的总竖向作用力;

$\sum H$——作用在坝体上总的水平推力;

U_1、U_2——作用在 AB、BC 面上的扬压力;

c_1、c_2——AB、BC 面岩体黏聚力;

l_1、l_2——AB、BC 面长度;

α、β——AB、BC 面与水平面的夹角;

P——抗力。

令 $K_{ABD} = 1$,由式(9-48)得抗力 P,代入式(9-49),可得 K_{BCD},即为表示坝基抗滑稳定性系数。有时根据地质条件,也可反过来先假设 $K_{BCD} = 1$ 求得 K_{ABD},以 K_{ABD} 作为坝基抗滑稳定性系数。

②等 K 法

等 K 法分为非极限平衡等 K 法和极限平衡等 K 法两种。

若令式(9-48)、式(9-49)中的 $K_{ABD} = K_{BCD} = K$,联立求解获得 K,即为非极限平衡等 K 法。

极限平衡等 K 法是将 AB、BC 面上的抗剪指标 c_1、f_1、c_2、f_2 同时降低 K 倍,使滑体 ABD 和抗力体 BCD 都处于极限平衡状态,即 $K_{ABD} = K_{BCD} = 1$,因此有:

$$\frac{f_1}{K}\left(\sum V_1\cos\alpha - \sum H\sin\alpha - U_1\right) + \frac{c_1}{K}l_1 + P = \sum V_1\sin\alpha + \sum H\cos\alpha \tag{9-50}$$

$$\frac{f_2}{K}\left[\sum V_2\cos\beta + P\sin(\alpha+\beta) - U_2\right] + \frac{c_2}{K}l_2 = P\cos(\alpha+\beta) - \sum V_2\sin\beta \tag{9-51}$$

联立式(9-50)、式(9-51),即可获得极限平衡等 K 法的坝基稳定性系数 K。

第六节　地基岩体的加固措施

建(构)筑物地基中所存在的褶皱、破裂和折断等不良地质条件直接影响到建(构)筑物地基的选用。对于设计等级较高的建(构)筑物,首先在选址时就应该尽量避开构造破碎带、断层、软弱夹层、节理裂隙密集带,溶洞发育等地段,将建(构)筑物选在良好的岩基上。但实际上,任何地区都难找到十分理想的地质条件,多少存在着各种各样的不足。因此,一般的岩基都需要进行一定的处理,以确保建(构)筑物的安全。

处理过的岩基应达到如下的要求:

(1)地基的岩体应具有均一的弹性模量和足够的抗压强度。尽量减少建(构)筑物修建后的绝对沉降量。要注意减少地基各部位间出现的拉应力和应力集中现象,使建(构)筑物不致倾覆、滑动和断裂。

(2)建(构)筑物的基础与地基之间要保证结合紧密,有足够的抗剪强度,使建(构)筑物不致因承受水压力、土压力、地震力或其他推力而沿着某些抗剪强度低的软弱结构面滑动。

(3)对于坝基,则要求有足够的抗渗能力,使库区蓄水后不致产生大量渗漏,以避免增高坝基扬压力和恶化地质条件,导致坝基不稳。

为了达到上述要求,一般采用如下处理方法:

(1)开挖和回填是处理岩基的最常用方法,对断层破碎带、软弱夹层、带状风化等较为有效。若其位于表层,一般采用明挖,局部的用槽挖或洞挖等,使基础位于比较完整的坚硬岩体上。如遇破碎带不宽的小断层,可采用"搭桥"的方法,以跨过破碎带。对一般张开裂隙的处理,可沿裂隙凿成宽缝,再回填混凝土。

(2)固结灌浆可以改善岩体的强度和变形,提高岩基的承载能力,达到防止或减少不均匀沉降的目的。固结灌浆是处理岩基表层裂隙的最好方法,它可使基岩的整体弹性模量提高1～2倍,对加固岩基有显著的作用。

(3)增加基础开挖深度或采用锚杆与插筋等方法提高岩体的力学强度。

(4)对于坝基,在坝基上游做一道密实帷幕灌浆,并在帷幕上加设排水孔或排水廊道,使坝基的渗漏量减少、扬压力降低和排除管涌事故。帷幕灌浆一般用水泥浆或黏土泥浆灌注,有时也用热沥青灌注。

【思考题与习题】

1.岩基工程有哪些特点？岩基上常用的基础形式有哪几种？

2. 岩基上柔性基础和刚性基础沉降计算有何区别?

3. 岩基破坏模式有哪几种? 如何确定岩基承载力?

4. 重力坝坝基破坏模式有哪些? 如何计算不同破坏模式下坝基的稳定性?

5. 岩基的加固措施主要有哪些?

6. 某建筑场地地基为紫红色泥岩,在同一岩层(中风化)取样,测得其饱和单轴抗压强度值为 3.6MPa、4.7MPa、5.8MPa、6.2MPa、4.5MPa、8.1MPa。取折减系数 $\psi_r = 0.20$,求该岩基承载力特征值。

7. 某岩基上圆形刚性基础,直径为 0.5m,基础上作用有 $N = 1000\text{kN/m}$ 的荷载,基础埋深 1m,已知岩基变形模量 $E_m = 400\text{MPa}$,泊松比 $\mu = 0.2$,求该基础沉降量。

8. 某岩基各项指标如下: $\gamma = 25\text{kN/m}^3$,$c = 30\text{kPa}$,$\varphi = 30°$,若作用一条形荷载,宽度 $b = 1\text{m}$,则按基脚岩体直线剪切破坏计算岩基极限承载力。

9. 某混凝土坝重 90000kN(以单位宽度 1m 计),建在岩基上,如题 9 图所示。岩基为粉砂岩,重度 $\gamma = 27\text{kN/m}^3$,坝基内有一倾向上游的软弱结构面 BC,该面与水平面成 15° 角。结构面的黏聚力 $c = 200\text{kPa}$,摩擦因数 $f = 0.36$。建坝后由于某原因在坝踵岩体内产生一条铅直张裂隙,与软弱结构面 BC 相交,张裂隙的深度为 25m,设 BC 内的水压力按线性规律减少。问库内水位上升高度 H 达到何值时,坝体和地基开始沿 BC 面滑动?

10. 一混凝土重力坝横断面如题 10 图所示,坝基内存在两组结构面 AB 和 BC,工程地质勘察表明,ABC 为最危险的滑动体。已知坝基岩体重度为 22.5kN/m³,坝体混凝土重度为 21.5kN/m³。结构面 AB 的抗剪强度指标: $c_1 = 0.34\text{MPa}$,$f_1 = 0.39$;结构面 BC 的抗剪强度指标: $c_2 = 0.32\text{MPa}$,$f_2 = 0.34$。结构面 AB 的倾角 α 为 28.5°,结构面 BC 的倾角 β 为 41°。不考虑地下水的静水压力、动水压力及地震力的作用,其他几何尺寸如题 10 图所示。试分别用非等 K 法和等 K 法计算坝基的稳定性系数。

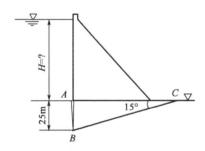

题 9 图

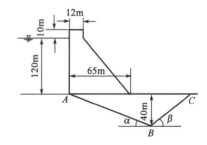

题 10 图

第十章
岩体力学的研究现状及展望

【学习要点】

了解岩体力学研究的新方法、发展方向及学科前沿。

第一节　概　　述

岩体作为一种经历并隐含了复杂的应力、变形及损伤历史的地质体,其在构造上呈现出高度的各向异性、非均质性和非连续性,在力学性能上表现出强烈的非线性、非弹性和黏滞性。岩体变形与强度特性不仅依赖于当前的应力与变形状态,而且与应力历史、加载速率、含水量以及赋存状态等因素密切相关。因此,岩体力学研究的对象——岩石(体)大多具有高度的不确定性与非线性,并受到地质构造、地应力、水、温度、压力、开挖施工乃至水化学腐蚀的影响。

目前在岩体力学研究中主要采用的是以连续介质力学为基础的确定性研究方法。这种一对一的映射研究方法,使得岩体力学模型越来越复杂,在一定程度上影响了有关的实际应用。当前,随着现代数学、力学和计算机科学的迅速发展以及我国基础工程建设向山区迅猛发展的需要,许多学科已渗透到岩体力学领域,新兴的科学理论如分形几何、锁固理论、混沌、突变理论、智能算法协同论等已应用于岩体力学,并不断开创出新的研究领域,大大推动了岩体力学的发展。

第二节 岩体力学研究现状

1962年国际岩石力学学会成立以来,大大促进了现代岩体力学学科的发展。中国岩石力学与工程学会于1985年6月成立,在以陈宗基、潘家铮、孙钧、王思敬、钱七虎等为代表的几代科学家的带领下,紧密结合大型岩石工程实践,从三峡、小湾、溪洛渡、锦屏、南水北调等大型水利、水电工程,青藏、京沪、沪昆、兰渝等铁路工程,国家干线高速公路工程,港珠澳、杭州湾等跨海大桥工程,国防地下工程,到抚顺、大同、金川等矿山工程,开展了"六五"至"十三五"等专项攻关和"973"计划等课题的科研工作,取得了巨大的成就。

一、岩石强度和强度准则

以最大剪应力为基础的Mohr强度没有考虑中间主应力对材料强度的影响,俞茂宏1961年提出了双剪概念,并在1991年发表统一强度理论公式,后又提出非线性统一强度理论,将经典理论作为该理论的特例或线性逼近。50年来,该理论已融入塑性力学、断裂力学、损伤力学等学科,并广泛应用于机械零件、混凝土构件以及岩土工程的强度分析。统一强度理论扩展到三向拉伸区,更适用于岩土材料和岩土工程,也使统一强度理论在理论上更趋完善。

郑颖人、沈珠江、龚晓南和殷有泉等发展了岩土塑性力学及其本构模型,并在应变空间塑性理论、多重屈服面理论及广义塑性力学理论方面取得了较大进展,特别是郑颖人等以考虑岩石内摩擦特性的剪切应变能达到某个极限屈服值为假设前提,从理论上建立了岩土材料的抗剪能量屈服准则,考虑了中间主应力的影响。殷有泉提出用应变空间表达岩土的本构关系,使岩土的应变软化硬化问题、弹塑性耦合问题得到较好地解决。哈秋舲提出卸载条件下的岩体本构模型,李建林进一步研究了节理岩体卸载非线性力学特性,并应用于实际工程。

二、岩石的流变性状

20世纪20~30年代,流变力学形成了独立的学科。流变是岩石材料的重要力学特征,许多工程问题(采矿、大坝、桥墩、石油开采、能源和放射性核废料储存、边坡及地下构筑物的稳定性等)都与岩石的流变特性密切相关。

我国岩石流(蠕)变的研究始于1958年。陈宗基指导了长江三峡平硐围岩的蠕变试验研究,提出了岩石蠕变的特性,建立了岩体长期稳定强度的本构方程。20世纪60~70年代,陈宗基率先对宜昌砂岩进行了扭转蠕变试验,研究了岩石的封闭应力和蠕变扩容现象,并指出蠕变和封闭应力是岩石性状中的2个基本因素。

目前,岩石流变损伤断裂的研究主要集中在探讨岩石蠕变损伤、蠕变断裂及其耦合机制。孙钧等对软岩的非线性流变力学特性进行了理论预测和试验研究,提出了统一的三维大变形非线性黏弹塑性流变本构模型及其算法,并将其应用于地下工程中。杨春和等在盐岩工程力学试验及理论研究方面,建立了能有效反映深层盐岩流变特性的数学力学模型和计算分析方法。

三、岩石断裂与损伤力学

岩石断裂与损伤力学是岩石力学的一个重要分支。岩石和金属断裂与损伤力学的根本区别在于研究材料的特性、断裂机制及工作条件。于学馥详细论述了岩石力学与断裂力学的关系；寇绍全也谈到了岩石断裂力学的基本特征问题；周维垣等提出了一种描述岩石、混凝土类材料断裂损伤过程区的细观力学模型，用于分析材料的非线性断裂；谢和平等开展了非线性有限元的节理岩体损伤模型的研究；徐卫亚等基于概率论和损伤力学建立了岩石弹塑性损伤统计本构模型；朱珍德等通过不同层次的试验研究与理论分析，给出了渗透水压作用下岩石破裂产生的微观破坏力学机制。

20 世纪 90 年代至今，随着计算机的发展和人们对现实世界的认识加深，结合传统的理论分析，运用新的试验和数值分析方法对岩体的断裂和损伤开展了更深入的研究。李世愚等进一步发展了节理岩体的蠕变损伤断裂机制、损伤演化方程和本构关系；朱维申和李术才从弹性断裂入手对弹性体中的三维裂纹扩展理论问题进行探索，并采用数值方法对三维开裂机制进行模拟；葛修润等借助 CT 技术对三维裂纹开裂问题、破坏机制进行了有益探索。

近年来，许多学者从宏观尺度开展了岩体断裂和损伤力学研究。周宏伟和谢和平探讨了岩石破裂面的各向异性特征；张强勇等应用断裂损伤力学，研究了断续节理岩体开挖卸载过程中渐近破坏的力学机制；杨强等基于经典弹塑性理论，研究了水利工程中岩石破坏的损伤变形破坏。

四、岩石动力响应

岩石动力特性的研究主要包括冲击动力学和爆炸动力学两大方面。李海波等利用动载试验机系统研究了应变率小于 $10s^{-1}$ 时岩石的动力学特性；李夕兵等认为利用半正弦波加载是 SHPB 岩石冲击试验的理想波形，并被国际岩石力学学会动力学委员会推荐为建议方法；鞠杨等应用 SHPB 试验和分形方法，研究节理岩石的应力波动与能量耗散关系。在岩石爆炸动力学特性研究中，研究应力波在岩土介质中传播与衰减规律具有很重要的理论意义和工程实践价值。钱七虎等结合工程地质特点，根据断层与节理裂隙带的几何关系，研究爆炸应力波通过节理裂隙带的衰减规律；王明洋等对爆炸与冲击作用下的岩体真实破坏过程作了微细观研究，建立了工程实用的介质在爆炸和冲击作用下统一分阶段连贯的、不同时空尺寸的动力本构模型；伍法权等从工程地质的角度，通过理论推导和原位及模型试验，研究并验证了地震波在岩质边坡中的非线性趋表效应和非线性高程效应；祁生文等进行结构面与岩体动力学试验和数值模拟，探讨结构面在静、动力作用下的扩展及岩体力学性质降低的机制；卢文波和 W. Hustrulid 推导了岩石爆破中质点峰值振动速度衰减公式。

五、岩石多场耦合模型与应用

岩石介质多场耦合主要研究在温度场（T）、渗流场（H）、应力场（M）和化学场（C）的耦合作用下（以下称 THMC），气体、液体、气液二相流体或化学流体在岩石的孔隙中传输，固体骨架和流体中的温度分布及其骨架变形与破坏规律。我国诸多学者在多场耦合方面做了大量的研究工作，周创兵等提出了水利水电工程渗流多层次控制理论，在 THMC 耦合系统中考虑了工程作用（E），形成 THMC-E 广义耦合系统；冯夏庭等对岩石化学—应力—渗流耦合开展了细观力学试验；赵阳升对多孔介质耦合作用进行了较系统的研究；张玉军等利用自开发的有限元程序对孔隙—裂隙介质中热—水—应力进行了数值模拟，同时考虑了核素迁移、应力腐蚀和压力溶解等效应；唐春安等对岩石破裂过程中的渗流—应力—温度耦合进行了大量的数值模拟；

陈卫忠等推导了非饱和岩石在温度—渗流—应力耦合作用下的平衡方程、流体物质守恒方程;周辉等分析了岩石材料变形破坏过程中的有效应力系数和渗透性演化规律;陈益峰等针对核废料地质处置问题,建立了岩土介质多相流 THM 全耦合模型。这些成果对我国水利水电、采矿、油气开发、核废料处置、CO_2 储存以及地下洞室的工程设计与施工具有重要的指导意义。

六、深部岩体力学

随着深部工程的不断增加,深部一些新的岩石力学现象不断出现,如岩爆、岩体分区破裂化、软岩大变形等。

钱七虎和李树忱在国内率先介绍了国外学者关于分区破裂化现象研究的成果,指出了今后的研究方向及其关键问题,提出了深部围岩分区破裂化现象是一个与空间、时间效应密切相关的科学现象。顾金才等通过模拟试验认为轴压力较大是轴向断裂的重要原因;周小平等计算了不同荷载速率影响下的破裂区数量和大小;戚承志等分析了围岩变形破坏随时间演化和破裂区分布问题;贺永年和张后全认为可通过围岩能量分布曲线来确定张拉断裂发生位置。

岩爆是一种世界性的地质灾害,极大地威胁着矿山和岩土工程施工人员和设备的安全。冯夏庭等在岩爆方面做了大量的现场测试等研究工作,并提出了岩爆预测模型;何满潮等研发了应变岩爆机制试验系统和冲击型岩爆试验系统,代表了目前岩爆试验的世界先进水平。预测及评价岩爆危险性最为有效的手段是微震监测,广大学者在该领域开展了大量的研究,并在水电、矿山和隧道工程中得到了广泛应用。

何满潮等根据理论分析和工程实践,初步将深部软岩的变形力学机制归纳为物化膨胀型(Ⅰ)、应力扩容型(Ⅱ)、和结构变形型(Ⅲ)3 大类和 13 种亚类。同时指出,软岩工程大变形难以控制的根本原因是其具有复合型变形力学机制;软岩大变形控制的三大关键因素为:正确地确定软岩的复合型变形机制、有效地转化复合型为单一型以及合理地应用转化技术。伍法权等结合兰渝铁路项目研究了隧道软弱围岩大变形的机理,在现场围岩压力监测和理论分析的基础上针对性地提出了软弱围岩压力增强效应和应力与水压力扰动联合作用两个变形机制。

第三节 岩体力学研究展望

面对 21 世纪不断涌现的新问题,岩体力学学科面临新的挑战。我们很难预测这些新问题的具体内容,但可以从岩体力学发展的基本理论与研究方法及应用领域出发,对其趋势进行展望。

一、岩体力学基本理论与研究方法

1. 岩体本构理论进一步完善

自岩体力学学科创立以来,岩体本构理论一直是岩体力学研究的核心问题,受到许多专家和学者的极大关注和重视,已取得了很大的进展。由于岩体介质的特殊性和复杂性,其本构理论的许多基本问题尚未认识清楚。目前在宏观唯象学基础上建立起来的岩体弹塑性理论、流变学理论以及损伤理论已日趋完善,然而这些模型和理论大多沿用金属固体力学的基本概念和假设。实际上岩体是一种非常复杂的地质材料,其细观结构和金属材料有很大的差别,因而造成了其独特的力学特性,主要包括①非线性体积变化(膨胀与扩容);②非正交塑性与黏性流动;③应变软化;④各向异性。因此研究非局部理论、微极理论以及高应变梯度等岩体本构理论,特别是力学学科中的量子力学以及细观到宏观跨层次的研究将为揭示岩体真实本构理论提供有力的手段,因此开展相关力学特性研究仍是岩体力学发展的一个重要方向。

2. 岩体计算力学

数值计算已被岩体力学研究和工程设计广泛接受,并成为和解析分析相平行的一种力学分析工具。出现了有限元、边界元、离散元、刚体元、流形元、无限元及有限差分等多种数值计算技术,促进了岩体力学学科的发展。但目前的数值计算方法难以模拟岩体的破坏过程,因此岩体计算力学今后发展的方向包括:

(1)岩体工程中岩体破坏与失稳过程的数值仿真,包括细观破坏演化至宏观整体失稳破坏的全过程,用于研究岩体破坏机理和判据。

(2)开发新的岩体连续/非连续高效数值计算模拟技术与方法。

(3)岩体数值计算的可视化方法研究,进行岩体工程的计算机仿真与计算机辅助设计,以此达到生产、设计、施工方案的优化。

3. 耦合岩体力学

天然岩体是一种多相介质,在许多情况下,必须考虑固、液、气、热、化学等的耦合影响,如地下油库、核废料处理、煤矿中瓦斯流动、石油流动、水库大坝等。岩体的热力学效应、渗流力学效应及化学损伤效应互相有着密切的联系,耦合岩体力学主要研究方向包括:

(1)岩体裂隙网络的智能识别和结构面性能的精准描述。

(2)多相介质应力作用的耦合分析,研究液体、气体流经非弹性变形裂隙岩体的渗透性和流动规律。

(3)岩体中应力—热—气(液)体及化学材料渗透耦合分析。

(4)岩体内二相流动的稳定性问题,包括非层流流动和非牛顿效应。

(5)岩石部分物质软化或溶解对应力场、渗流场等的改变。

4. 岩体多时间尺度的时效变形研究

岩体的时效变形中流变特性的研究已经取得了较丰硕的成果,而在不同加载路径及应力变化条件下的岩体时效变形试验和分析研究尚待深入。饱和岩石的蠕变特性已有所研究,而在渗流条件下,渗透压和渗透梯度的影响、渗流流体对岩石化学蚀变影响、温度及热力效应以及岩石破裂过程的时效性等有待进一步研究,以期探索协同时效变形理论和试验研究方法,发展多过程和多尺度耦合流变本构模型。而对各向异性岩石及损伤断裂岩石的非线性流变本构模型也有待进一步完善。

5. 岩体力学多尺度问题的协同统一

岩体介质存在固有的空间多尺度特性,反映了不同尺度岩体结构性的构成和分布特征,在复杂工程中研究其性能时必须加以考虑。未来借助于室内小尺度和工程现场大尺度融合分析,开展岩石介质、岩体结构面、岩体结构微观、细观、宏观多尺度试验和数值研究是将来的热点和难点,特别是岩石量子力学的研究有助于将岩体力学推进到一个新水平。

6. 岩体初始应力场和工程扰动效应统一分析

岩体应力、应力释放及地应力场演化是岩体力学过程中的内在力源，理应受到高度的重视。但是关于岩体的内应力状态及可能的释放条件同岩体的结构和力学性能尚研究得不够深入。岩体初始应力是由自重应力、现今活动构造应力、残余构造应力以及成岩结晶和胶结应力等构成。它们对岩体变形和破坏的作用不同，在岩体强度和工程扰动效应的研究中，需要进一步研究与分析非协调变形产生的自平衡封闭应力，以及多年冻土和可燃冰工程热扰动问题。而在深部及破碎岩体中准确测定原岩应力的方向、大小，也是岩体工程中的难点问题。

7. 岩体静、动力学协同统一

静态与动态岩体力学均有很多的深入研究成果，然而不同加载速率及加载波形对岩体变形、破裂和破坏的协同统一研究尚显不够。通过系统的静、动态岩石(体)力学试验，了解其机制的异同性，探索统一的破坏判据和强度理论十分必要。不同的静、动荷载在岩石(体)中的应力分布和超应力荷载有所区别，破裂、破坏耗散能量不同。这反映了岩石(体)固有的碎裂化能的不同，因而动、静态岩石(体)强度存在某种关联性。当动载作用于具有一定静应力状态的岩石(体)时，其动、静荷载对岩石(体)的综合效应机制尚未得到充分的研究。岩体爆破动力学的理论研究，以及在爆炸力作用下岩体的变形场及本构模型均有待进一步完善。高能量爆炸和核爆炸中岩体受到超高温、高压作用，岩体的局部熔融和挤压碎裂化使得其本构方程极为复杂，目前的研究尚显不够。

8. 工程短期与长期效应(工程时效性)相协调

针对岩石的流变特性的研究已经取得了较丰硕的成果，而针对岩石工程短期与长期相协调的时效变形试验和分析研究尚待深入。运行工况静力稳定，是岩石工程作为其使用属性在设计寿命内最基本的要求，对不同的岩石工程其核心稳定对象会有不同，如边坡是保证潜在滑动面的稳定，地下工程则是保证围岩的稳定；特殊工况动力稳定则指在地震等工况下，满足抗震设计要求的性能，保证岩石与人工结构的安全稳定。因此，考虑工程短期与长期时间效应结合就是要考虑岩石工程施工工况的临时稳定、运行工况静力稳定以及特殊工况动力稳定的有机结合。

二、岩体力学新兴应用领域

岩体力学理论与工程相互验证，结合重大岩体工程，岩体力学学科取得了一系列成就。伴随着科技进步和重大、超级工程的兴起以及人类活动空间的延伸，岩体力学的应用领域不断拓展。

1. 深部岩体工程

深部或极深部岩体力学是未来人类活动走向地球深部必须面对的永恒的课题。当今世界范围内深部矿产和非常规油气开采、深部热能开采、深部能源存储、CO_2 地质封存、核废料深部处置、水电站深埋洞室以及地震预测预报等都有待于深部岩体力学理论的发展和科学指导，极深地下实验室对岩体应力、磁学、声学特性的联合监测等都是极富挑战性的研究领域。这要求对地球深部岩体力学特性及深部岩体致裂机制、压裂控制及渗流特征做进一步创新研究。

2. 水下岩体工程

人类工程活动从陆地向海洋(江河湖)拓展，水下岩体工程成为当前工程建设领域重要的组成部分,如跨海隧道、跨海大桥、岛礁工程、海洋军事设施、海上钻井平台、跨江(河)工程等均对岩体力学的发展提出了新的要求和挑战。然而,目前对水下岩体工程所涉及的岩体防渗、防腐、稳定性、耐久性,以及水下饱和岩体力学性能,抗风浪和抗冲刷能力等存在认识不足和研究有待深入等问题,需要开展进一步研究工作。

3. 岩体力学与环境

为了实现经济可持续发展,正确认识发展和环境的辩证关系,需要重视岩体力学与环境之间的相互作用。例如,地下开采引起地表沉陷破坏了原有的生态环境,并且造成地下水水位下降。不适当的大坝建设也会带来严重的环境问题,如河口渔业衰退、江河水位下降等。考虑到以上因素,应该把环境因素放在岩土工程建设的首位进行综合研究。因此岩体力学的发展与环境科学相互交叉成为岩体力学发展的一个新方向。

4. 外太空岩体力学性质研究

随着人类科技进步,对外太空探索不断拓展,岩体力学学科的研究必将向外太空星球延伸。而外太空星球的重力场、湿度场、温度场,以及岩体组成及其形成环境与地球迥异,因此需要我们结合外太空星球的形成、地质环境以及人类活动需求开展相应的岩体力学体系。

岩体力学室内试验指导书

试验一　块体密度试验

试验目的

块体密度是一个间接反映岩石致密程度、孔隙发育程度的参数,也是评价工程岩体稳定性及确定围岩压力等必需的计算指标。根据岩石含水状态,块体密度可分为天然密度、干密度和饱和密度。岩石块体试验可分为量积法、水中称量法和蜡封法。凡能制备成规则试件的各类岩石,宜采用量积法。除遇水崩解、溶解和干缩湿胀的岩石外,均可采用水中称量法。不能用量积法或水中称量法进行测定的岩石,宜采用蜡封法。

I　量　积　法

一、基本原理

由岩石的块体密度定义可知,可通过测定规则岩石试样的体积和质量来求岩块密度。量积法的基本原理是把岩石加工成形状规则(圆柱体、方柱体或立方体)的试样。用卡尺测量试样的尺寸,求出体积,并用天平称取试样的质量,然后根据公式计算岩石的块体密度。

二、主要仪器设备

(1)钻石机、切石机、磨石机、砂轮机等。
(2)烘箱和干燥器。
(3)天平。

（4）测量平台。

（5）水中称量装置。

（6）游标卡尺。

三、试样描述

试验描述应包括下列内容：

（1）岩石名称、颜色、矿物成分、结构、构造、风化程度、胶结物性质等。

（2）节理裂隙的发育程度及其分布。

（3）试件的形态。

四、试样制备

（1）量积法试件应符合下列要求：

①试件尺寸应大于岩石最大矿物颗粒直径的 10 倍，最小尺寸不宜小于 50mm。

②试件可采用圆柱体、方柱体或立方体。

③沿试件高度、直径或边长的误差不应大于 0.3mm。

④试件两端面不平行度误差不应大于 0.05mm。

⑤试件端面应垂直试件轴线，最大偏差不得大于 0.25°。

⑥方柱体或立方体试件相邻两面应相互垂直，最大偏差不得大于 0.25°。

（2）测湿密度时，每组试验试件数量不宜少于 5 个；测干密度时，每组试验试件数量不得少于 3 个。

五、试验操作步骤

量积法试验应按下列步骤进行：

（1）应量测试件两端和中间三个断面上相互垂直的两个直径或边长，应按平均值计算截面积。

（2）应量测两端面周边对称四点和中心点的 5 个高度，计算高度平均值。

（3）应将试件置于烘箱中，在 105 ~ 110℃ 温度下烘 24h，取出放入干燥器内冷却至室温，应称烘干试件质量。

（4）长度量测应准确至 0.02mm，称量应准确至 0.01g。

六、试验成果整理和计算

采用量积法，岩石块体干密度应按下式计算：

$$\rho_d = \frac{m_s}{Ah}$$

式中：ρ_d——岩石块体干密度，g/cm^3；

m_s——干试件质量，g；

A——试件截面积，cm^2；

h——试件高度，cm。

岩石块体密度试验记录表（量积法）见表 1。

表1

岩石块体密度试验记录表（量积法）

试样编号	序号	岩性描述	干试样质量 m_s (g)	试样尺寸（mm）				试样体积 v（cm³） $V=\dfrac{\pi D^2 h}{4}$ 或 $V=Lbh$	岩石块体干密度 ρ_d（g/cm³） $\rho_d=\dfrac{m_s}{V}$		备 注
				长 L	宽 b	高 h	直径 D		单值	平均值	

实验者：　　　　　　计算者：　　　　　　校核者：　　　　　　年　月　日

Ⅱ 蜡 封 法

一、基本原理

蜡封法是将已知质量的小岩块浸入融化的石蜡中,使试样沾有一层蜡外壳,保持完整的外形。分别测量带有蜡外壳的试样在空气中和水中的质量,然后根据阿基米德原理,计算试样的体积和密度。

二、主要仪器设备

(1)烘箱和干燥器。

(2)石蜡及熔蜡工具。

(3)天平:称量 100~500g,感量 0.01g。

(4)其他:烧杯、线、温度计、针、烧杯架等。

三、试样描述

试样描述应包括下列内容:

(1)岩石名称、颜色、矿物成分、结构、构造、风化程度、胶结物性质等。

(2)节理裂隙的发育程度及其分布。

(3)试件的形态。

四、试样制备

(1)蜡封法试件宜为边长 40~60mm 的浑圆状岩块。

(2)测湿密度时,每组试验试件数量不宜少于 5 个;测干密度时,每组试验试件数量不得少于 3 个。

五、试验操作步骤

(1)测湿密度时,应取有代表性的岩石制备试件并称量;测干密度时,试件应在 105~110℃ 温度下烘 24h,取出放入干燥器内冷却至室温,称烘干试件质量。

(2)应将试件系上细线,置于温度 60℃ 左右的熔蜡中 1~2s,使试件表面均匀涂上一层蜡膜,其厚度约 1mm。当试件上蜡膜有气泡时,应用热针刺穿并用蜡涂平,待冷却后应称蜡封试件质量。

(3)应将蜡封试件置于水中称量。

(4)取出试件,应擦干表面水分后再次称量。当浸水后的蜡封试件质量增加时,应重做试验。

(5)湿密度试件在剥除密封蜡膜后,应称试件烘干前的质量,然后将试件置于烘箱内,在 105~110℃ 的温度下烘干 24h,接着将试件从烘箱中取出,放入干燥器内冷却至室温,应称烘干后试件的质量(称量应准确至 0.01g)然后计算岩石含水率。

表2

岩石块体密度试验记录表（蜡封法）

试样编号	序号	岩性描述	干试样质量(g)	试样加石蜡质量 m_1(g)	试样加石蜡在水中的质量 m_2(g)	试样加石蜡的体积 V_1(cm³) $V_1=\dfrac{m_1-m_2}{\rho_{wt}}$	石蜡体积 V_2(cm³) $V_2=\dfrac{m_1-m_2}{\rho_n}$	岩石块体干密度 ρ_d(g/cm³) $\rho_d=\dfrac{m_s}{V_1-V_2}$ 单值	平均值	备 注

实验者：　　　　　　计算者：　　　　　　校核者：　　　　　　　年　月　日

六、试验成果整理和计算

采用蜡封法,岩石块体干密度和块体湿密度应分别按下列公式计算:

$$\rho_d = \frac{m_s}{\dfrac{m_1 - m_2}{\rho_w} - \dfrac{m_1 - m_s}{\rho_p}}$$

$$\rho = \frac{m}{\dfrac{m_1 - m_2}{\rho_w} - \dfrac{m_1 - m}{\rho_p}}$$

式中:ρ——岩石块体湿密度,g/cm^3;

m——湿试件质量,g;

m_1——封蜡试件质量,g;

m_2——封蜡试件在水中的质量,g;

ρ_w——水的密度,g/cm^3;

ρ_p——蜡的密度,g/cm^3。

岩石块体密度试验记录表(蜡封法)见表2。

试验二　单轴抗压强度试验

一、试验目的

测定岩石的单轴抗压强度。当无侧限试样在纵向压力作用下出现压缩破坏时,单位面积上所承受的载荷称为岩石的单轴抗压强度,即试样破坏时的最大载荷与垂直于加载方向的截面积之比。岩石的单轴抗压强度主要用于岩石的强度分级和岩性描述。

本次试验主要测定天然状态下试样的单轴抗压强度。

二、试样制备

(1)试料可用钻孔岩心或坑槽探中采取的岩块。在取料和试样制备过程中,不允许人为裂隙出现。

(2)本次试验采用圆柱体作为标准试样,直径为 5cm,允许变化范围为 4.8 ~ 5.4cm,高度为 10cm,允许变化范围为 9.5 ~ 10.5cm。

(3)对于非均质的粗粒结构岩石,或取样尺寸小于标准尺寸者,允许采用非标准试样,但高径之比宜为 2.0 ~ 2.5。

(4)制备试样时采用的冷却液,必须是洁净水,不许使用油液。

(5)对于遇水崩解、溶解和干缩湿胀的岩石,应采用干法制样。

(6)试样数量:每组须制备 3 个。

(7)试样制备的精度。

①在试样整个高度上,直径误差不得超过 0.3mm。

②两端面的不平整度,最大不超过 0.05mm。

③端面应垂直于试样轴线,最大偏差不超过 0.25°。

三、试样描述

试样描述应包括如下内容:

(1)岩石名称、颜色、矿物成分、结构、构造、风化程度、胶结物性质等。

(2)加载方向与岩石试件层理、节理、裂隙的关系。

(3)含水状态及所使用的方法。

(4)试件加工中出现的现象。

四、主要仪器设备

(1)钻石机、切石机、磨石机或其他制样设备。

(2)测量平台、角尺、放大镜、游标卡尺。

(3)压力机,应满足下列要求:

①压力机应能连续加载且没有冲击,并具有足够的吨位,能在总吨位的 10% ~ 90% 之间进行试验。

②压力机的承压板必须具有足够的刚度,其中之一须具有球形座,板面须平整光滑。

③承压板的直径应不小于试样直径,且也不宜大于试样直径的 2 倍。如压力机承压板尺寸大于试样尺寸 2 倍以上时。需在试样上下两端加辅助承压板。辅助承压板的刚度和平整度应满足压力机承压板的要求。

④压力机的校正与检验,应符合国家计量标准的规定。

五、试验程序

(1)应将试件置于试验机承压板中心,调整球形座,使试件两端面与试验机上下压板接触均匀。

(2)应以每秒 0.5 ~ 1.0MPa 的速度加载直至试件破坏。应记录破坏载荷及加载过程中出现的现象。

(3)试验结束后,应描述试件的破坏形态。

(4)描述试样的破坏形态,并记下有关情况。

六、成果整理和计算

(1)试验数据填入记录表 3。

抗压强度实验记录表　　　　　　　　　　　表 3

| 岩石名称 | 含水状态 | 受力方向 | 试样编号 | 试样直径(mm) | | 破坏荷载(N) | 抗压强度(MPa) | 备　注 |
				测定值	平均值			
试样描述								

试验者:　　　　　　　　　　　　计算者:　　　　　　　　　　　校核者:

(2)按下式计算岩石的单轴抗压强度:

$$R_c \frac{P}{A}$$

式中:R_c——岩石单轴抗压强度,MPa;

P——最大破坏荷载,N;

A——垂直于加载方向的试样横截面积,mm^2。

试验三　抗拉强度试验

一、试验目的

测定岩石的单轴抗拉强度 R_t。试样在纵向力作用下出现拉伸破坏时,单位面积上所承受的载荷称为岩石的单轴抗拉强度,即试样破坏时的最大载荷与垂直于加载方向的截面积之比。

劈裂法试验是测定岩石单轴抗拉强度的方法之一。该法是在圆柱体试样的直径方向上,施加相对的线形荷载,使之沿试样直径方向破坏的试验。

本次试验主要测天然状态下试样的抗拉强度。

二、试样制备

(1)本次试验采用圆柱体作为标准试样,直径为5cm,允许变化范围为4.8~5.4cm,试样的厚度宜为直径的0.5~1.0倍,并应大于岩石最大颗粒的10倍。

(2)其他应与试验二的试样制备一致。

三、试样描述

同试验二。

四、主要仪器设备

同试验二。

五、试验程序

(1)根据所要求的试样状态准备试样。

(2)应根据要求的劈裂方向,通过试件直径的两端,沿轴线方向应画两条相互平行的加载基线,应将两根垫条沿加载基线固定在试件两侧。

(3)应将试件置于试验机承压板中心,调整球形座,应使试件均匀受力,并使垫条与试件在同一加载轴线上。

(4)应以每秒0.3~0.5MPa的速度加载直至破坏。

(5)应记录破坏载荷及加载过程中出现的现象,并应对破坏后的试件进行描述。

(6)描述试样的破坏形状,并记下有关情况。

六、成果整理和计算

(1)试验数据填入记录表4。

(2)按下式计算岩石的单轴抗拉强度:

$$R_t = \frac{2P}{\pi Dt}$$

式中:R_t——岩石单轴抗拉强度,MPa;

P——最大破坏载荷,N;

D——试件直径,mm;

t——试样厚度,mm。

(3)计算值取 3 位有效数字。

岩石单轴抗拉强度试验(劈裂法)记录表　　　　　表 4

岩石名称	含水状态	受力方向	试样编号	试样直径(mm)		试样厚度(mm)		破坏荷载（N）	抗拉强度（MPa）	备注
				测定值	平均值	测定值	平均值			
试样描述										

试验者:　　　　　　　　　　计算者:　　　　　　　　　校核者:

试验四　单轴压缩变形试验

一、试验目的

岩石单轴压缩变形实验用于测定岩石试件在单轴压缩应力条件下的轴向及径向(横向)应变值,据此计算岩石的弹性模量和泊松比。弹性模量是轴向应力与轴向应变之比;泊松比是径向应变与轴向应变之比。

本次试验主要测定天然状态下试样的弹性模量和泊松比。

二、试样制备

同试验二。

三、试样描述

同试验二。

四、主要仪器设备

(1)静态电阻应变仪。

(2)惠斯顿电桥、兆欧表、万用电表。

(3)电阻应变片、千(百)分表。

(4)千分表架、磁性表架。

(5)钻石机、切石机、磨石机和车床等。

(6)测量平台、材料试验机。

五、试验程序

电阻应变片法试验应按下列步骤进行:

(1)选择电阻应变片时,应变片阻栅长度应大于岩石最大矿物颗粒直径的 10 倍,并应小于试件半径;同一试件所选定的工作片与补偿片的规格、灵敏系数等应相同,电阻值允许偏差为 0.2Ω。

(2)贴片位置应选择在试件中部相互垂直的两对称部位,应以相对面为一组,分别粘贴轴向、径向应变片,并应避开裂隙或斑晶。

(3)贴片位置应打磨平整光滑,并应用清洗液清洗干净。各种含水状态的试件,应在贴片位置的表面均匀地涂一层防底潮胶液,厚度不宜大于 0.1mm,范围应大于应变片。

(4)应变片应牢固地粘贴在试件上,轴向或径向应变片的数量可采用 2 片或 4 片,其绝缘电阻值不应小于 $200M\Omega$。

(5)在焊接导线后,可在应变片上作防潮处理。

(6)应将试件置于试验机承压板中心,调整球形座,使试件受力均匀,并应测初始读数。

(7)加载宜采用一次连续加载法。应以每秒 0.5 ~ 1.0MPa 的速度加载,逐级测读载荷与各应变片应变值直至试件破坏,应记录破坏载荷。测值不宜少于 10 组。

(8)应记录加载过程及破坏时出现的现象,并应对破坏后的试件进行描述。

六、成果整理和计算

(1)试验数据填入记录表 5。

岩石压缩变形记录表   表 5

项目编号:		试件编号:		试件直径(mm):			试件高度(mm):	
仪器编号:		岩石名称:		$E_{av}=$			$\mu_{av}=$	
试验日期:		含水状态:		$E_{50}=$			$\mu_{50}=$	

序号	加载		纵向应变($\times 10^{-6}$)			横向应变($\times 10^{-6}$)			备注
	载荷(N)	应力(MPa)	测量值		平均	测量值		平均	
			1	2		1	2		
1									
2									
3									
4									
5									
6									
7									
8									
9									
10									
11									
12									
13									
14									
试样描述									

试验者: 计算者: 校核者:

(2)计算各级应力下的应变值。

①将纵向和横向的电阻片读数分别进行平均,求得纵向应变和横向应变。如各电阻片的读数相差较大,则应检查分析原因:若是试样本身所造成的,应在记录中予以说明;若是测试技术等人为因素所引起的,试验成果应予以舍弃。

②绘制应力与纵向应变及横向应变曲线。

（3）计算弹性模量和泊松比。

①按下列公式计算岩石平均弹性模量和岩石平均泊松比：

$$E_{av} = \frac{\sigma_b - \sigma_a}{\varepsilon_{1b} - \varepsilon_{1a}}$$

$$\mu_{av} = \frac{\varepsilon_{db} - \varepsilon_{da}}{\varepsilon_{1b} - \varepsilon_{1a}}$$

式中：E_{av}——岩石平均弹性模量，MPa；

　　μ_{av}——岩石平均泊松比；

　　σ_a——应力与纵向应变关系曲线上直线段始点的应力值，MPa；

　　σ_b——应力与纵向应变关系曲线上直线段终点的应力值，MPa；

　　ε_{1a}——应力为 σ_a 时的纵向应变值；

　　ε_{1b}——应力为 σ_b 时的纵向应变值；

　　ε_{da}——应力为 σ_{da} 时的横向应变值；

　　ε_{db}——应力为 σ_{db} 时的横向应变值。

②计算岩石割线弹性模量及相应的岩石泊松比。

在纵向应变曲线上，作通过原点与应力相当于 50% 抗压强度处的应变点的连线，其斜率即为所求的割线弹性模量：

$$E_{50} = \frac{\sigma_{50}}{\varepsilon_{50}}$$

式中：E_{50}——割线弹性模量，MPa；

　　σ_{50}——相当于 50% 抗压强度的应力值，MPa；

　　ε_{50}——应力为抗压强度 50% 时的应变值。

取应力为抗压强度 50% 时的纵向应变值和横向应变值计算泊松比：

$$\mu_{50} = \frac{\varepsilon_{d50}}{\varepsilon_{150}}$$

式中：μ_{50}——泊松比；

　　ε_{d50}——应力为抗压强度 50% 时的横向应变值；

　　ε_{150}——应力为抗压强度 50% 时的纵向应变值。

③岩石弹性模量取 3 位有效数字，泊松比取至小数点以后 2 位。

试验五　三轴压缩强度试验

一、试验目的

岩石三轴压缩强度试验是测定一组岩石试件在不同侧压条件下的三向压缩强度,据此计算岩石在三轴压缩条件下的强度参数 c、φ 值。本试验采用等侧压条件下的三轴压缩试验,是指适用于三向应力状态中的特殊情况,即 $\sigma_2 = \sigma_3$。

二、试样制备

(1)同试验二。

(2)圆柱体试件直径应为承压板直径的 0.96 ~ 1.00 倍,试件高度与直径之比宜为 2.0 ~ 2.5。

(3)同一含水状态下,每组试验试件的数量不宜少于 5 个。

三、试样描述

同试验二。

四、主要仪器设备

(1)钻石机、锯石机、磨石机、车床等。

(2)测量平台。

(3)三轴试验机。

五、试验程序

(1)各试件侧压力可按等差级数或等比级数进行选择。最大侧压力应根据工程需要和岩石特性及三轴试验机性能确定。

(2)应根据三轴试验机要求安装试件和轴向变形测表。试件应采用防油措施。

(3)应以每秒 0.05MPa 的加载速度同步施加侧向压力和轴向压力至预定的侧压力值,记录试件轴向变形值并作为初始值。在试验过程中应使侧向压力始终保持为常数。

(4)加载应采用一次连续加载法。应以每秒 0.5 ~ 1.0MPa 的加载速度施加轴向载荷,应逐级测读轴向载荷及轴向变形,直至试件破坏,并应记录破坏载荷。测值不宜少于 10 组。

(5)应按第(2)~(4)步骤,进行其余试件在不同侧压力下的试验。

(6)应对破坏后的试件进行描述。当有完整的破坏面时,应量测破坏面与试件轴线方向的夹角。

六、成果整理和计算

(1)试验数据填入记录表6。

(2)按下列公式计算不同侧压条件下的轴向应力:

$$\sigma_1 = \frac{P}{A}$$

式中：σ_1——不同侧压条件下的轴向应力，MPa；

　　　P——试件轴向破坏荷载，N；

　　　A——试件截面积，mm^2。

（3）根据计算的轴向应力 σ_1 及相应施加的侧压力值，在 τ—σ 坐标图上绘制莫尔应力圆，根据库伦—莫尔强度理论确定岩石三轴应力状态下的强度参数 c、φ 值。

岩石三轴压缩试验记录表　　　　　　表6

岩石名称	含水状态	试样编号	试样直径（mm）		试样高度（mm）		面积（mm^2）	轴向破坏荷载(N)	侧压力（MPa）	轴向应力（MPa）	备注
			测定值	平均值	测定值	平均值					
试样描述											

试验者：　　　　　　　　　　　　计算者：　　　　　　　　　　　　校核者：

试验六　直 剪 试 验

一、试验目的

岩石的抗剪强度是岩石对剪切破坏的极限抵抗能力。本试验采用快速直剪试验测定岩石的抗剪强度。此试验一般可测定:①混凝土与岩石胶结面的抗剪强度;②岩石软弱结构面(包括夹泥和不夹泥的层面,节理裂缝面和断层带等)的抗剪强度;③岩石本身的抗剪强度。试验时岩石的含水状态可根据需要采用天然含水状态、饱和状态或其他含水状态。

本次试验测定天然状态下岩石的抗剪强度。

二、试样制备

(1)岩石直剪试验试件的直径或边长不得小于50mm,试件高度应与直径或边长相等。

(2)岩石结构面直剪试验试件的直径或边长不得小于50mm,试件高度宜与直径或边长相等。结构面应位于试件中部。

(3)混凝土与岩石接触面直剪试验试件宜为正方体,其边长不宜小于150mm 接触面应位于试件中部,浇筑前岩石接触面的起伏差宜为边长的1% ~2%。混凝土应按预定的配合比浇筑,骨料的最大粒径不得大于边长的1/6。

(4)每组试验试件的数量不应少于5 个。

三、试样描述

试样描述应包括下列内容:

(1)岩石名称、颜色、矿物成分、结构、构造、风化程度、胶结物性质等。

(2)层理、片理、节理裂隙的发育程度及其与剪切方向的关系。

(3)结构面的充填物性质、充填程度以及试件在采取和制备过程中受扰动的情况。

四、主要仪器设备

(1)试件制备设备。

(2)试件测量设备。

(3)直剪试验仪。

(4)位移测表。

五、试验程序

1.试件安装的规定

(1)应将试件置于直剪仪的剪切盒内,试件受剪方向宜与预定受力方向一致,试件与剪切盒内壁的间隙用填料填实,应使试件与剪切盒成为一整体。预定剪切面应位于剪切缝中部。

(2)安装试件时,法向载荷和剪切载荷的作用力方向应通过预定剪切面的几何中心。法向位移测表和剪切位移测表应对称布置,各测表数量不得少于两只。

（3）预留剪切缝宽度应为试件剪切方向长度的 5%,或为结构面充填物的厚度。

（4）混凝土与岩石接触面试件,应达到预定混凝土强度等级。

2. 法向荷载的施加

（1）在每个试件上,首先应分别施加不同的法向应力,所施加的最大法向应力,不宜小于预定的法向应力（预定的应力或预定的压力,一般是指工程设计应力或工程设计压力。在确定试验应力或试验压力时,还应考虑岩石或岩体的强度,岩体的应力状态以及设备精度和出力）。

（2）对于岩石结构面中具有充填物的试件,最大法向应力应以不挤出充填物为宜。

（3）不需要固结的试件,法向荷载一次施加完毕,即测读法向位移,5min 后再测读一次,即可施加剪切荷载。

（4）需固结的试件,在法向荷载施加完毕后的第一小时内,每隔 15min 读数 1 次,然后每半小时读数 1 次,当每小时法向位移不超过 0.05mm 时,即认为固结稳定,可施加剪切荷载。

（5）在剪切过程中,应使法向荷载始终保持为常数。

3. 剪切荷载的施加方法

（1）每个试验首先应分别施加不同的法向应力,待其稳定后再施加剪切荷载。加荷速度应控制在 0.5 ~ 0.8MPa/s。

（2）按预估最大剪切荷载分 8 ~ 12 级施加。每级荷载施加后,即测读剪切位移和法向位移,5min 后再测读一次即施加下一级剪切荷载直至破坏。当剪切位移量变大时,可适当加密剪切荷载分级。

（3）将剪切荷载退至零。根据需要,待试件充分回弹后,调整测表按上述步骤进行摩擦试验。

4. 试验结束后,应对试件剪切面进行描述

（1）准确量测剪切面面积。

（2）详细描述剪切面的破坏情况,擦痕的分布、方向和长度。

（3）测定剪切面的起伏差,绘制沿剪切方向断面高度的变化曲线。

（4）当结构面内有充填物时,应准确判断剪切面的位置,并记述其组成成分、性质、厚度、构造。根据需要测定充填物的物理性质。

六、成果整理和计算

（1）试验数据填入记录表 7。

（2）试验成果整理应符合下列要求:

①按下列公式计算各法向荷载下的法向应力和剪应力:

$$\sigma = \frac{P}{A}$$

$$\tau = \frac{Q}{A}$$

式中:σ——作用于剪切面上的法向应力,MPa;

τ——作用于剪切面上的剪应力,MPa;

P——作用于剪切面上的法向荷载,N;

Q——作用于剪切面上的剪切荷载,N;

A——剪切面积,mm^2。

②绘制各法向应力下的剪应力与剪切位移及法向位移关系曲线,根据曲线确定各剪切阶段特征点的剪应力。

③根据各剪切阶段特征点的剪应力和法向应力绘制关系曲线,按库伦表达式确定相应的岩石抗剪强度参数 c、φ 值。

岩石直剪试验记录表

表 7

岩石名称	含水状态	试样编号	试样边长(mm)		法向荷载（N）	法向应力（MPa）	剪向应力（MPa）	备　注
			测定值	平均值				

试样描述

试验者:　　　　　　　　　　　　计算者:　　　　　　　　　　　校核者:

试验七　岩块声波速度测试

一、试验目的

在实验室测试岩块试件的纵波和横波速度,据此可计算岩块的动弹性模量、动剪切模量、动拉梅系数等动弹性参数,并可用于判断岩体的完整性。

二、试样制备

同试验二。

三、试样描述

同试验二。

四、主要仪器设备

(1)钻石机、切石机、磨石机、车床等。
(2)测量平台。
(3)岩石超声波参数测定仪。
(4)纵、横波换能器。
(5)测试架。

五、试验程序

(1)选用换能器的发射频率应满足下列公式要求:

$$f \geq \frac{2v_p}{D}$$

式中:f——换能器发射频率,Hz;

　　v_p——纵波速度,m/s;

　　D——试件的直径,m。

(2)测定纵波速度时,耦合剂宜采用凡士林或黄油;测定横波速度时,耦合剂宜采用铝箔或铜箔。

(3)对非受力状态下的测试,应将试件置于测试架上,换能器应置于试件轴线的两端,并应量测两换能器中心距离。应对换能器施加约0.05MPa的压力,测读纵波或横波在试件中传播时间;受力状态下的测试,宜与单轴压缩变形试验同时进行。

(4)需要采用平透法测试时,应将一个发射换能器和两个(或两个以上)接收换能器置于试件的同一侧的一条直线上,应量测发射换能器中心至每一接收换能器中心的距离,并应测读纵波或横波在试件中的传播时间。

(5)直透法测试结束后,应测定声波在不同长度的标准有机玻璃棒中的传播时间,绘制时距曲线,以确定仪器系统的零延时。也可将发射、接收换能器对接,测读零延时。

（6）使用切变振动模式的横波换能器时，收、发换能器的振动方向应一致。

六、成果整理和计算

（1）试验数据填入记录表8。

岩石声波测试记录表　　　　　　　　　　　　　　　　表8

岩石名称	含水状态	试样编号	端面间距(mm)		纵波时间 (s)	横波时间 (s)	纵波波速 (m/s)	横向波速 (m/s)	备 注
			测定值	平均值					
试样描述									

试验者：　　　　　　　　　　　　　计算者：　　　　　　　　　　　　　校核者：

（2）岩石纵波速度、横波速度应分别按下列公式计算：

$$v_p = \frac{L}{t_p - t_o}$$

$$v_s = \frac{L}{t_s - t_o}$$

$$v_p = \frac{L_2 - L_1}{t_{p2} - t_{p1}}$$

$$v_s = \frac{L_2 - L_1}{t_{s2} - t_{s1}}$$

式中：v_p——纵波速度，m/s；

v_s——横波速度，m/s；

L——发射、接收换能器中心间的距离，m；

t_p——直透法纵波的传播时间，s；

t_s——直透法横波的传播时间，s；

t_o——仪器系统的零延时；

$L_1(L_2)$——平透法发射换能器至第一（二）个接收换能器两中心的距离，m；

$t_{p1}(t_{s1})$——平透法发射换能器至第一个接收换能器纵（横）波的传播时间，s；

$t_{p2}(t_{s2})$——平透法发射换能器至第二个接收换能器纵（横）波的传播时间，s。

（3）岩石各种动弹性参数应分别按下列公式计算：

$$E_\mathrm{d} = \rho v_\mathrm{p}^2 \frac{(1+\mu)(1-2\mu)}{1-\mu} \times 10^{-3}$$

$$E_\mathrm{d} = 2\rho v_\mathrm{s}^2 (1+\mu) \times 10^{-3}$$

$$\mu_\mathrm{d} = \frac{\left(\dfrac{v_\mathrm{p}}{v_\mathrm{s}}\right)-2}{2\left[\left(\dfrac{v_\mathrm{p}}{v_\mathrm{s}}\right)-1\right]}$$

$$G_\mathrm{d} = \rho v_\mathrm{s}^2 \times 10^{-3}$$

$$\lambda_\mathrm{d} = \rho(v_\mathrm{p}^2 - 2v_\mathrm{s}^2) \times 10^{-3}$$

$$K_\mathrm{d} = \rho \frac{3v_\mathrm{p}^2 - 4v_\mathrm{s}^2}{3} \times 10^{-3}$$

式中：E_d——岩石动弹性模量，MPa；

μ_d——岩石动泊松比；

G_d——岩石动刚性模量或动剪切模量，MPa；

λ_d——岩石动拉梅系数，MPa；

K_d——岩石动体积模量，MPa；

ρ——岩石密度，g/cm^3。

（4）由于岩块不是均质体，并受节理裂隙等结构面的影响。因此同组岩块每个试件的试验的成果不可能完全一致。在整理测试成果时，应引出每一试件的测试值，不必求平均值。

（5）计算值取 3 位有效数字。

参 考 文 献

[1] 孙广忠. 岩体力学基础 [M]. 北京:科学出版社, 1988.

[2] 肖树芳,杨淑碧. 岩体力学 [M]. 北京:地质出版社, 1986.

[3] 凌贤长, 蔡德所. 岩体力学 [M]. 哈尔滨:哈尔滨工业大学出版社, 2002.

[4] 沈明荣, 陈建峰. 岩体力学 [M]. 上海:同济大学出版社, 2006.

[5] 宁建国. 岩体力学 [M]. 北京:煤炭工业出版社, 2014.

[6] 刘佑荣, 唐辉明. 岩体力学 [M]. 北京:化学工业出版社, 2012.

[7] 蔡美峰. 岩石力学与工程[M]. 北京:科学出版社,2004.

[8] 杨更社, 孙钧. 中国岩石力学的研究现状及其展望分析[J]. 西安公路交通大学学报, 2001, 21(3):5-9.

[9] 冯夏庭, 王泳嘉. 智能岩石力学及其内容 [J]. 工程地质学报, 1997, 5(1):28-32.

[10] 冯夏庭, 刁心宏. 智能岩石力学 (1)—导论 [J]. 岩石力学与工程学报, 1999, 18(2): 222-226.

[11] 边智华, 王复兴, 李维树, 等. 特大型桥桩基及锚碇工程中的岩石力学性质研究[J]. 岩石力学与工程学报, 2001,20(增刊):1906-1909.

[12] 中华人民共和国行业标准. JTG D63—2007 公路桥涵地基与基础设计规范[S]. 北京: 人民交通出版社, 2007.

[13] 中华人民共和国国家标准. GB 50007—2011 建筑地基基础设计规范[S]. 北京:中国建筑工业出版社, 2011.

[14] 杨永波. 边坡监测与预测预报智能化方法研究[D]. 武汉中国科学院研究生院(武汉岩土力学研究所), 2005.

[15] 王涛,吴树仁,石菊松,等. 国内外典型工程滑坡灾害比较[J]. 地质通报,2013,32(12): 1881-1899.

[16] 郑颖人,邱陈瑜. 普氏压力拱理论的局限性[J]. 现代隧道技术,2016,53(2):1-8.

[17] 张咸恭, 王思敬, 张倬元. 中国工程地质学[M]. 北京:科学出版社,2000.

[18] 王思敬,黄鼎成. 中国工程地质世纪成就[M]. 北京:地质出版社,2004.

[19] 王思敬,杨志法,傅冰骏. 中国岩石力学与工程世纪成就[M]. 南京:河海大学出版社,2004.

[20] 谷德振. 岩体工程地质力学基础[M]. 北京:科学出版社. 1979.

[21] 刘佑荣,唐辉明. 岩体力学[M]. 武汉:中国地质大学出版社. 1999.

[22] 徐光黎,潘别桐,唐辉明,等.岩体结构模型与应用[M].武汉:中国地质大学出版社,1992.

[23] 谢和平, 刘夕才, 王金安. 关于21世纪岩石力学发展战略的思考[J]. 岩土工程学报, 1996, 18(4):101-105.

[24] 《工程地质手册》编写委员会. 工程地质手册[M]. 3版. 北京:中国建筑工业出版社,1993.

[25] 陈宗基. 地下巷道长期稳定性的力学问题[J]. 岩石力学与工程学报,1982,1(1):1-20.

[26] 《岩土工程手册》编写委员会. 岩土工程手册[M]. 北京:中国建筑工业出版社,1995.

[27] 李智毅,唐辉咦. 岩土工程勘察[M]. 武汉:中国地质大学出版社,2000.

［28］ 中华人民共和国国家标准.GB/T 50266—2013 工程岩体试验方法标准［S］.北京:中国计划出版社,1999.

［29］ 周维垣,孙钧.高等岩石力学［M］.北京:水利电力出版社,1990.

［30］ 谷德振,王思敬.论岩体工程地质力学的基本问题［A］.全国首届工程地质学术会议论文选集［C］,北京:科学出版社.1983:182-189.

［31］ 贾洪彪,唐辉明,刘佑荣.岩体结构面三维网络模拟理论与工程应用［M］.北京:科学出版社,2008.

［32］ 刘佑荣.裂隙化岩体力学参数的确定方法［A］.岩土力学研究与工程实践,郑州:黄河水利出版社,1999:122-128.

［33］ 徐芝纶.弹性力学［M］.北京:人民教育出版社,1980.

［34］ 杨桂通.弹塑性力学［M］.北京:人民教育出版社,1980.

［35］ 郑雨天.岩石力学的弹塑粘性理论基础［M］.北京:煤炭工业出版社,1988.

［36］ 郑颖人.龚晓南.岩土塑性力学基础［M］.北京:中国建筑工业出版社,1989.

［37］ Brady.B.H.G.,Brown.E.F..地下采矿岩石力学［M］.北京:煤炭工业出版社,1990.

［38］ 雷晓南.岩土工程数值计算［M］.北京:中国铁道出版社,1999.

［39］ 孙钧.岩土材料流变及其工程应用［M］.北京:中国建筑工业出版社,1999.

［40］ 范广勤.岩土工程流变力学［M］.北京:煤炭工业出版社,1993.

［41］ 于学馥.现代工程岩土力学基础［M］.北京:科学出版社,1995.

［42］ 倪恒,刘佑荣,龙治国.正交设计在滑坡敏感性分析中的应用［J］.岩石力学与工程学报,2002.21(7):980-992.

［43］ 刘佑荣,贾洪彪,唐辉明,等.湖北巴东长江公路大桥斜坡稳定性研究［J］.岩土力学,2005.25(11):1828-1831.

［44］ 宋建波,张俸元,于远忠,等.岩体经验强度准则及其在地质工程中的应用［M］.北京:地质出版社,2002.

［45］ 中华人民共和国电力工业部,中华人民共和国水利部.水利电力工程岩石试验规程(DLJ204—81.SLJ2-81)［M］.北京:水利出版社,1982.

［46］ Gu Dezhen and Wang Sijing. Fundamentals of Geomechanics for Rock Engineering in China［J］. Rock Mechanics,1982.(12):75-87.

［47］ Gu Dezhen, Wang Sijing. On the Engineering Geomechanics of Rock Mass Structure［J］. Bulletin of the International Association of Engineering Geology, 1980,(23):109-111.

［48］ Wang Sijing, Sun Yuke, Xu Bing, Li Yurui. Spatial and Time Quantitative Prediction on Mass Movement of Rock Slope. Developments in Geoscience［J］. Beijing:Science Press, 1984:667-677.

［49］ 张有天.岩石水力学与工程［M］.北京:中国水利水电出版社,2005.

［50］ 伍法权.统计岩体力学原理［M］.武汉:中国地质大学出版社,1993.

［51］ 佘诗刚,林鹏.中国岩石工程若干进展与挑战［J］.岩石力学与工程学报,2014,33(3):433-457.

［52］ 佘诗刚,董陇军.从文献统计分析看中国岩石力学进展［J］.岩石力学与工程学报,2013,32(3):432-464.